钢结构

从入门到精通

阳鸿钧　等 编著

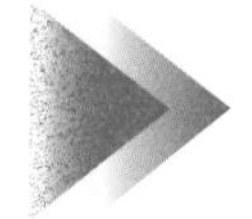

化学工业出版社
·北　京·

内容简介

本书共有10章，主要讲述了钢结构工程的有关基础知识、材料与构件的加工、制图与识图、连接、制作与安装、防护与检测、常用数据等内容。另外，还介绍了网架结构、网壳结构、悬索结构3大钢结构种类的知识与应用，以供读者学习、工作时参考。本书在编写过程中，考虑到图书内容的实践操作性很强的特点，在讲述的过程中，对关键知识点直接在图上用颜色区分表达，内容实用清晰。同时，对重点难点内容配上视频讲解，更有拓展本书外的实战实操技能等相关视频，具有很强的直观指导价值。

本书可以作为钢结构安装人员、焊接人员、技术人员、工程施工人员、工程管理人员等职业培训用书或者工作参考用书，也可以作为大专院校相关专业的辅导用书、参考用书，还可以作为想灵活就业、快速掌握一门技能和手艺的人员自学用书。

图书在版编目（CIP）数据

钢结构从入门到精通 / 阳鸿钧等编著 . —北京：化学工业出版社，2022.4（2025.3重印）

ISBN 978-7-122-40599-9

Ⅰ. ①钢…　Ⅱ. ①阳…　Ⅲ. ①钢结构 - 基本知识　Ⅳ. ① TU391

中国版本图书馆 CIP 数据核字（2022）第 007087 号

责任编辑：彭明兰　　文字编辑：冯国庆
责任校对：刘曦阳　　装帧设计：史利平

出版发行：化学工业出版社（北京市东城区青年湖南街 13 号　邮政编码 100011）
印　　装：河北京平诚乾印刷有限公司
787mm × 1092mm　1/16　印张 $16^1/_2$　字数 418 千字　2025 年 3 月北京第 1 版第 6 次印刷

购书咨询：010-64518888　　售后服务：010-64518899
网　　址：http://www.cip.com.cn
凡购买本书，如有缺损质量问题，本社销售中心负责调换。

定　　价：78.00 元

前　言

钢结构，简称钢构，是现代建筑中非常重要的一种建筑结构类型，具有强度大、自重轻、刚性好、可实现大跨度大空间等优点。为此，钢结构应用领域很广泛。钢结构工程中，施工人员必须掌握钢结构的识图、制作以及安装技术要点等技能，只有全面掌握这几个方面，才能胜任钢结构工程施工工作。为了让广大从事钢结构工程的技术人员掌握以上技能，特组织编写了本书。

本书既讲述了钢结构工程基础知识，也讲述了具体种类钢结构的实际应用相关知识。本书尽量把钢结构标准做法、要求、实用技巧图解化、图说化，以便读者轻松学习和掌握相关技巧。本书的特点如下。

1. 内容丰富——包括钢结构相关基础知识、材料与构件的加工、制图与识图、连接、制作与安装、防护与检测、常用数据等内容，还详细介绍了网架结构、网壳结构、悬索结构的知识与应用。

2. 实用性强——本书尽量把钢结构的知识技能，结合一线工地现场的实际情况进行介绍。对于规范、要求的讲述，也尽量结合一线工地现场进行图解精解，避免学习的枯燥感。

3. 适用范围广——本书既可适用于钢结构安装人员、焊接人员、技术人员、工程施工人员、工程管理人员，也适用于大专院校师生作为相关专业的辅导用书和参考用书，还可用于想要灵活就业、快速掌握一门技能手艺的自学者。

4. 形式新颖——本书采用双色印刷 + 工地详解 + 随书附赠视频形式，从而使本书读者学习技能更轻松、工地发挥更得心应手。

总之，本书内容全面、脉络清晰、重点突出、实用性强，具有很强的实践指导价值。

在编写过程中，参考了一些珍贵的资料、文献、网站，在此向这些资料、文献、网站的作者深表谢意！

另外，本书编写中还参考了有关标准、规范、要求、政策等资料，而这些资料会存在更新、修订的情况。因此，凡涉及标准、规范、要求、政策等应及时跟进现行要求。

本书由阳鸿钧、阳育杰、阳许倩、许秋菊、欧小宝、许四一、阳红珍、许满菊、许小菊、阳梅开、阳荷妹等人员参加编写或支持编写。

另外，本书的编写还得到了一些同行、朋友及有关单位的帮助与支持，在此，向他们表示衷心的感谢！

由于时间有限，书中难免存在不足之处，敬请广大读者批评、指正。

编著者

2021 年 12 月

目 录

第1篇 入门篇

第6章 钢结构的防护与检测 //174

第3篇 精通篇

第7章 网架结构 //188

第 1 篇

入门篇

第1章 工程结构与钢结构基础知识

1.1 工程结构

1.1.1 工程结构的一般性要求

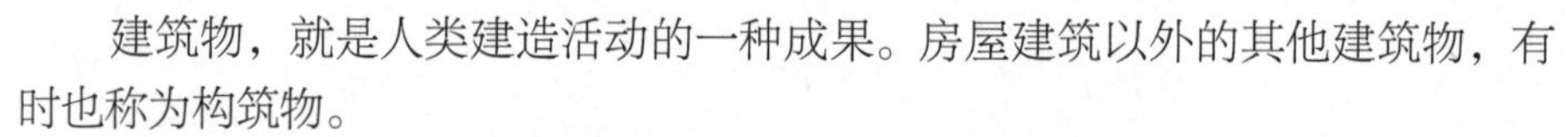

建筑物，就是人类建造活动的一种成果。房屋建筑以外的其他建筑物，有时也称为构筑物。

建筑物，往往具有工程结构。工程结构，就是能够承受、传递作用，并且具有适当刚度的，由各连接部件组合而成的一种整体。工程结构，也俗称承重骨架。

结构设计，包括静态设计、动态设计等类型。静态设计，就是对承受静态作用的结构或结构构件，以其静力状态反应为依据的一种结构设计。动态设计，就是对承受动态作用的结构或结构构件，以其动力状态反应为依据的一种结构设计。工程结构的设计，也往往包括静态设计、动态设计等。

结构设计使用年限，就是设计规定的结构或结构构件不需进行大修即可根据预定目的使用的一种年限。不同的建筑物，有不同的结构设计使用年限。

结构安全等级，就是工程结构设计时，根据结构破坏可能产生的危及人的生命、造成的经济损失、对社会或环境的产生影响等后果严重性所规定的一种结构等级。

工程砌体结构，就是由块体、砂浆砌筑而成的墙、柱作为建筑物主要受力构件的一种结构。它是砖砌体、砌块砌体、石砌体、配筋砌体结构的统称。工程砌体结构，是常见的工程结构。目前，工程钢结构也比较常见，而且应用越来越广。工程钢结构的应用，如图 1-1 所示。

工程钢结构，就是以钢材为主要材料制成的一种结构，如图 1-2 所示。工程钢结构，有冷弯型钢结构、预应力钢结构等类型。用钢材建造的工业与民用建筑设施称为钢结构，简称钢构。

冷弯型钢结构，就是由带钢或钢板经过冷加工形成的型材所制成的一种结构。预应力钢结构，就是采用张拉高强度钢丝束、钢绞线、调整支座等方法，在钢结构构件或结构体系内建立预加应力的一种结构。

目前，工程混凝土结构是应用很广的一种结构。

工程混凝土结构（俗称砼结构），就是以混凝土为主要材料制成的一种结构。工程混凝土结构，包括素混凝土结构、钢筋混凝土结构、预应力混凝土结构等类型。

图 1-1 工程钢结构的应用

图 1-2 工程钢结构

各工程结构特点各异，为此，出现了工程组合结构。

工程组合结构，就是同一截面或各杆件由两种或两种以上材料制成的一种结构。组合结构，包括钢与混凝土组合结构、混合结构等类型。

工程结构，往往由工程结构构件、工程结构部件等组成。其中，工程结构构件就是结构在物理上可以区分出的部分。柱、梁、板、基础桩等均属于工程结构构件。

工程结构部件就是结构中由若干构件组成的具有一定功能的组合件。楼梯、阳台、屋盖等均属于工程结构部件。

技能贴士

目前，钢结构主要由型钢、钢板等制成的梁钢、钢柱、钢桁架等构件组成，各构件或部件间通常采用焊缝、螺栓或铆钉连接，并且采用硅烷化、纯锰磷化、水洗烘干、镀锌等除锈防锈工艺。

1.1.2 轻型钢结构的特点与应用

钢结构，根据特点分为门式钢结构、框架钢结构、网架结构、索膜结构等类型。根据用途，分为高耸钢结构、板壳钢结构、工业厂房钢结构、轻型钢结构等。根据层数，分为单层钢结构、多高层钢结构等。根据性能，分为普通钢结构、高强度钢结构等。

其中，轻型钢结构就是以热轧型钢、焊接和高频焊接型钢、冷弯薄壁型钢、薄柔截面构件等作为主要受力构件的一种结构。轻型钢结构的类型主要包括轻型框架、门式刚架、低层龙骨等结构。轻型钢结构的组成和应用，如图 1-3 所示。

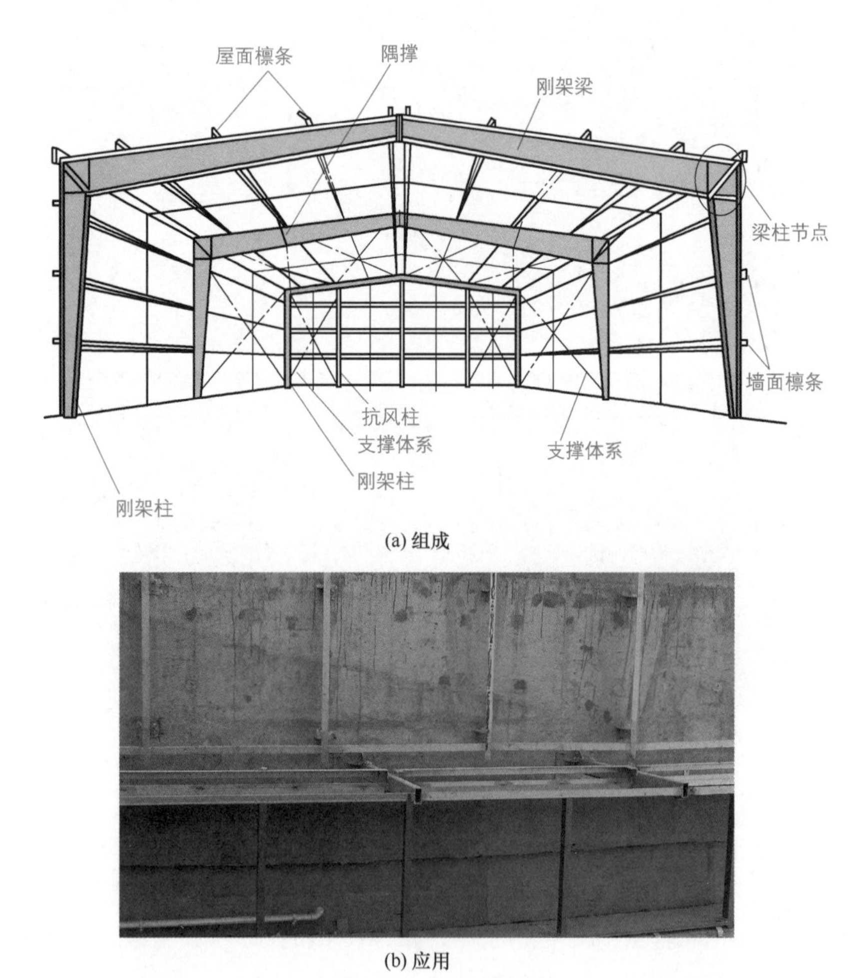

(a) 组成

(b) 应用

图 1-3 轻型钢结构的组成和应用

技能贴士

常见的钢结构工程，有网架、网壳、单层刚架、排架、多层框架、索膜结构、压型拱板等钢结构工程。

1.1.3 单层钢结构的特点与应用

单层钢结构，顾名思义就是只为一层的钢结构，如图 1-4 所示。单层钢结构，可以采用框架结构、支撑结构等类型。钢结构厂房主要由横向、纵向抗侧力体系组成，其中横向抗侧力体系可以采用框架结构。纵向抗侧力体系，宜采用中心支撑体系，也可以采用框架结构。单层钢结构，每个结构单元均需要形成稳定的空间结构体系。单层钢结构柱间支撑的间距，需要根据建筑的纵向柱距、受力情况、安装条件来确定。房屋高度相对于柱间距较大时，则柱间支撑宜分层设置。

支撑结构，就是在梁柱构件所在的平面内，沿斜向设置支撑构件，以支撑轴向刚度、抵抗侧向荷载的结构。

屋面板、檩条、屋盖承重结构间，需要有可靠的连接，一般应设置完整的屋面支撑系统。

图 1-4 单层钢结构

钢结构体系的选用，在满足建筑、工艺需求的前提下，需要综合考虑结构合理性、节约投资、资源供应、环境条件、材料供应、制作安装便利性等多种因素。

1.1.4 多高层钢结构的特点与应用

根据抗侧力结构的特点，多高层钢结构常用的结构体系有巨型结构、框架 - 支撑、筒体结构等，具体见表 1-1。多高层钢结构的应用图例，如图 1-5 所示。

表 1-1 多高层钢结构常用的结构体系分类

结构体系		支撑、墙体、筒形式
巨型结构	巨型框架	—
	巨型框架 - 支撑	—
框架 - 剪力墙板		钢板墙、延性墙板
框架 - 支撑	偏心支撑	普通钢支撑
	中心支撑	普通钢支撑、屈曲约束支撑
筒体结构	框架 - 筒体	普通桁架筒、密柱深梁筒、斜交网格筒、剪力墙板筒
	束筒	
	筒体	
	筒中筒	
支撑结构——中心支撑		普通钢支撑、屈曲约束支撑

注：为了增加结构刚度，高层钢结构可以设置伸臂桁架，或者环带桁架。伸臂桁架设置位置，宜同时设置环带桁架。伸臂桁架，需要贯穿整个楼层，并且伸臂桁架与环带桁架构件的尺度需要与相连构件的尺度相协调。

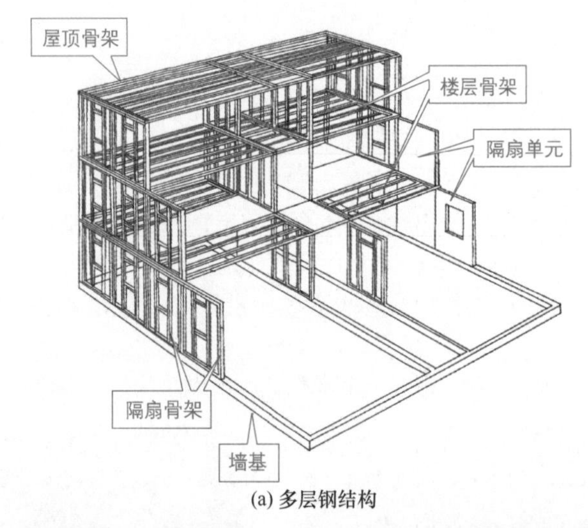

(a) 多层钢结构

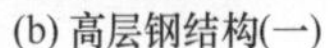

(b) 高层钢结构(一)

(c) 高层钢结构(二)

图 1-5 多高层钢结构的应用图例

1.1.5 大跨度钢结构的特点与应用

横向跨越 60m 的钢结构、跨度在 30m 以上的混凝土、跨度在 18m 以上的框架结构，属于大跨度钢结构。

根据结构形式，大跨度钢结构包括网架结构、网壳结构、悬索结构、膜结构、薄壳结构等大空间结构、各类组合空间结构，具体见表 1-2。网壳图例，如图 1-6 所示。网架图例，如图 1-7 所示。

表 1-2 大跨度钢结构体系的分类

分类	形式
以整体受拉为主的结构	悬索结构、索桁架结构、索穹顶等
以整体受弯为主的结构	空腹桁架、网架、平面桁架、立体桁架、组合网架钢结构、与钢索组合形成的各种预应力钢结构
以整体受压为主的结构	实腹钢拱、平面或立体桁架形式的拱形结构、网壳、组合网壳钢结构、与钢索组合形成的各种预应力钢结构

图1-6 网壳图例

图1-7 网架图例

大跨度钢结构的设计，需要结合工程的平面形状、体型、跨度、支承情况、荷载大小、建筑功能综合分析来确定。平面结构，需要设置平面外的支撑体系。预应力大跨度钢结构，需要进行结构张拉形态分析。以受压为主的拱形结构、单层网壳、跨厚比较大的双层网壳，需要进行非线性稳定分析。地震区的大跨度钢结构，需要根据抗震规范考虑水平、竖向地震作用效应。大跨度钢结构楼盖，需要根据使用功能满足相应的舒适度要求。杆件截面的最小尺寸，需要根据结构的重要性、跨度、网格大小根据计算来确定。普通型钢，不宜小于∟50×3。钢管，不宜小于$\phi48\times3$。大、中跨度的结构钢管，不宜小于$\phi60\times3.5$。

1.1.6 钢结构布置的规定与要求

钢结构布置的规定与要求（图1-8）如下。

① 具备竖向、水平荷载传递途径。

② 多层建筑，不宜采用单跨框架结构。

③ 多高层钢结构的刚度中心，高层钢结构两个主轴方向动力特性宜相近。

④ 多高层钢结构建筑平面，宜简单、规则。

⑤ 多高层钢结构平面布置，宜对称。

⑥ 多高层钢结构水平荷载的合力作用线，宜接近抗侧力。

⑦ 高层钢结构，宜选用风压、横风向振动效应较小的建筑体型，并且考虑相邻高层建筑对风荷载的影响。

⑧ 高层建筑，不应采用单跨框架结构。

⑨ 具有刚度、承载力、结构整体稳定性与构件稳定性。

图 1-8　钢结构布置的规定与要求

技能贴士

钢结构布置的隔墙、外围护等，宜采用轻质材料。钢结构布置，需要具有冗余度，避免因部分结构或构件破坏导致整个结构体系丧失承载能力。

1.2　桁架与拱架

1.2.1　理想桁架的特点

理想桁架的假设与特点，如图 1-9 所示。

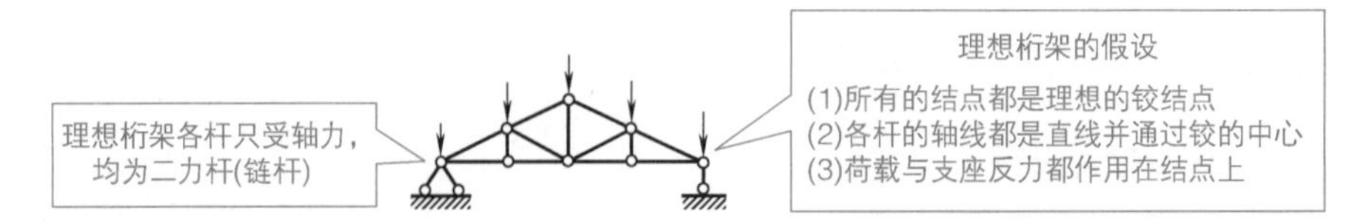

图 1-9　理想桁架的假设与特点

1.2.2　桁架的形式

桁架的形式，如图 1-10 所示。

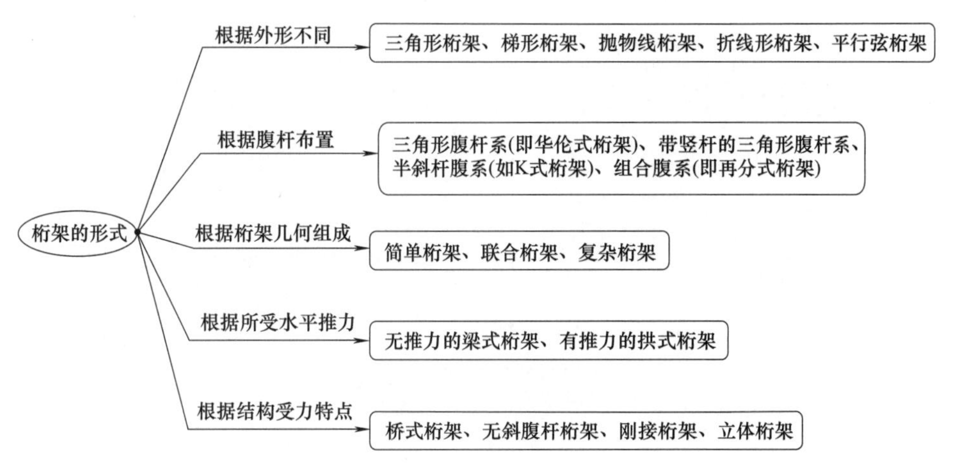

图1-10 桁架的形式

一些桁架的形式如图1-11所示。

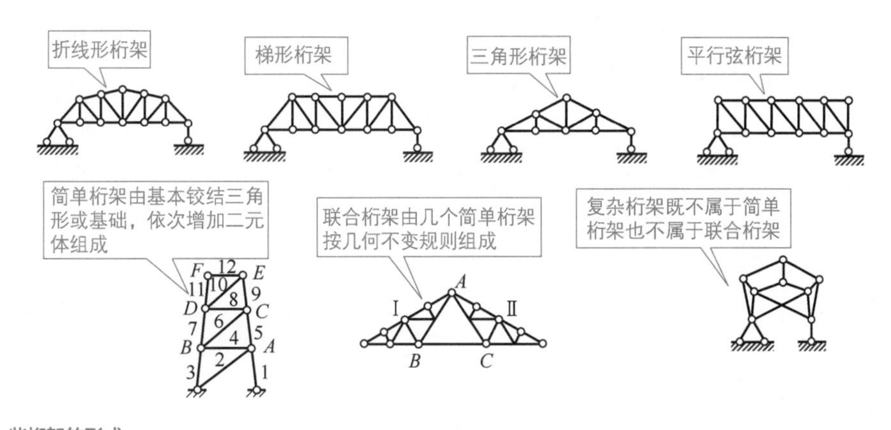

图1-11 一些桁架的形式

一些桁架与腹杆布置如图1-12所示。

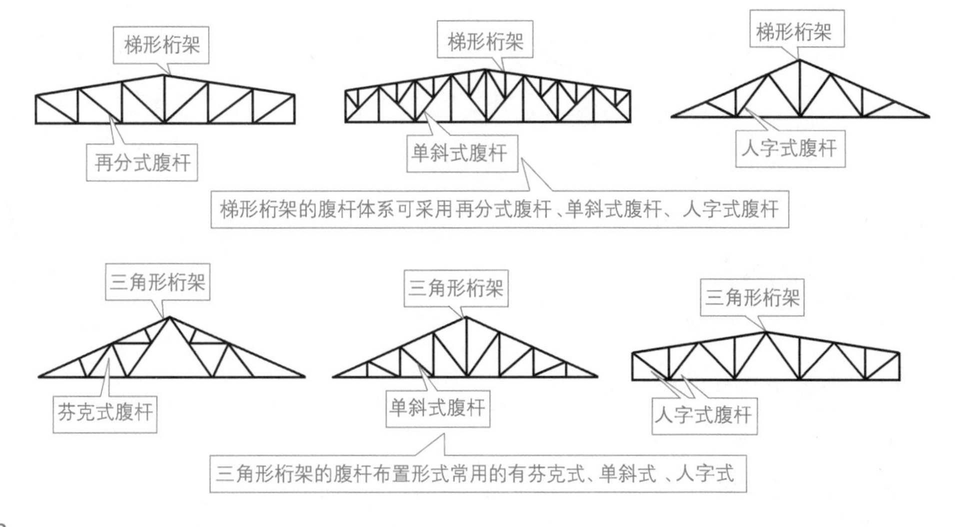

图1-12

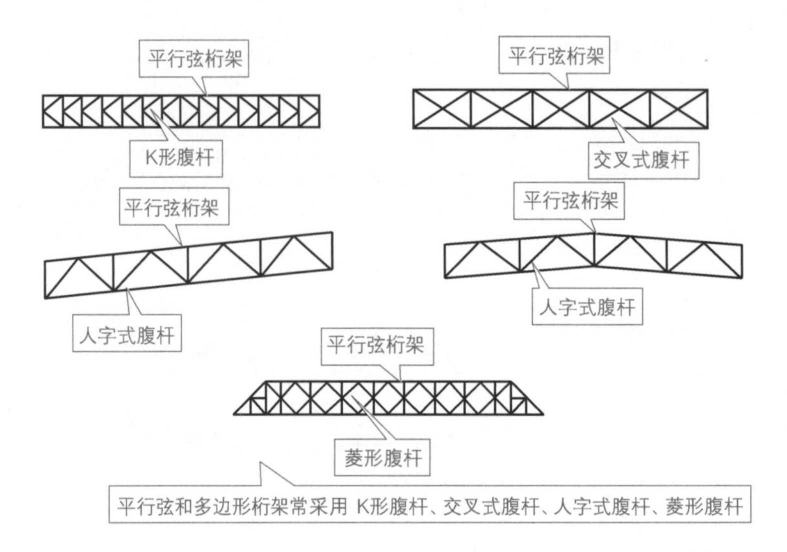

图 1-12 一些桁架与腹杆布置

1.2.3 桁架与拱架的基本规定

立体桁架、立体拱架与张弦立体拱架的规定如下。

① 立体桁架支承于下弦节点时，桁架整体需要有可靠的防侧倾体系。曲线形的立体桁架，需要考虑支座水平位移对下部结构的影响。

② 当根据立体拱架计算时，两端下部结构除了可靠传递竖向反力外，还需要保证抵抗水平位移的约束条件。

③ 当立体拱架跨度较大时，需要进行立体拱架平面内的整体稳定性验算。

④ 立体拱架的拱架厚度，可以取跨度的 1/30 ～ 1/20。

⑤ 立体拱架的拱架矢高，可以取跨度的 1/6 ～ 1/3。

⑥ 立体桁架的高度，可以取跨度的 1/16 ～ 1/12。

技能贴士

张弦立体拱架的拱架厚度，可以取跨度的 1/50 ～ 1/30。张弦立体拱架的结构矢高，可以取跨度的 1/10 ～ 1/7。其中，拱架矢高可以取跨度的 1/18 ～ 1/14，张弦的垂度可以取跨度的 1/30 ～ 1/12。

1.3 建筑结构

1.3.1 房屋建筑结构的特点与类型

房屋建筑，简称建筑，是在固定地点建造的为使用者或占用物提供庇护覆盖，进行生活、生产等活动的场所。建筑包括工业建筑和民用建筑。

工业建筑，就是提供生产用的各种建筑物。生活间、动力站、车间、厂前区建筑、库房、运输设施等属于工业建筑。

民用建筑，就是非生产性的居住建筑、公共建筑。住宅、幼儿园、学校、影剧院、商店、体育馆、旅馆、办公楼、食堂、医院、展览馆等属于民用建筑。

建筑结构，为房屋建筑结构的简称。对组成建筑结构的构件、部件，当其含义不致混淆时，也可以统称为结构。建筑结构，也就是组成工业与民用建筑的承重体系，其包括基础在内的承重体系。建筑结构单元，就是房屋建筑结构中，由伸缩缝、沉降缝、防震缝隔开的区段。房屋建筑常见结构如下。

① 板柱 - 剪力墙结构——就是由无梁楼板、柱组成的板柱框架与剪力墙共同承受竖向、水平作用的结构。

② 板柱结构——就是由水平构件为板、竖向构件为柱所组成的房屋建筑结构。柱，可以是混凝土、钢材等材料。钢结构柱如图 1-13 所示。

图 1-13　钢结构柱

③ 成束筒结构——就是由若干并列筒体组成的高层建筑结构。

④ 充气结构——就是在以高分子材料制成的薄膜制品中充入空气后而形成房屋的结构。充气结构分为气承式、气管式两种结构形式。

⑤ 单框筒结构——就是由外围密柱框筒与内部一般框架组成的高层建筑结构。

⑥ 多塔楼结构——就是未通过结构缝分开的裙楼上部具有两个或两个以上塔楼的结构。

⑦ 多筒悬挂结构——就是由多个薄壁筒组成竖向承重体系的悬挂结构。

⑧ 高耸结构——就是高度大，水平横向剖面相对小，并且以水平荷载控制设计的结构。高耸结构，分为自立式（塔式）结构、拉线式（桅式）结构等。

⑨ 拱结构——就是由拱作为承重体系的结构。

⑩ 核心筒悬挂结构——就是由中央薄壁筒作为竖向承重体系的悬挂结构。

⑪ 剪力墙结构——就是由剪力墙组成的能承受竖向、水平作用的结构。

⑫ 巨型结构——就是由巨柱、巨梁、巨支撑构成的主结构与常规结构构成的次结构共同承受竖向、水平作用的结构。

⑬ 壳体结构——就是由各种形状的曲面板与梁、拱、桁架等边缘构件组成的大跨度覆盖或围护的空间结构。

⑭ 空间网格结构——就是网架结构、网壳结构等空间结构的统称。

⑮ 框架 - 核心筒结构——就是由核心筒与外围的稀柱框架组成的筒体结构。

⑯ 框架 - 剪力墙结构——就是由框架、剪力墙共同承受竖向、水平作用的结构。

⑰ 框架结构——就是由梁、柱以刚接或铰接相连接成承重体系的房屋建筑结构。

⑱ 框架 - 筒体结构——就是由中央薄壁筒与外围的一般框架组成的高层建筑结构。

⑲ 框架 - 支撑结构——就是由框架和支撑共同承受竖向、水平作用的结构。

⑳ 冷弯轻钢结构——就是采用冷弯薄壁型钢构件组成的低层房屋结构体系，其中以轻钢墙柱、底梁、顶梁、拉条组成墙体框架，以轻钢搁栅、檩条作为楼盖、屋盖等承重构件。

㉑ 立体桁架结构——就是由上弦、腹杆、下弦杆构成的剖面为三角形或四边形的格构式桁架结构。

㉒ 连体结构——就是除裙楼以外，两个或两个以上塔楼间带有连接体的结构。

㉓ 膜结构——就是由膜材及其支承构件组成的建筑物或构筑物。

㉔ 气承式膜结构——就是在由膜材覆盖的建筑中，通过充气形成的膜材内外压力差而保持建筑形体的膜结构。

㉕ 墙板结构——就是由竖向构件为墙体、水平构件为楼板、屋面板所组成的房屋建筑结构。

㉖ 索结构——就是由拉索作为主要承重构件而形成的预应力结构体系。

㉗ 筒体结构——就是由竖向筒体为主组成能承受竖向、水平作用的高层建筑结构。筒体分为剪力墙围成的薄壁筒、由密柱框架或壁式框架围成的框筒等。

㉘ 筒中筒结构——就是由核心筒与外围框筒组成的筒体结构。

㉙ 网架结构——就是由多根杆件，根据一定网格形式通过节点连接而成的大跨度覆盖的空间结构，主要承受整体弯曲内力。

图 1-14 网壳结构

㉚ 网壳结构——就是根据一定规律布置的杆件通过节点连接而形成的曲面状空间杆系或梁系结构，主要承受整体薄膜内力。网壳结构，如图 1-14 所示。

㉛ 斜拉索结构——就是由立柱（塔桅）、斜拉索与其他构件共同组成的结构体系。

㉜ 悬挂结构——就是将楼（屋）盖荷载通过吊杆传递到竖向承重体系的建筑结构。

㉝ 悬索结构——就是以一定曲面形式，由拉索及其边缘构件所组成的结构体系。

㉞ 延性框架——就是梁、柱及其节点具有一定的塑性变形能力，并且能够满足侧向变形要求的框架。

㉟ 张拉膜结构——就是以一定曲面形式，对膜材通过索等边缘构件施加预应力而构成的膜结构。

㊱ 张弦结构——就是由梁、桁架、拱架、网壳等上弦、竖向撑杆、拉杆、下弦索组成的结构体系。

㊲ 折板结构——就是由多块条形或其他外形的平板组合而成的具有承重、围护功能的薄壁空间结构。

㊳ 砖混结构——就是由砖、石、砌块砌体制成竖向承重构件，并且与钢筋混凝土或预应力混凝土楼盖、屋盖所组成的房屋建筑结构。

㊴ 砖木结构——就是由砖、石、砌块砌体制成竖向承重构件，并且与木楼盖、木屋盖所组成的房屋建筑结构。

1.3.2 房屋建筑屋盖与支撑系统

屋盖，就是在房屋顶部，用以承受各种屋面作用的屋面板、檩条、屋架、屋面梁、支撑系统组成的部件，或以拱、薄壳、网架、悬索等大跨空间构件与支撑边缘构件所组成的部件的总称。建筑屋盖，分为平屋盖、坡屋盖、拱形屋盖等类型。

屋盖支撑系统，就是保证屋盖整体稳定，并且传递纵横向水平力而在屋架间设置的各种连系杆件的总称。屋盖支撑系统包括横向水平支撑、纵向水平支撑、竖向支撑、系杆等。

楼盖，就是在房屋楼层间用以承受各种楼面作用的楼板、次梁、主梁等所组成的部件总称。组合楼盖，就是用钢筋混凝土楼板或压型钢板楼板与型钢梁或板件组合的型钢梁组成的楼盖。

技能贴士

全属屋面系统，就是由金属面板、底板、固定支架、紧固件以及防潮、保温、隔热、隔声等材料组成的屋面围护系统的总称。屋面梁，就是将屋盖荷载传递到墙、柱、托架、托梁上的梁。

1.3.3 房屋建筑的屋架

屋架，是将屋盖荷载传递到墙、柱、托架、托梁上的桁架式构件，如图 1-15 所示。

常见的屋架包括三角形屋架、梯形屋架、多边形屋架、拱形屋架、空腹屋架等，如图 1-16 所示。

图 1-15 屋架

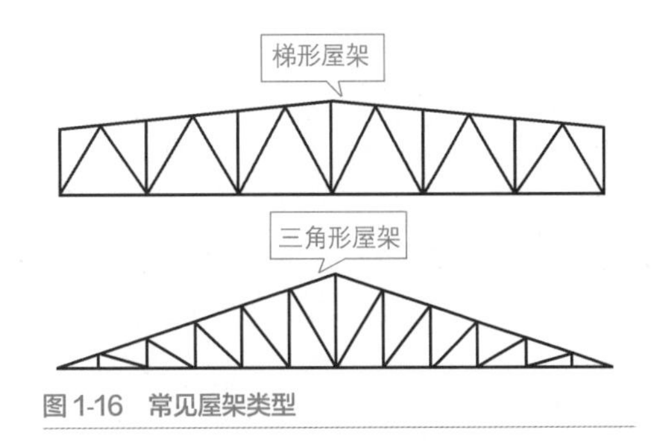

图 1-16 常见屋架类型

组合屋架，就是用钢材作拉杆，并且用木材或钢筋混凝土作压杆组成的屋架。

1.3.4 房屋建筑的其他构件及部件

房屋建筑的其他构件及部件如下。

① 变截面梁——就是沿杆件纵轴方向横截面尺寸变化的梁。

② 变截面柱——就是沿高度方向水平截面尺寸变化的柱。

③ 承重墙——就是直接承受外加作用、自重的墙体。

④ 次梁——就是将楼面荷载传递到主梁上的梁。

⑤ 等截面梁——就是沿杆件纵轴方向横截面尺寸不变的梁。等截面梁分为矩形、T 形、I 形、倒 T 形、扁形梁等。

⑥ 等截面柱——就是沿高度方向水平截面尺寸不变的柱。

⑦ 吊车梁——就是承受吊车轮压所产生的竖向荷载和纵向、横向水平荷载，并且考虑疲劳影响的梁。

⑧ 非承重墙——又叫做自承重墙等。非承重墙主要起围挡或分割空间作用。非承重墙是不承受自重以外的竖向荷载，结构设计不作为受力构件考虑的墙体。

⑨ 钢管混凝土构件——就是在钢管内浇筑混凝土而成的整体受力构件。

⑩ 过梁——就是设置在门窗或孔洞顶部，用来传递其上部荷载的梁。

⑪ 基础——就是将建筑物承受的各种作用传递到地基上的结构部件。

⑫ 加强层——就是设置连接内筒与外围结构的水平伸臂结构（梁或桁架）的楼层，必要时

还可以沿该楼层外围结构设置带状水平桁架或梁。

⑬ 阶形柱——就是沿高度方向分段改变水平截面尺寸的柱。阶形柱，可以分为单阶柱、双阶柱、多阶柱。

⑭ 结构缝——就是根据结构设计需求而采取的分割混凝土结构的间隔的总称。

⑮ 结构墙——又叫做剪力墙、抗震墙等。结构墙主要承受侧向力或地震作用，并且保持结构整体稳定的承重墙。

⑯ 井字梁——就是由同一平面内相互正交或斜交的梁所组成的结构构件，又称为交叉梁或格形梁。

⑰ 抗风柱——就是为承受风荷载而在房屋山墙处设置的柱。

⑱ 楼板——就是直接承受楼面荷载的板。

⑲ 楼梯——就是由包括踏步板、栏杆的梯段、平台组成的沟通上下不同楼面的斜向部件。楼梯，分为板式楼梯、悬挑楼梯、梁式楼梯、螺旋楼梯等。

⑳ 配筋砌体构件——就是由配置受力的钢筋或钢筋网的砖砌体、石砌体、砌块砌体制成的承重构件。

㉑ 天窗架——就是在屋架上设置供采光、通风用，并且承受与屋架有关作用的桁架或框架。

㉒ 托架（托梁）——就是支承中间屋架的桁架（梁）。

㉓ 屋面板——就是直接承受屋面荷载的板。

㉔ 屋面檩条——就是将屋面板承受的荷载传递到屋面梁、屋架、承重墙上的梁式构件。

㉕ 无筋砌体构件——就是由砖砌体、石砌体、砌块体制成的承重构件。

㉖ 下撑式组合梁——就是用型钢或圆钢作下部拉杆，并且以钢筋混凝土作上部压杆组成的下撑式梁。

㉗ 压型钢板楼板——就是在压型钢板上浇筑混凝土组成的楼板。

㉘ 主梁——就是将楼盖荷载传递到柱、墙上的梁。

㉙ 柱间支撑——就是为保证建筑结构整体稳定、提高侧向刚度、传递纵向水平力而在相邻两柱间设置的连系杆件。

㉚ 转换层——就是设置转换结构构件的楼层。转换层包括水平结构构件及其以下的竖向结构构件。

㉛ 转换结构构件——就是完成上部楼层到下部楼层的结构形式转变或上部楼层到下部楼层结构布置改变而设置的结构构件。转换结构构件包括转换梁、转换桁架、转换板等。部分框支剪力墙结构的转换梁，也称为框支梁。

㉜ 组合构件——就是由两种或两种以上材料组合而成的整体受力构件。

房屋建筑钢构件、部件，如图 1-17 所示。

图 1-17 房屋建筑钢构件、部件

1.3.5 钢结构住宅的基础知识

钢结构住宅，就是主要承重结构为钢结构的住宅建筑。钢结构住宅包括由钢结构、钢 - 混凝土组合结构等结构体系组成的住宅建筑。钢结构的住宅，如图 1-18 所示。

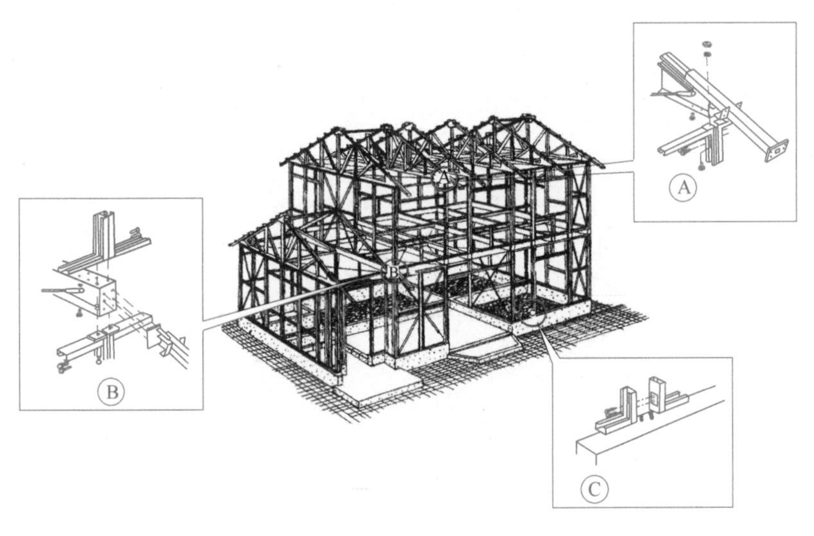

图 1-18 钢结构住宅

钢结构系统，就是由结构构件通过可靠的连接方式组合而成，以承受或传递荷载作用的一种整体。

组合结构构件，就是由型钢、钢管或钢板与钢筋混凝土组合并且能整体受力的一种结构构件。

组合结构，就是由组合结构构件组成的结构，以及由组合结构构件与钢构件、钢筋混凝土构件组成的结构。钢 - 混凝土组合结构，如图 1-19 所示。

图 1-19 钢 - 混凝土组合结构

1.3.6 钢结构住宅结构体系的适宜高度

钢结构住宅结构体系的适宜参考高度，见表 1-3。钢结构住宅适用的高宽比不宜超过的规定见表 1-4。

表 1-3 钢结构住宅结构体系的适宜参考高度 单位：m

结构类别	结构体系		适宜高度（不大于 100m）					
			抗震设防烈度					
			6	7		8		9
				（0.10*g*）	（0.15*g*）	（0.20*g*）	（0.30*g*）	（0.40*g*）
组合结构	组合框架结构		36	36		36	30	24
	钢框架 - 剪力墙（核心筒）结构		100	100		100	80（100）	50（70）
	组合框架 - 剪力墙（核心筒）结构							
	钢管混凝土组合异形柱结构		100	100		100	80	50
钢结构	轻型钢框架结构	框架结构	9	9		—		—
		框架 - 支撑结构	18	18		—		—
	普通钢结构	框架结构	36	36		30	24	18
		框架 - 支撑结构	100	70		50	30	24

注：1. 括号内的值为核心筒结构的限值。

2. 平面、竖向均不规则的结构，或者Ⅳ类场地上的结构，最大适用高度需要适当降低。

3. 组合框架，是指由钢管（骨）混凝土柱、钢梁组成的框架。

4. 房屋高度，是指室外地面至主要屋面高度，不包括局部突出屋面的水箱、电梯机房、构架等的高度。

5. 轻型钢框架，是指由小截面的热轧 H 型钢、普通焊接 H 型钢、高频焊接 H 型钢、异形截面型钢、冷轧或热轧成型的钢管等构件构成的纯框架或框架 - 支撑结构体系。

表 1-4 钢结构住宅适用的高宽比

烈度	6、7	8	9
最大高宽比	6.5	6.0	5.5

注：1. 当主体结构与裙房相连时，高宽比按裙房以上建筑的高度与宽度计算（当一侧无裙房时，仍需要从地面算起）。

2. 计算高度从室外地面算起。

1.3.7 钢结构住宅的常用体系

钢结构住宅建筑，可以根据建筑功能、建筑高度、抗震设防烈度、抗侧力结构的特点选择结构体系。钢结构住宅常用体系，见表 1-5。

表 1-5 钢结构住宅常用体系

结构类别	结构体系		适合住宅的类型	支撑、墙体、筒形式
钢结构	轻型钢框架	框架	低层、多层住宅	—
		框架 - 支撑	多层住宅	普通钢支撑
	框架		低层、多层、中高层住宅	—
	框架 - 支撑	中心支撑	中高层、高层住宅	普通钢支撑、屈曲约束支撑
		偏心支撑	中高层、高层住宅	普通钢支撑
组合结构	组合框架 - 支撑	中心支撑	中高层、高层住宅	普通钢支撑、屈曲约束支撑
		偏心支撑	中高层、高层住宅	普通钢支撑
	组合剪力墙		中高层、高层住宅	钢板墙、型钢混凝土剪力墙
	钢框架 - 剪力墙、组合框架 - 剪力墙		中高层、高层住宅	型钢混凝土剪力墙、钢筋混凝土墙、钢板墙、延性墙板
	钢框架 - 核心筒		中高层、高层住宅	型钢混凝土筒体、钢筋混凝土筒体、钢板墙筒体
	组合框架 - 核心筒		高层住宅	型钢混凝土筒体、钢筋混凝土筒体、钢板墙筒体
	矩形钢管混凝土、组合异形柱结构		低层、多层、中高层、高层住宅	型钢混凝土剪力墙、钢板墙、钢筋混凝土墙、延性墙板
	组合框架		低层、多层、中高层住宅	—

型钢混凝土结构图例，如图 1-20 所示。

图 1-20 型钢混凝土结构图例

1.3.8 钢结构厂房的构建

钢结构厂房，主要是指其主要的承重构件是由钢材组成的，包括钢柱、钢梁、钢结构基础、钢屋架、钢屋盖等。钢结构厂房，柱子一般采用 H 型钢或者 C 型钢；梁一般采用 C 型钢或者 H 型钢；檩一般采用 C 型钢或者槽钢；瓦一般采用单片瓦（彩钢瓦）或者复合板（聚苯、岩棉、聚氨酯等）。

钢结构厂房构建组成，如图 1-21 所示。

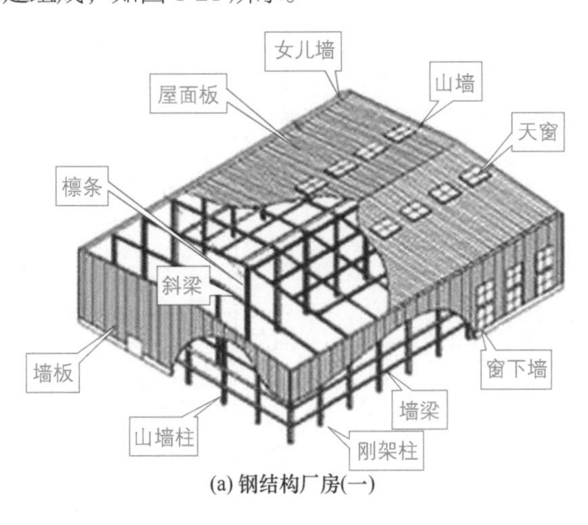

(a) 钢结构厂房(一)

图 1-21

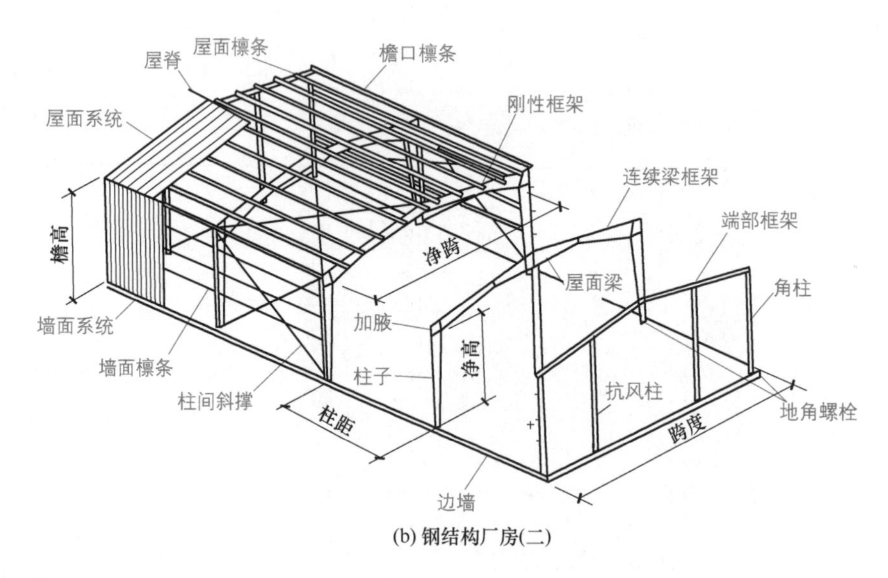

(b) 钢结构厂房(二)

图 1-21 钢结构厂房构建组成

技能贴士

钢结构厂房屋面的注意事项：需要注意防渗、防火、防潮、防雷、防雪崩、防冰柱、抗风压、隔声、通风、承重、保温、采光、控制热胀冷缩、美观等要求。其中，防雪崩就是在降雪地区的金属屋面上设置挡雪栏杆，防止积雪突然滑落。防冰柱就是防止雨雪在檐口位置形成冰柱。

1.4 钢结构节点

1.4.1 支座节点

支座的种类有平板支座、弧形支座、突缘支座、辊轴支座等，如图 1-22 所示。支座实物，如图 1-23 所示。

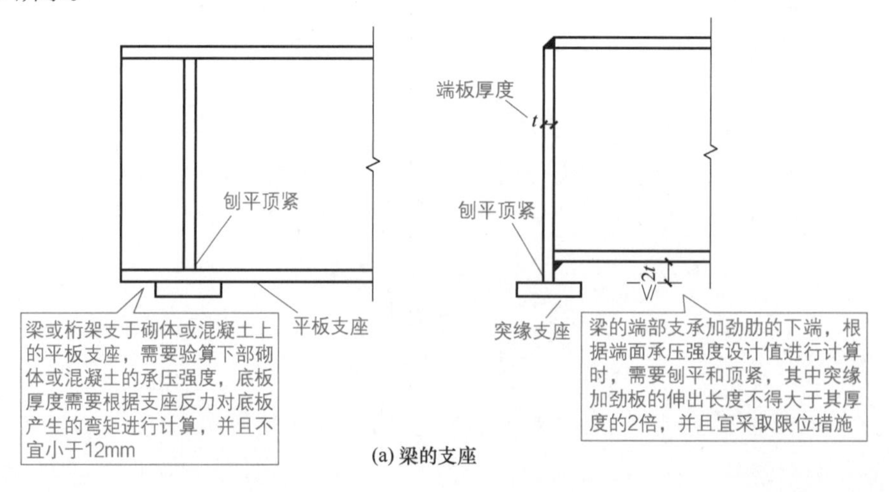

(a) 梁的支座

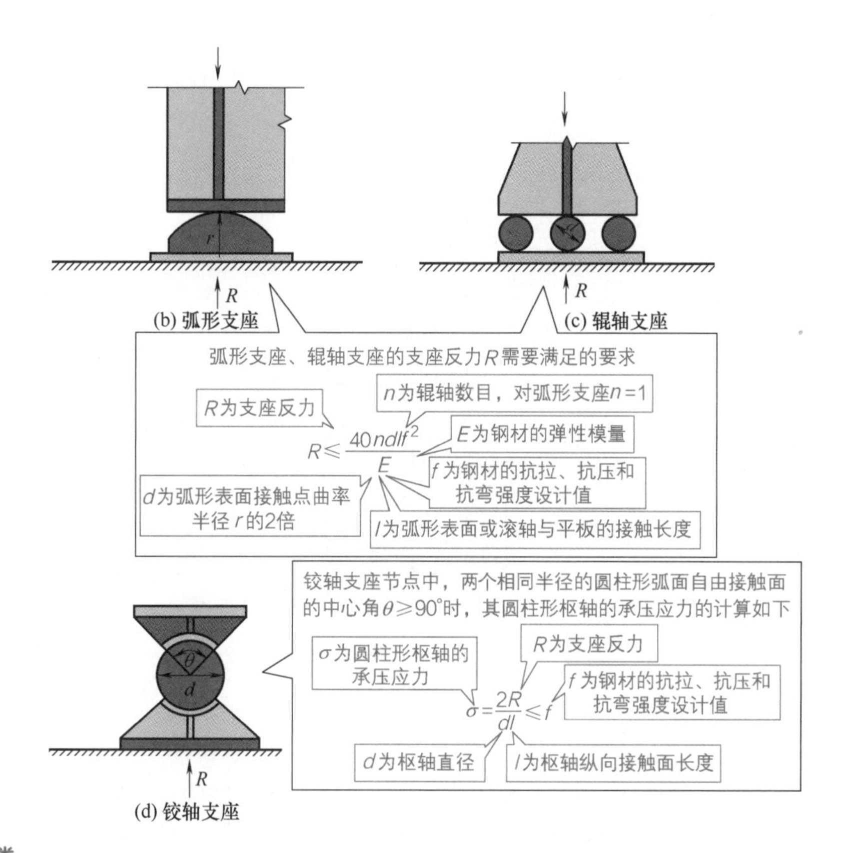

图1-22　支座的种类

图1-23　支座实物

技能贴士

梁或桁架支在砌体或混凝土上的平板支座，需要验算下部砌体或混凝土的承压强度，底板厚度要根据支座反力对底板产生的弯矩进行计算，并且不宜小于12mm。

1.4.2　柱脚节点

多高层结构框架柱的柱脚，可以采用埋入式柱脚、插入式柱脚、外包式柱脚等类型。多层结构框架柱尚可采用外露式柱脚。单层厂房刚接柱脚，可以采用插入式柱脚、外露式柱脚。铰接柱脚宜采用外露式柱脚。

外包式柱脚底板应位于基础梁或筏板的混凝土保护层内。外包混凝土厚度，对 H 形截面柱不宜小于 160mm。对矩形管或圆管柱不宜小于 180mm，同时不宜小于钢柱截面高度的 30%；混凝土强度等级不宜低于 C30。外包式柱脚如图 1-24 所示。

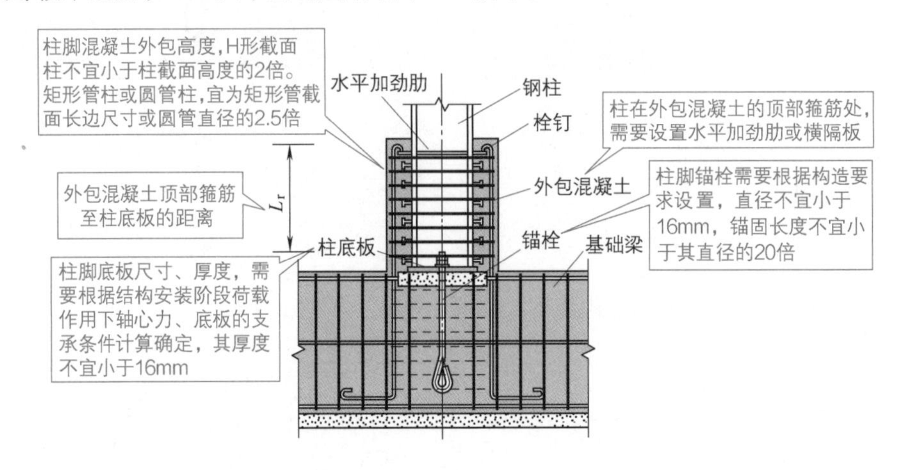

图 1-24 外包式柱脚

埋入式柱脚，柱埋入部分四周一般需要设置主筋。柱翼缘或管柱外边缘混凝土保护层厚度，边列柱的翼缘或管柱外边缘到基础梁端部的距离不应小于 400mm，中间柱翼缘或管柱外边缘到基础梁梁边相交线的距离不应小于 250mm。基础护筏板的边部，需要配置水平 U 形箍筋抵抗柱的水平冲切。基础梁梁边相交线的夹角需要做成钝角，其坡度不应大于 1 ∶ 4 的斜角。埋入式柱脚，如图 1-25 所示。

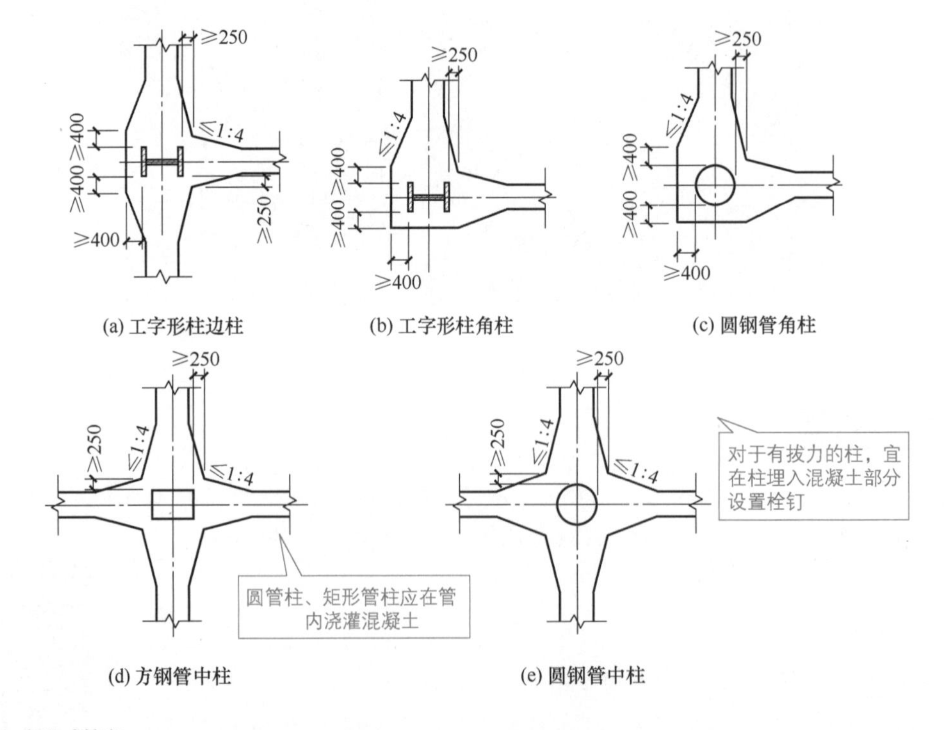

图 1-25 埋入式柱脚

技能贴士

埋入式、外包式、插入式柱脚，钢柱与混凝土接触的范围内不得涂刷油漆。安装柱脚时，需要将钢柱表面的泥土、油污、铁锈、焊渣等用砂轮清刷干净。

1.4.3 矩形钢管混凝土组合异形柱结构

矩形钢管混凝土组合异形柱结构体系，是由矩形钢管混凝土组合异形柱、H型钢梁、外肋环板节点构成的一种框架结构体系。当其抗侧力刚度不足时，可以采用宽肢组合异形柱，或者增加钢支撑，或者双钢板剪力墙。

矩形钢管混凝土组合异形柱与H型钢梁的连接，可以采用外肋环板节点，如图1-26所示。

矩形钢管混凝土组合异形柱与H型钢梁的连接，也可以采用翼缘竖向加劲板加强，如图1-27所示。

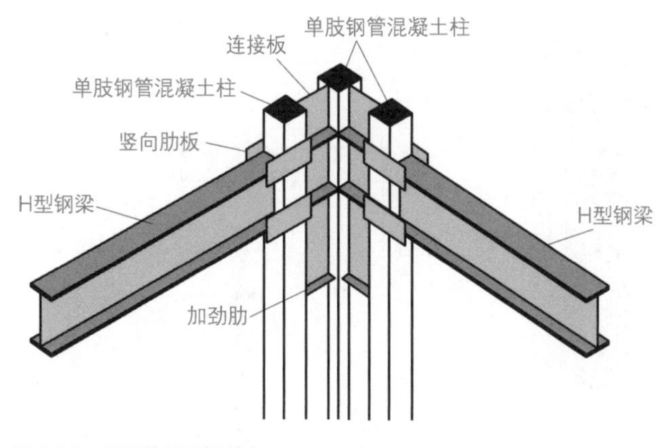

图1-26 采用外肋环板节点

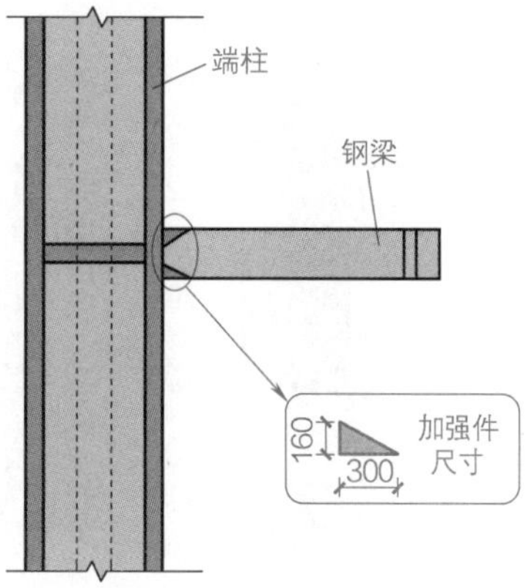

端柱
钢梁
160
300
加强件尺寸

图1-27 采用翼缘竖向加劲板加强

技能贴士

节点构造需要构造简单、整体性好、传力明确、安全可靠、节约材料、施工方便。节点需要做到构造合理，使节点具有必要的延性，并且避免出现应力集中和过大约束，满足强节点弱构件的要求。

1.4.4 矩形钢管混凝土组合异形柱

矩形钢管混凝土异形柱的构造形式，由多根单肢矩形钢管混凝土相互间通过连接构件进行连接，形成截面形式为L形、T形、十字形的一种异形柱。L形柱可以作为建筑的角柱，T形柱可以作为建筑的边柱，十字形柱可以作为建筑的中柱。

矩形钢管混凝土异形柱的连接构件可以为单钢板连接（图1-28）。矩形钢管混凝土异形柱的连接构件也可以采用双钢板连接，如图1-29所示。

L形-矩形钢管混凝土组合异形柱边节点，钢梁分别连接中心肢柱与边肢柱，外肋环板与钢梁栓焊混合连接，翼缘焊接连接，腹板通过腹板拼接板螺栓连接，如图1-30所示。

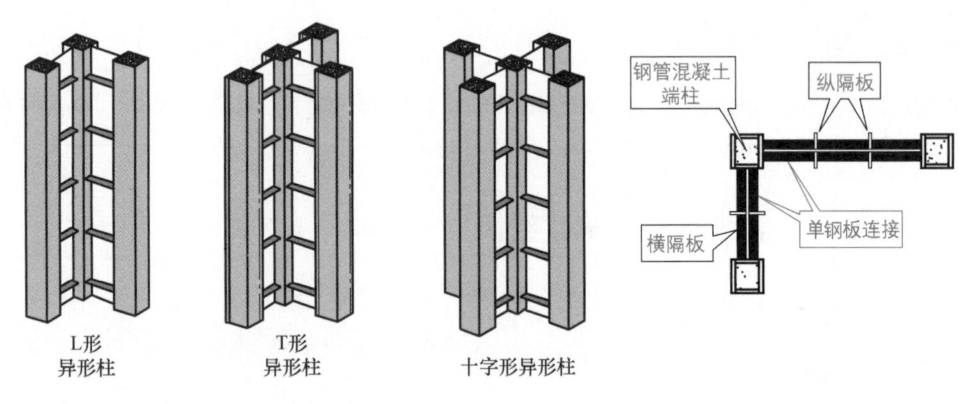

图 1-28 单板连接型矩形钢管混凝土组合异形柱

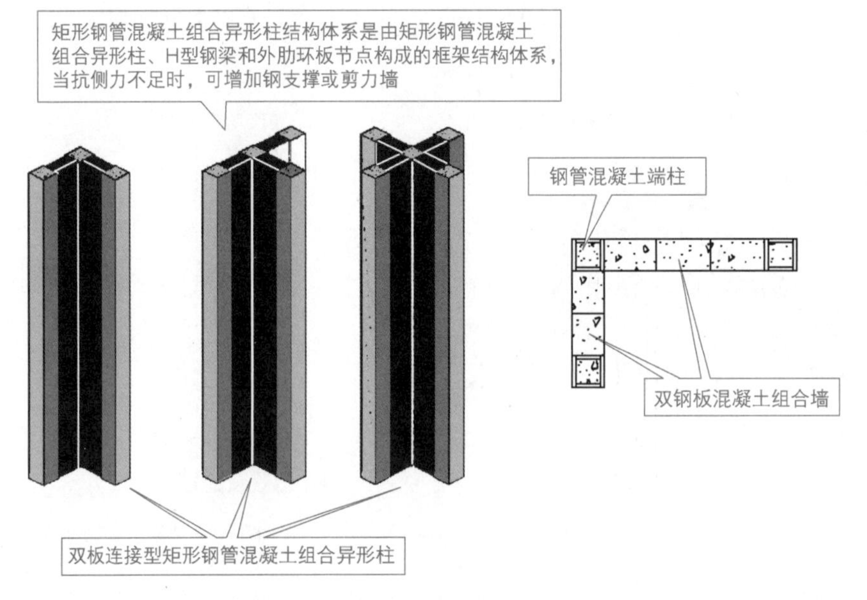

图 1-29 双板连接型矩形钢管混凝土组合异形柱

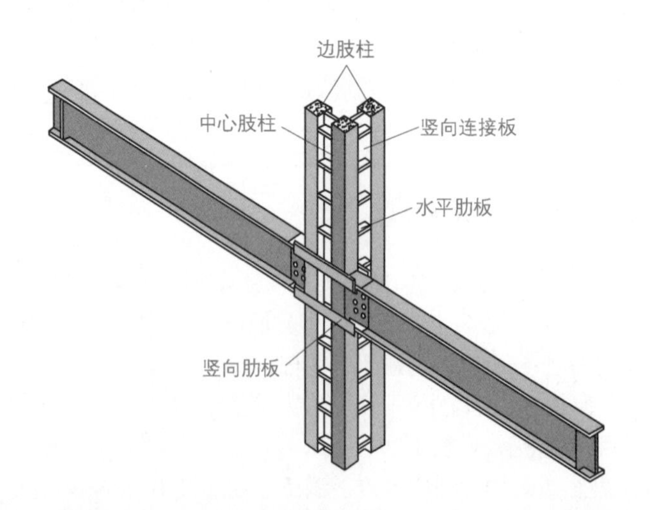

图 1-30 L 形 - 矩形钢管混凝土组合异形柱边节点连接构造示意

L 形 - 矩形钢管混凝土组合异形柱中节点，外肋环板与钢梁栓焊混合连接，+X、+Y、−Y 方向均为外肋环板连接，−X 方向为扩翼缘式连接，如图 1-31 所示。

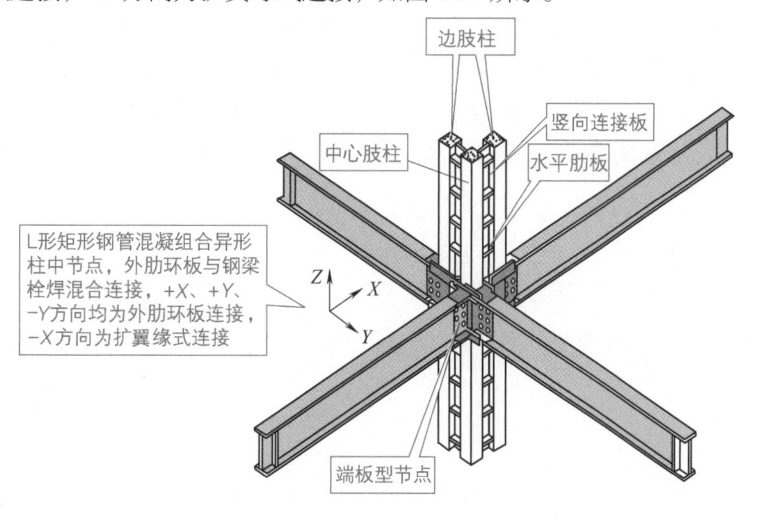

图 1-31　L 形 - 矩形钢管混凝土组合异形柱中节点

肢宽厚比为 4 ～ 8 的异形柱，又叫做宽肢组合异形柱。单钢板连接部分需要设纵隔板。双钢板连接部分需要设纵向分隔板。

1.4.5　矩形钢管混凝土组合异形柱柱脚构造

矩形钢管混凝土组合异形柱结构宜采用埋入式柱脚。有地下室的高层民用建筑中，也可以采用外包式柱脚。外包混凝土内需要设置钢筋网片，并且在每个柱脚下宜设置抗剪键，柱底板开锚栓孔，与基础用锚栓连接。

矩形钢管混凝土组合异形柱结构柱脚的部分轴力、弯矩、剪力，可以由外包钢筋混凝土承担，但是计算、构造需要符合现行有关标准的相关规定。

矩形钢管混凝土组合异形柱结构，如图 1-32 所示。

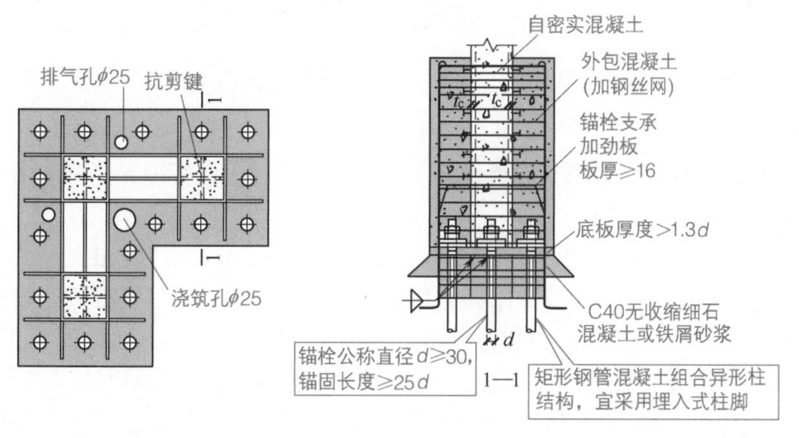

图 1-32　矩形钢管混凝土组合异形柱结构

技能贴士

外包式柱脚的外包混凝土高度，不应小于钢柱截面高度的 2.5 倍。外包式柱脚部位的矩形钢管内的混凝土，宜采用自密实混凝土。外包式柱脚底板通过预埋锚栓与基础连接，锚栓埋入长度一般不应小于其直径的 25 倍。锚栓底部需要设锚板或弯钩，锚板厚度宜大于 1.3 倍锚栓直径。外包式钢柱脚与底板宜设置加劲肋板，采用锚栓支承，加劲肋板厚度不宜小于 16mm。

1.4.6 相交斜杆节点

相交的斜杆分为非中点相交的斜杆、中点相交的斜杆等种类。非中点相交的斜杆，如图 1-33 所示。

1.4.7 连接板节点

连接板节点处在拉、剪作用下的强度需要达到要求。连接板有焊缝连接、螺栓连接等类型，如图 1-34 所示。

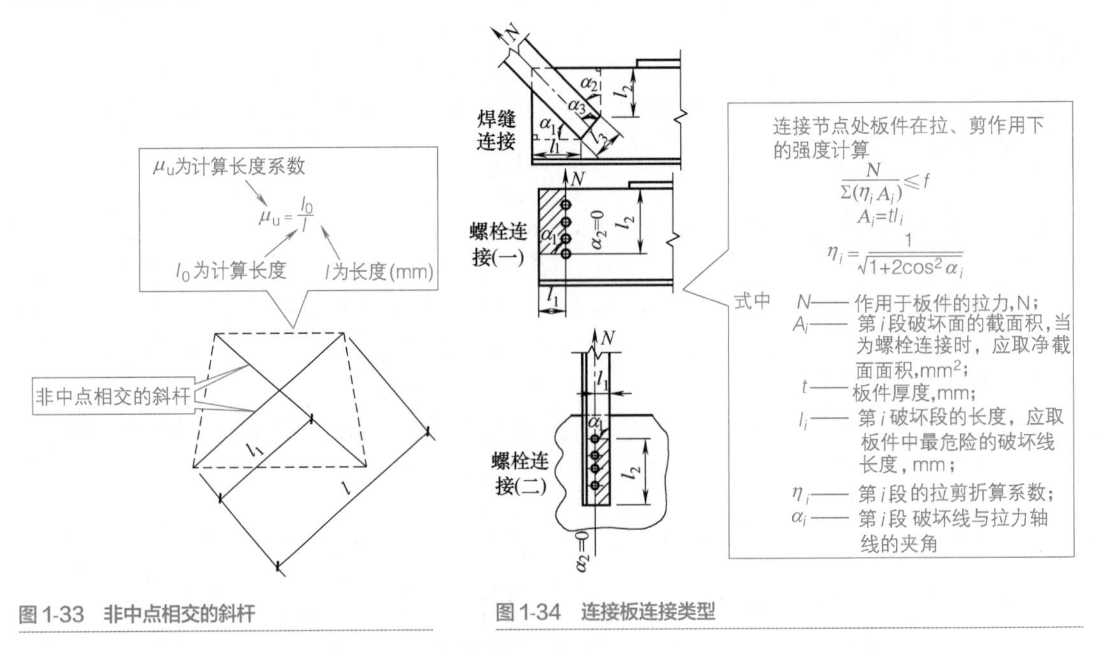

图 1-33 非中点相交的斜杆

图 1-34 连接板连接类型

桁架节点板（杆件轧制 T 形、双板焊接 T 形截面者除外）的强度，还可以用有效宽度法来计算，如图 1-35 所示。

垂直于杆件轴向设置的连接板或梁的翼缘，采用焊接方式与工字形、H 形或其他截面的未设水平加劲肋的杆件翼缘相连，形成 T 形接合时，其母材与焊缝，均需要根据有效宽度进行强度计算。

桁架节点板有竖腹杆相连的节点板、无竖腹杆相连的节点板等类型。桁架节点板斜腹杆与弦杆的夹角为 30° ～ 60°，节点板边缘与腹杆轴线间的夹角不应小于 15°。桁架节点板如图 1-36 所示。

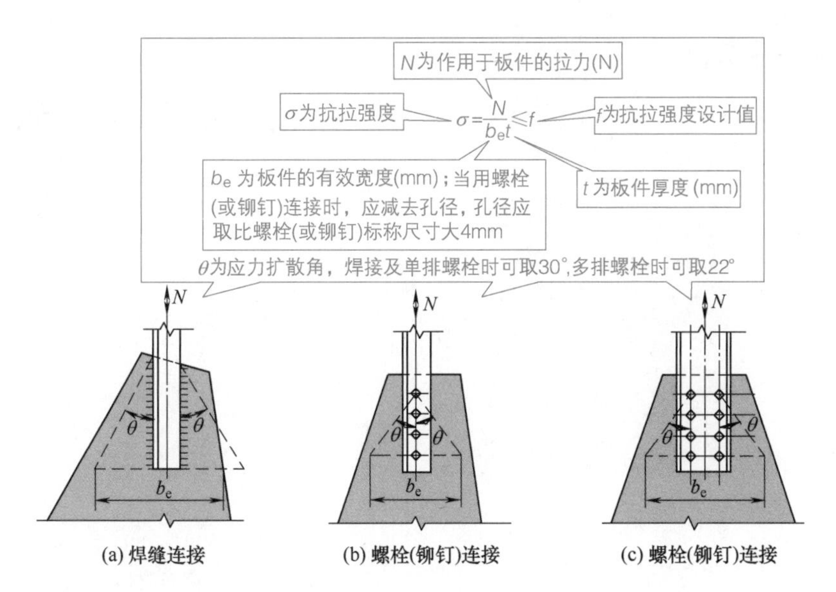

图1-35 桁架节点板的强度用有效宽度法来计算

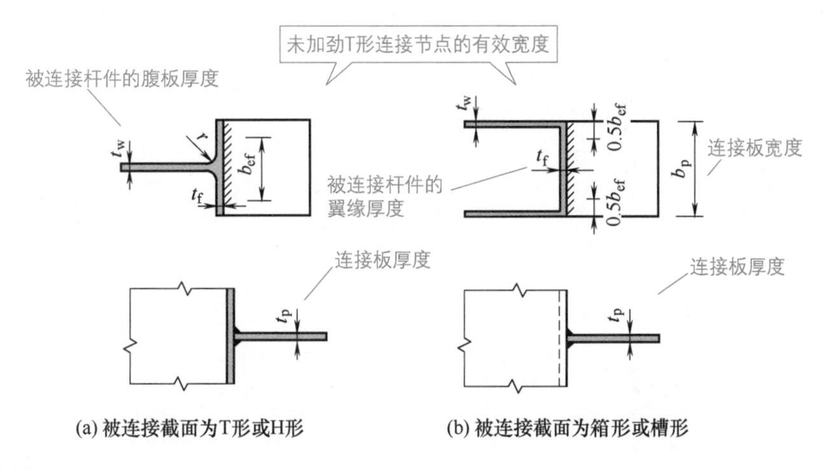

图1-36 桁架节点板

杆件与节点板的连接焊缝，宜采用两面侧焊，也可以采用三面围焊。所有围焊的转角位置，必须连续施焊。弦杆与腹杆、腹杆与腹杆间的间隙，不应小于20mm，相邻角焊缝焊趾间净距不应小于5mm。

节点板厚度宜根据所连接杆件内力的计算来确定，但是不得小于6mm。节点板的平面尺寸需要考虑制作、装配的误差。杆件与节点板的连接，如图1-37所示。

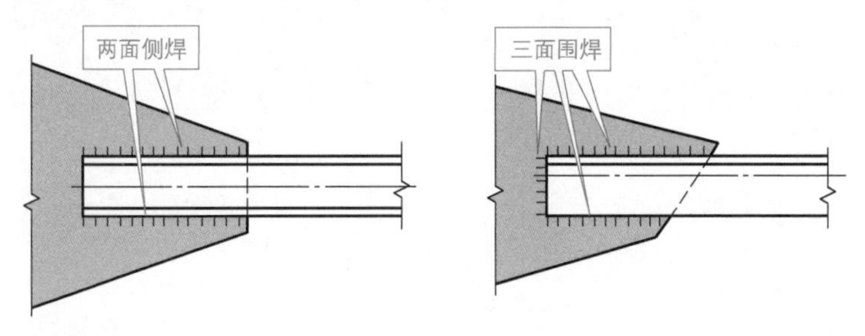

图1-37 杆件与节点板的连接

1.4.8 钢管连接节点

圆钢管的外径与壁厚之比、方（矩）形管的最大外缘尺寸与壁厚之比的要求，如图 1-38 所示。

图 1-38 圆钢管的要求

采用无加劲直接焊接节点的钢管桁架，当节点偏心不超过有关标准限制，在计算节点、受拉主管承载力时，可以忽略因偏心引起的弯矩的影响。但是，受压主管需要考虑偏心弯矩的影响。钢管连接节点及偏心弯矩的计算式，如图 1-39 所示。

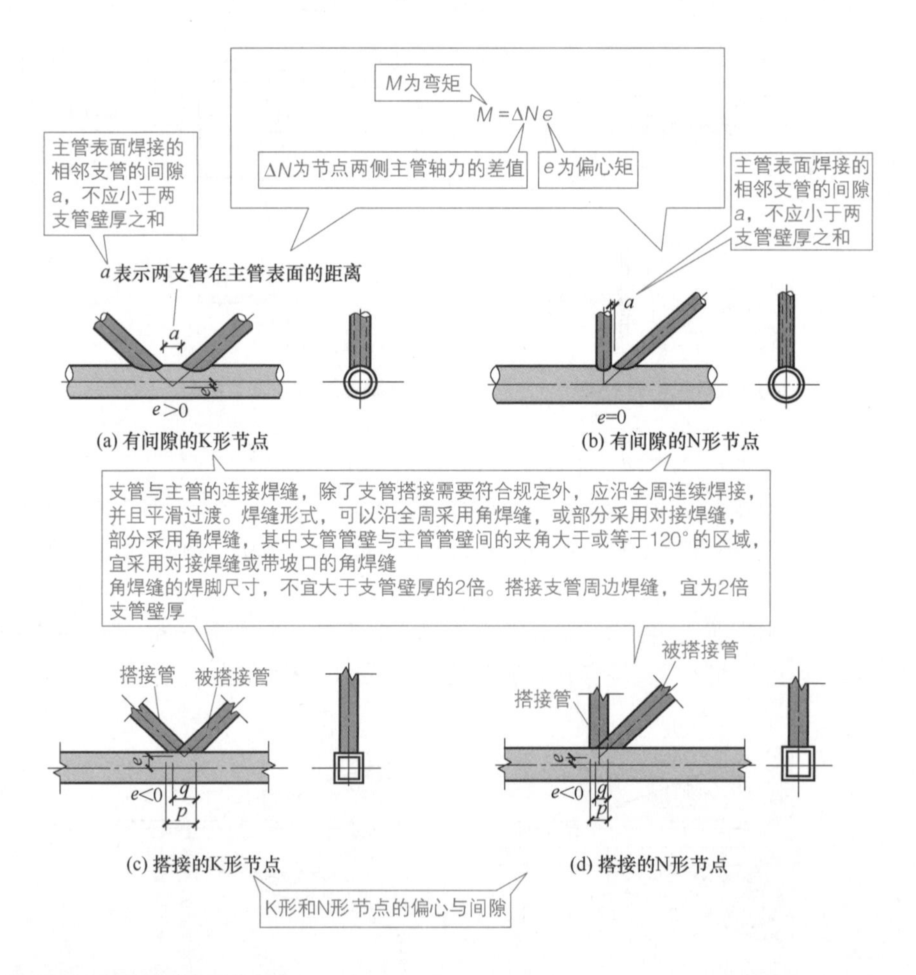

图 1-39 钢管连接节点及偏心弯矩的计算式

技能贴士

钢管连接的支管端部需要使用自动切管机切割。支管壁厚小于 6mm 时，可不切坡口。支管与主管的连接节点处宜避免偏心。

1.4.9 支管搭接构造节点

支管搭接型的直接焊接节点，当互相搭接的支管外部尺寸不同时，外部尺寸较小者需要搭接在尺寸较大者上。支管壁厚不同时，较小壁厚者需要搭接在较大壁厚者上。承受轴心压力的支管，宜在下方。支管搭接的构造，如图 1-40 所示。

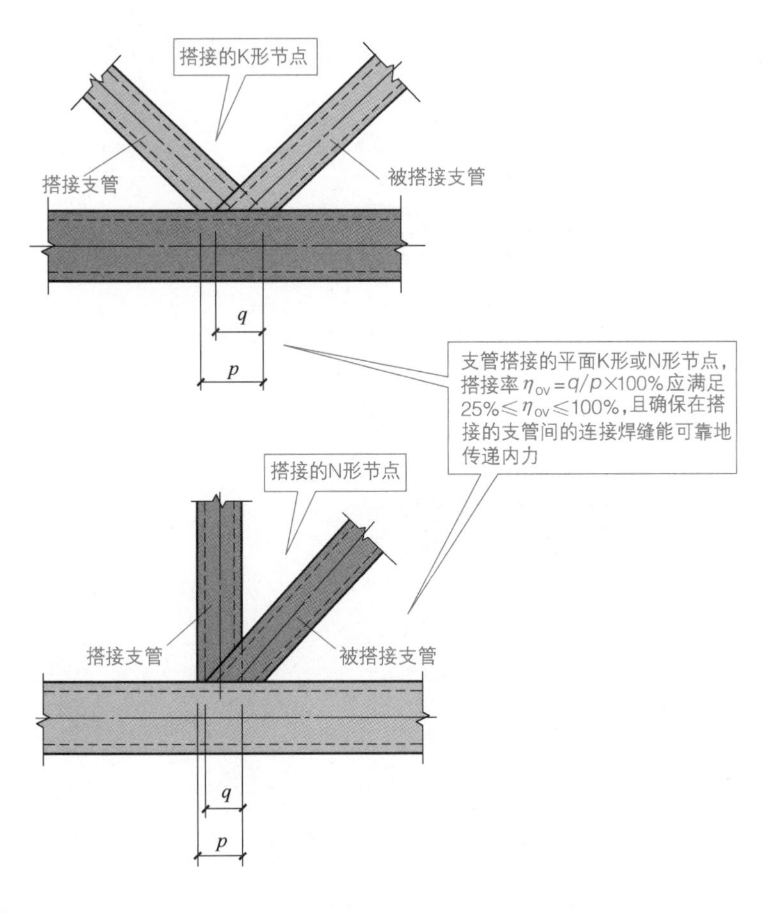

图 1-40 支管搭接的构造

1.4.10 主管内设置横向加劲板的连接节点

无加劲直接焊接方式，不能够满足承载力要求时，可以根据规定在主管内设置横向加劲板。加劲板厚度，不得小于支管壁厚，也不宜小于主管壁厚的 2/3 和主管内径的 1/40。加劲板中央开孔时，环板宽度与板厚的比值不宜大于 $15\varepsilon_k$。加劲板的特点，如图 1-41 所示（D_1 表示支管外径）。

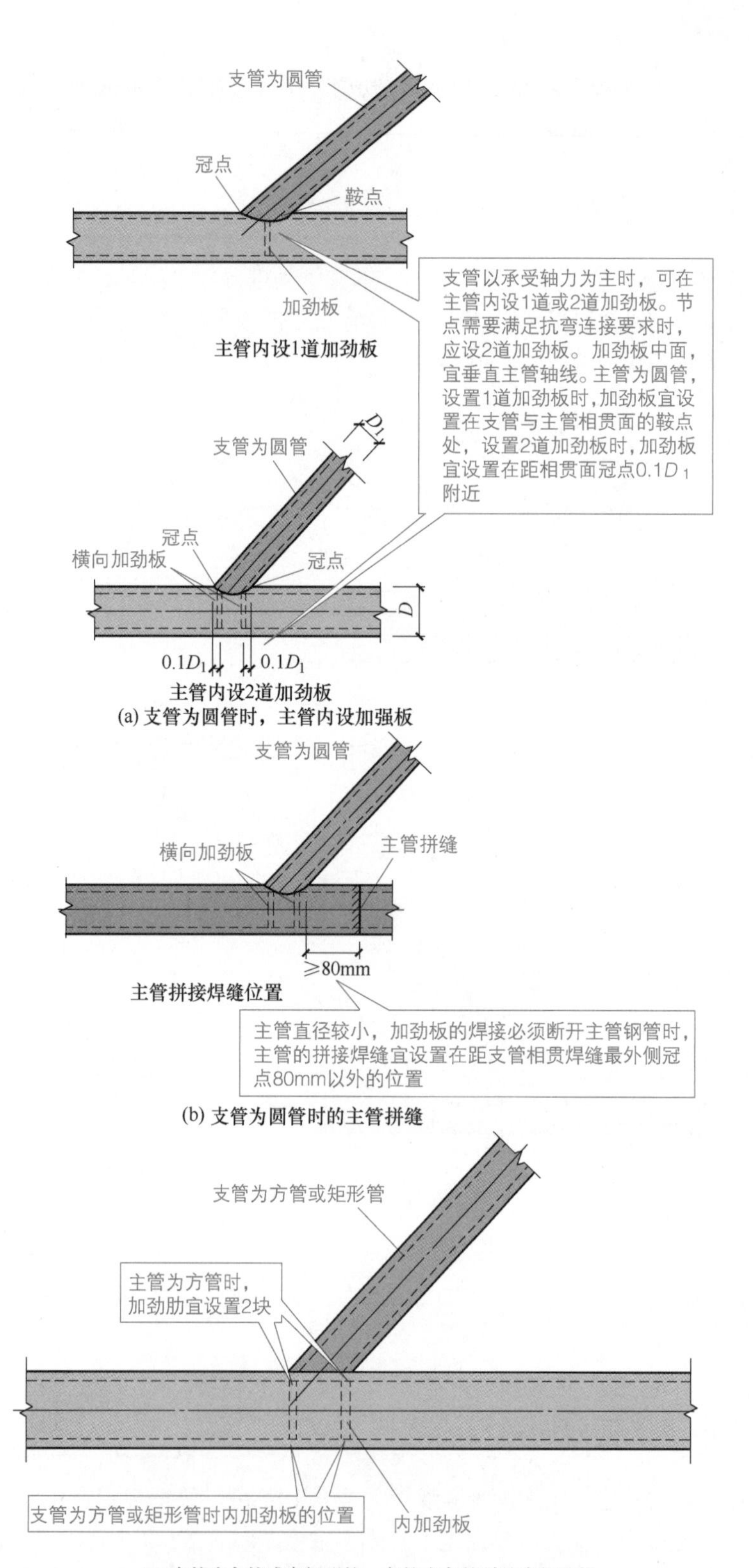

(a) 支管为圆管时，主管内设加强板

(b) 支管为圆管时的主管拼缝

(c) 支管为方管或者矩形管，主管为方管时的内加强板

图 1-41　加劲板的特点

技能贴士

加劲板宜采用部分熔透焊缝焊接。主管为方管的加劲板靠支管一边与两侧边宜采用部分熔透焊接，与支管连接反向一边可不焊接。

1.4.11 主管表面贴加强板加强节点

主管为圆管时，加强板宜包覆主管半圆。长度方向两侧均需要超过支管最外侧焊缝 50mm 以上，但是不宜超过支管直径的 2/3，加强板厚度不宜小于 4mm，如图 1-42 所示。

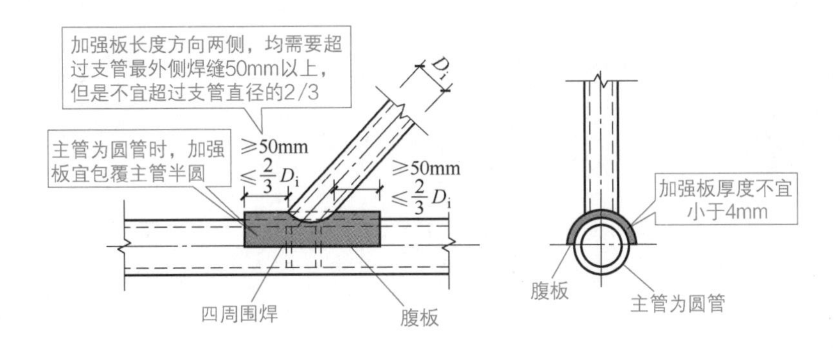

图 1-42 圆管表面的加强板

主管为方（矩）形管且在与支管相连表面设置加强板的情况，加强板厚度不宜小于支管最大厚度的 2 倍。主管为方（矩）形管且在与支管相连表面设置加强板的情况，加强板宽度宜接近主管宽度，并且预留适当的焊缝位置。方（矩）形主管与支管连接表面的加强板，如图 1-43 所示。

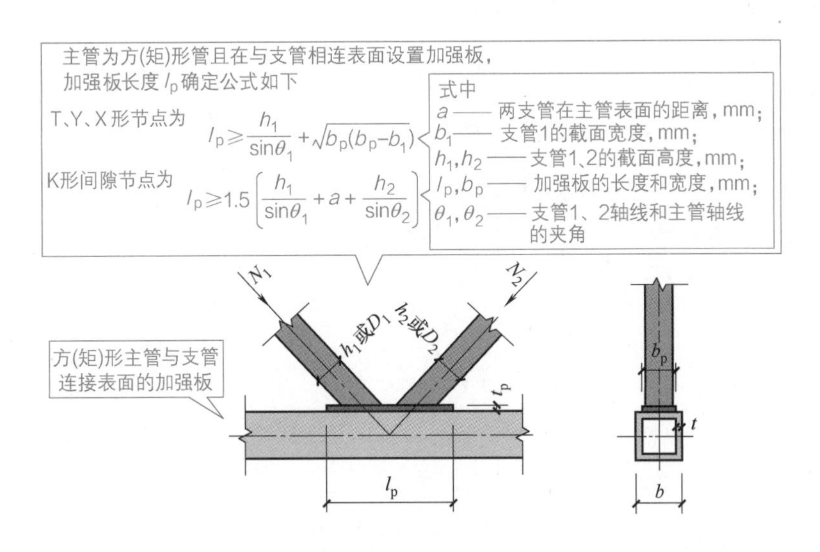

图 1-43 方（矩）形主管与支管连接表面的加强板

方（矩）形主管侧表面的加强板的设置特点，如图 1-44 所示。

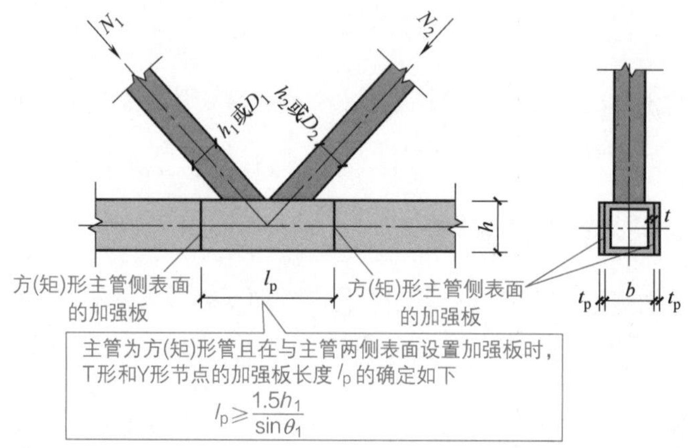

图 1-44　方（矩）形主管侧表面的加强板的设置特点

技能贴士

加强板与主管需要采用四周围焊。对 K 形节点、N 形节点焊缝有效高度不应小于腹杆壁厚。焊接前，需要在加强板上先钻一个排气小孔。焊后，采用塞焊将孔封闭即可。

1.4.12　圆钢管直接焊接节点

圆钢管直接焊接节点，有圆钢管直接焊接 X 形节点、T 形（或 Y 形）受压节点、T 形（或 Y 形）受拉节点、平面 K 形搭接节点、平面 K 形间隙节点、平面 DY 形节点、荷载正对称平面 DK 形节点、荷载反对称平面 DK 形节点、空间 KK 形节点、平面 KT 形节点、空间 TT 形节点、空间 KT 形节点等。

圆钢管直接焊接 X 形节点，受压支管在管节点位置的承载力设计值的计算如图 1-45 所示。其他圆钢管直接焊接节点图例，如图 1-46 所示。

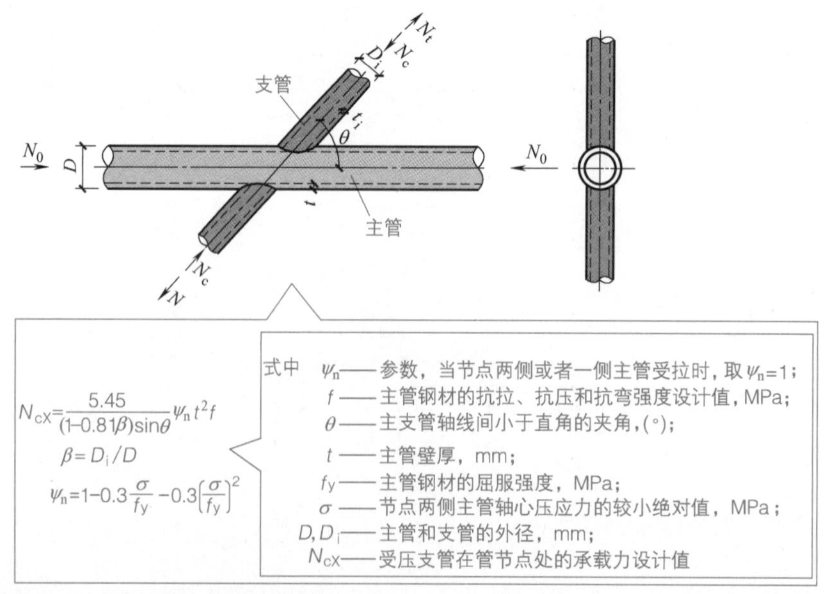

图 1-45　受压支管在管节点处的承载力设计值的计算

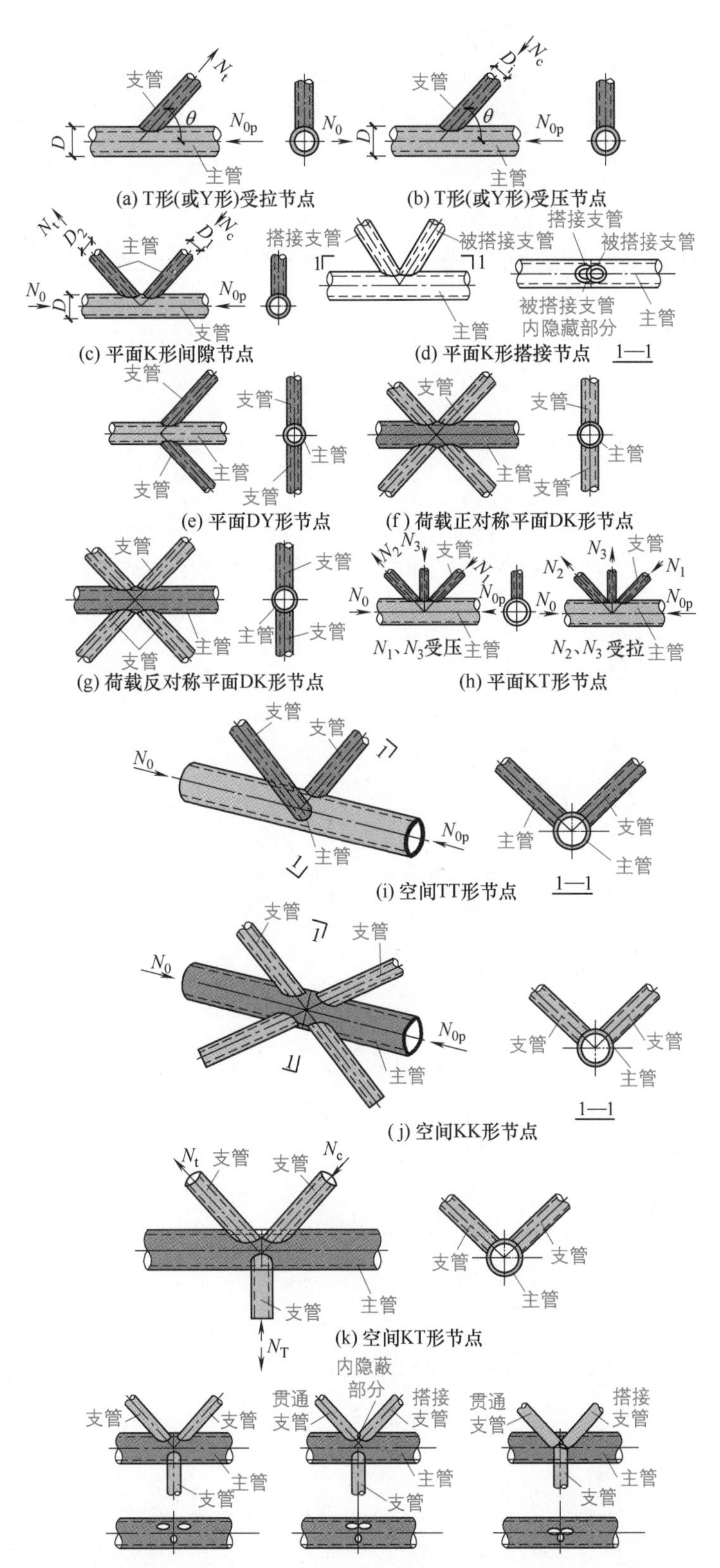

图1-46 其他圆钢管直接焊接节点图例

1.4.13 矩形管直接焊接平面节点

直接焊接并且主管为矩形管，支管为矩形管或圆管的钢管节点，如图 1-47 所示。

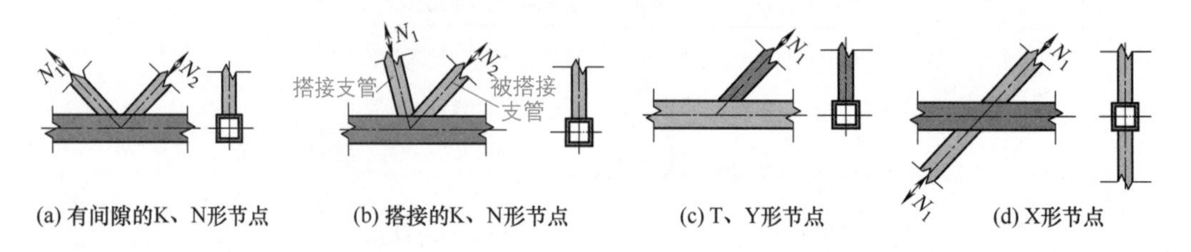

图 1-47 矩形管直接焊接平面节点

1.4.14 钢与混凝土组合梁节点

钢与混凝土组合梁，具有不设板托的组合梁、设板托的组合梁等类型，如图 1-48 所示。

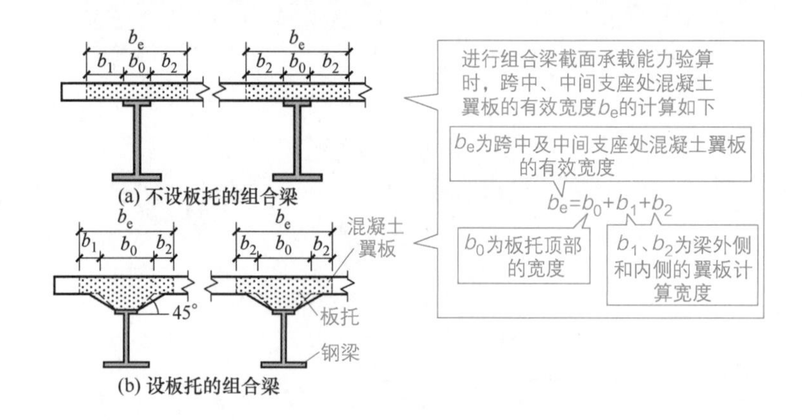

图 1-48 钢与混凝土组合梁节点

1.4.15 钢板结构节点

钢板结构节点可以采用焊接钢板，如图 1-49 所示。

1.4.16 钢管相贯结构节点

钢管相贯结构节点可以分为立体桁架、异形空间钢管结构，如图 1-50 所示。立体桁架截面形状，如图 1-51 所示。

1.4.17 钢与混凝土组合板节点

钢与混凝土组合板具有承重大、重量轻、抗震性好、施工简单、强度高等特点。压型钢板取代传统模板，可以省去模板费用、支模费用，易于配筋等特点。钢与混凝土组合板，如图 1-52 所示。

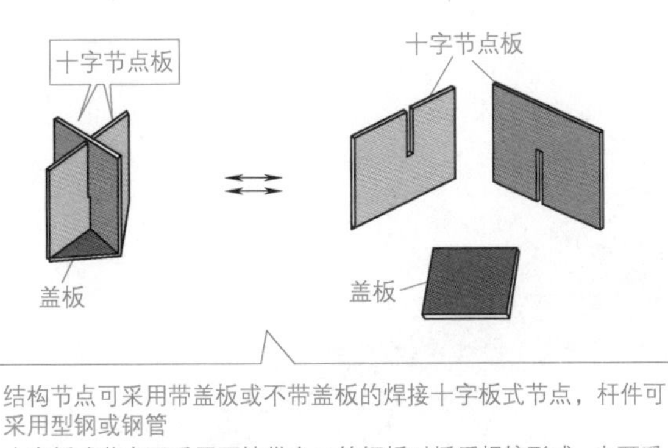

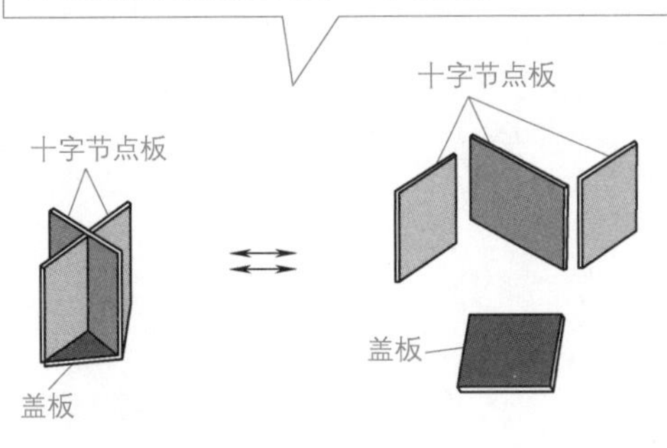

图1-49 焊接钢板结构节点

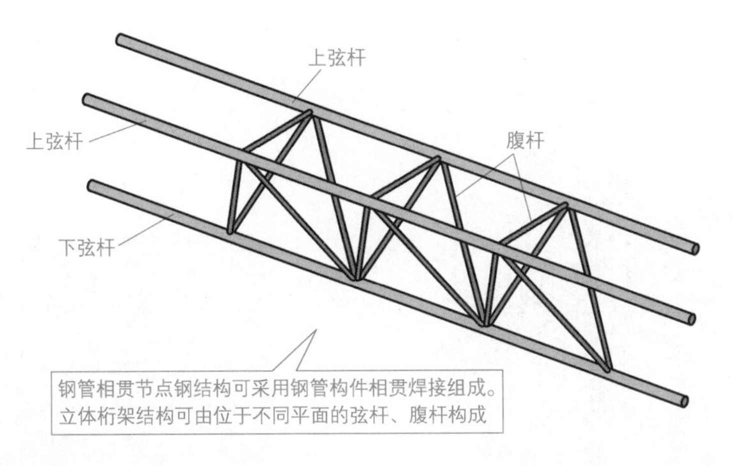

图1-50 钢管相贯结构节点

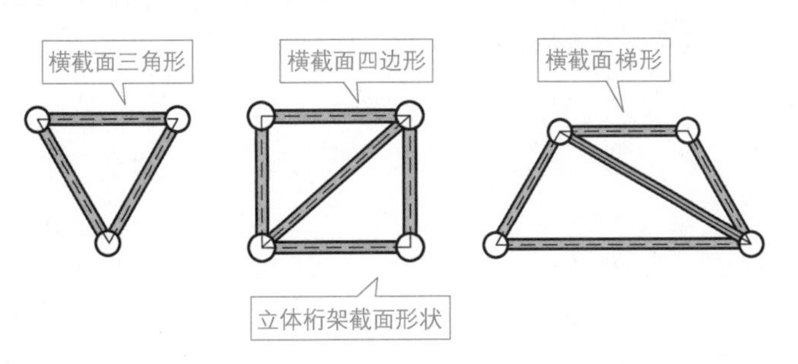

图1-51 立体桁架截面形状

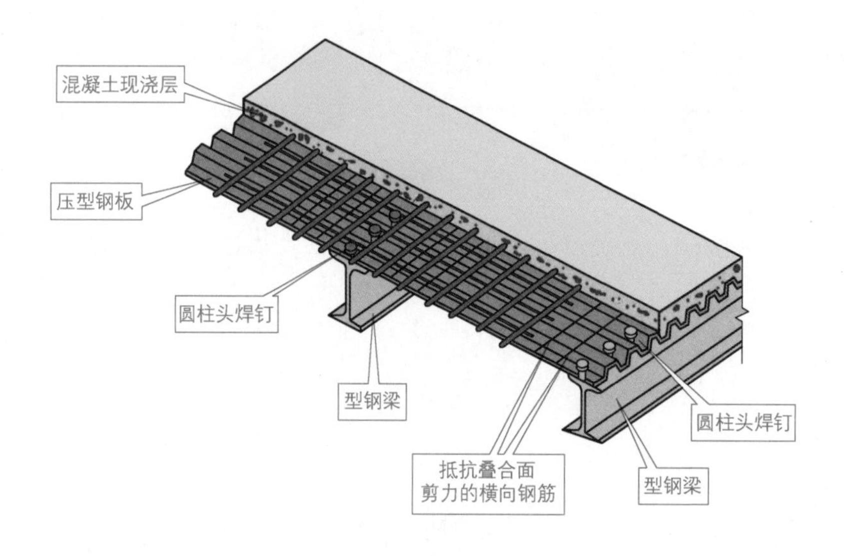

图 1-52 钢与混凝土组合板

1.4.18 型钢梁柱连接节点

型钢梁柱连接节点，如图 1-53 所示。

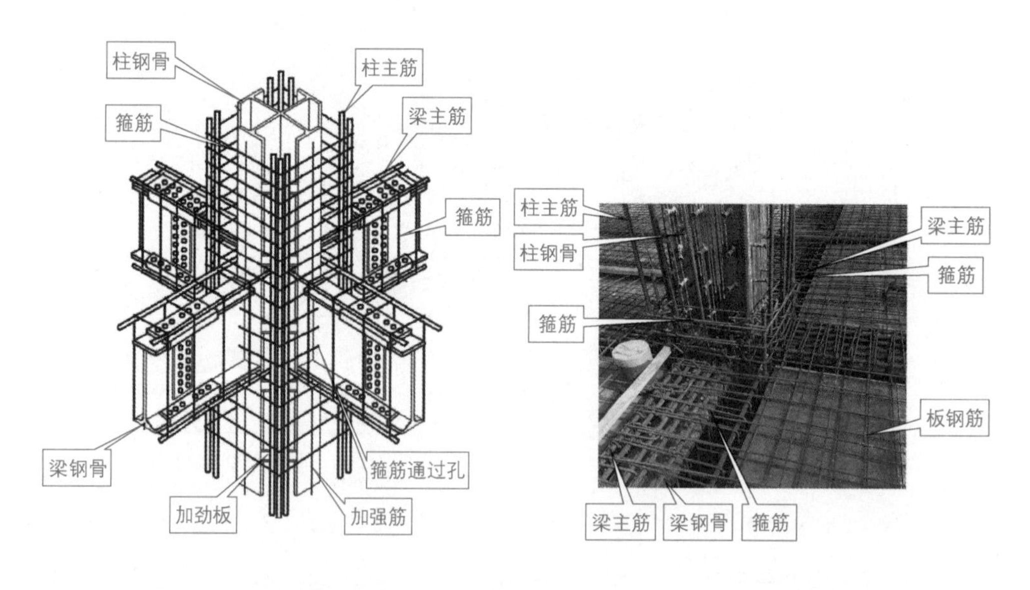

图 1-53 型钢梁柱连接节点

1.4.19 节点实例

节点实例，如图 1-54 所示。

图1-54 节点实例

第2章

材料、构件与加工

2.1 材料、构件的基础与常识

2.1.1 钢结构工程材料

钢结构工程材料包括建筑钢材、高强钢丝、钢索材料、型钢、钢板、焊接材料、固定材料等。钢结构工程材料，如图 2-1 所示。

(a) 型钢

(b) 圆管

(c) 方钢

图 2-1 钢结构工程材料

钢结构焊接工程用钢材、焊接材料，需要符合设计文件等要求，并且需要具有钢厂、焊接材料厂出具的产品质量证明书或检验报告。

钢结构的型材、管材的截面尺寸、厚度、允许偏差，型材、管材外形尺寸允许偏差，型材、管材的表面外观质量等，均需要符合标准的要求。选用的型材管材截面尺寸、厚度及其允许偏差，型材、管材外形尺寸允许偏差，均需要符合其产品标准的要求，可以采用拉线、钢尺、游标卡尺来量测。选用的钢材的表面存在锈蚀、麻点、划痕等缺陷时，其深度不得大于该钢材厚度负允许偏差值的 1/2，并且不应大于 0. 5mm。选用的钢材端边或断口位置不应有分层、夹渣等缺陷，可以采用观察法来检查、判断。

钢结构焊接工程用钢材、焊接材料，其化学成分、力学性能、其他质量要求，需要符合现行有关标准的规定，如图 2-2 所示。钢材、焊接材料的化学成分、力学性能复验，需要符合现行有关工程质量验收标准的规定。

图 2-2　钢结构工程材料

选用的钢材，需要具备完善的焊接性资料、指导性焊接工艺、热加工工艺、热处理工艺参数、相应钢材的焊接接头性能数据等资料。钢结构工程的新材料，需要经过专家论证、评审、焊接工艺评定合格后，才可以在工程中采用。

钢结构工程的焊接材料，需要由生产厂提供熔敷金属化学成分、性能鉴定资料、指导性焊接工艺参数等。钢结构工程材料的焊接制作，如图 2-3 所示。

图 2-3　钢结构工程材料的焊接制作

焊接难度为 C、D 级，以及特殊钢结构工程中主要构件的重要焊接节点，采用的二氧化碳质量，需要符合有关标准中优等品的要求。钢结构中气体保护焊使用的氩气，其纯度不应低于 99.95%。钢结构焊接工程中常用国内钢材，根据其标称屈服强度分类，需要符合表 2-1 的规定。

表 2-1 常用国内钢材的分类

类别号	标称屈服强度 /MPa	钢材牌号举例	对应标准号
Ⅰ	≤ 295	Q195、Q215、Q235、Q275	GB/T 700
		20、25、15Mn、20Mn、25Mn	GB/T 699
		Q235q	GB/T 714
		Q235GJ	GB/T 19879
		Q235NH、Q265GNH、Q295NH、Q295GNH	GB/T 4171
		ZG 200-400H、ZG 230-450H、ZG 275-485H	GB/T 7659
		G17Mn5QT、G20Mn5N、G20Mn5QT	CECS 235
Ⅱ	＞ 295 且≤ 370	Q345	GB/T 1591
		Q345q、Q370q	GB/T 714
		Q345GJ	GB/T 19879
		Q310GNH、Q355NH、Q355GNH	GB/T 4171
Ⅲ	＞ 370 且≤ 420	Q390、Q420	GB/T 1591
		Q390GJ、Q420GJ	GB/T 19879
		Q420q	GB/T 714
		Q415NH	GB/T 4171
Ⅳ	＞ 420	Q460、Q500、Q550、Q620、Q690	GB/T 1591
		Q460GJ	GB/T 19879
		Q460NH、Q500NH、Q550NH	GB/T 4171

注：国内新钢材和国外钢材按其屈服强度级别归入相应类别。

轻型钢结构，钢材属于下列情况之一的，需要进行抽样复验，并且其复验结果需要符合国家现行标准、设计要求等。

① 板厚不小于 40mm，并且设计有 *Z* 向性能要求的厚钢板。

② 对质量有异议的钢材。

③ 国外进口钢材。

④ 混批钢材或质量证明文件不齐全的钢材。

⑤ 结构安全等级为一级的重要建筑主体结构主要受力构件用钢材。

⑥ 设计或合同文件有复验要求的钢材。

技能贴士

钢结构的 T 形、十字形、角接接头，当其翼缘板厚度不小于 40mm 时，设计时宜采用对厚度方向性能有要求的钢板。

2.1.2 钢材的类别

钢材的类别，有碳素结构钢、低合金高强度结构钢、高强钢丝、钢索材料等。碳素结构钢的牌号，也就是钢号，有 Q195、Q235A、Q235B、Q235C、Q275 等。其中，Q 为屈服强度中“屈”字汉语拼音的声母。后面的阿拉伯字则表示以 MPa 为单位的屈服强度的大小。后面的 A、B、

C、D 等，则表示根据质量划分的级别，其中 D 级质量最好。Q195 到 Q275，是根据强度由低到高排列。钢号的由低到高，很大程度上代表了含碳量的由低到高。

钢结构建筑中的次要构件，采用 Q235 比较多。许多角钢、工字钢、槽钢、热轧方管、热轧圆管等热轧钢材采用 Q235 也比较多。Q235A 钢只宜用于不直接承受动力作用的结构中。如果用于焊接结构时，其质量证明书中需要注明碳含量不超过 0.2%。选择 Q235A、Q235B 级钢时，还需要选定钢材的脱氧方法。

低合金高强度结构钢，就是在钢的冶炼过程中添加少量几种合金元素，使钢的强度提高而炼成的结构钢。常见的低合金高强度结构钢有 Q345、Q390、Q420 等。低合金高强度结构钢也有 A ～ E 等质量等级。低合金高强度结构钢的 A、B 级为镇静钢，C ～ E 级属于特殊镇静钢。钢结构建筑中的主要受力构件采用 Q345 材质的比较多。

悬索结构钢索、斜张拉结构钢索、桅杆结构钢丝绳等，一般采用由高强钢丝组成的平行钢丝束、钢绞线、钢丝绳。高强钢丝，分为光面钢丝、镀锌钢丝等类型。钢丝强度的主要指标是抗拉强度。平行钢丝束，一般由 7 根、19 根、37 根、61 根等钢丝组成。

钢的牌号，由代表屈服强度“屈”字的汉语拼音首字母 Q、规定的最小上屈服强度数值、交货状态代号、质量等级符号（B ～ F）四个部分组成。交货状态为正火或正火轧制状态时，交货状态代号均用 N 表示。交货状态为热轧时，交货状态代号 AR 或 WAR 可以省略。Q+ 规定的最小上屈服强度数值 + 交货状态代号，简称为“钢级”。当需方要求钢板具有厚度方向性能时，则在上述规定的牌号后加上代表厚度方向（Z 向）性能级别的符号。例如：Q355NDZ25。

2.1.3 国内外标准钢牌号对照

国内外标准钢牌号对照见表 2-2。

表 2-2 国内外标准钢牌号对照

GB/T 1591—2018	GB/T 1591—2008	ISO 630-2:2011	ISO 630-3:2012	EN 10025-2:2004	EN 10025-3:2004	EN 10025-4:2004
Q355B（AR）	Q345B（热轧）	S355B	—	S355JR	—	—
Q355C（AR）	Q345C（热轧）	S355C	—	S355J0	—	—
Q355D（AR）	Q345D（热轧）	S355D	—	S355J2	—	—
Q355NB	Q345B（正火 / 正火轧制）	—	—	—	—	—
Q355NC	Q345C（正火 / 正火轧制）	—	—	—	—	—
Q355ND	Q345D（正火 / 正火轧制）	—	S355ND	—	S355N	—
Q355NE	Q345E（正火 / 正火轧制）	—	S355NE	—	S355NL	—
Q355NF	—	—	—	—	—	—
Q355MB	Q345B（TMCP）	—	—	—	—	—
Q355MC	Q345C（TMCP）	—	—	—	—	—
Q355MD	Q345D（TMCP）	—	S355MD	—	—	S355M
Q355ME	Q345E（TMCP）	—	S355ME	—	—	S355ML
Q355MF	—	—	—	—	—	—
Q390B（AR）	Q390B（热轧）	—	—	—	—	—
Q390C（AR）	Q390C（热轧）	—	—	—	—	—

续表

GB/T 1591—2018	GB/T 1591—2008	ISO 630-2: 2011	ISO 630-3: 2012	EN 10025-2: 2004	EN 10025-3: 2004	EN 10025-4: 2004
Q390D（AR）	Q390D（热轧）	—	—	—	—	—
Q390NB	Q390B（正火 / 正火轧制）	—	—	—	—	—
Q390NC	Q390C（正火 / 正火轧制）	—	—	—	—	—
Q390ND	Q390D（正火 / 正火轧制）	—	—	—	—	—
Q390NE	Q390E（正火 / 正火轧制）	—	—	—	—	—
Q390MB	Q390B（TMCP）	—	—	—	—	—
Q390MC	Q390C（TMCP）	—	—	—	—	—
Q390MD	Q390D（TMCP）	—	—	—	—	—
Q390ME	Q390E（TMCP）	—	—	—	—	—
Q420B（AR）	Q420B（热轧）	—	—	—	—	—
Q420C（AR）	Q420C（热轧）	—	—	—	—	—
Q420NB	Q420B（正火 / 正火轧制）	—	—	—	—	—
Q420NC	Q420C（正火 / 正火轧制）	—	—	—	—	—
Q420ND	Q420D（正火 / 正火轧制）	—	S420ND	—	S420N	—
Q420NE	Q420E（正火 / 正火轧制）	—	S420NE	—	S420NL	—
Q420MB	Q420B（TMCP）	—	—	—	—	—
Q420MC	Q420C（TMCP）	—	—	—	—	—
Q420MD	Q420D（TMCP）	—	S420MD	—	—	S420M
Q420ME	Q420E（TMCP）	—	S420ME	—	—	S420ML
Q460C（AR）	Q460C（热轧）	S450C	—	S450J0	—	—
Q460NC	Q460C（正火 / 正火轧制）	—	—	—	—	—
Q460ND	Q460D（正火 / 正火轧制）	—	S460ND	—	S460N	—
Q460NE	Q460E（正火 / 正火轧制）	—	S460NE	—	S460NL	—
Q460MC	Q460C（TMCP）	—	—	—	—	—
Q460MD	Q460D（TMCP）	—	S460MD	—	—	S460M
Q460ME	Q460E（TMCP）	—	S460ME	—	—	S460ML
Q500MC	Q500C（TMCP）	—	—	—	—	—
Q500MD	Q500D（TMCP）	—	—	—	—	—
Q500ME	Q500E（TMCP）	—	—	—	—	—
Q550MC	Q550C（TMCP）	—	—	—	—	—
Q550MD	Q550D（TMCP）	—	—	—	—	—
Q550ME	Q550E（TMCP）	—	—	—	—	—
Q620MC	Q620C（TMCP）	—	—	—	—	—
Q620MD	Q620D（TMCP）	—	—	—	—	—
Q620ME	Q620E（TMCP）	—	—	—	—	—
Q690MC	Q690C（TMCP）	—	—	—	—	—
Q690MD	Q690D（TMCP）	—	—	—	—	—
Q690ME	Q690E（TMCP）	—	—	—	—	—

2.1.4 Q235 钢化学成分

Q235 钢化学成分见表 2-3。

表 2-3 Q235 钢化学成分

牌号	等级	厚度（或直径）/mm	脱氧方法	化学成分（质量分数）/% ≤				
				C	Si	Mn	P	S
Q235	B	—	F、Z	0.20	0.35	1.40	0.045	0.045

2.1.5 20# 钢化学成分

20# 钢化学成分，见表 2-4。

表 2-4 20# 钢化学成分

牌号	化学成分（质量分数）/%					
	C	Si	Mn	Cr	Ni	Cu
				≤		
20	0.17 ～ 0.23	0.17 ～ 0.23	0.17 ～ 0.23	0.25	0.30	0.25

2.1.6 Q345 钢化学成分

Q345 钢化学成分，见表 2-5。

表 2-5 Q345 钢化学成分

牌号	等级	化学成分（质量分数）/%									
		C	Si	Mn	P、S	Nb	V	Ti	Cr、Cu	Ni	N	Mo
Q345	B	≤ 0.2	≤ 0.5	≤ 1.7	0.035	0.07	0.15	0.2	0.30	0.5	0.012	0.10

2.1.7 Q235、20#、Q345 钢力学性能

Q235、20#、Q345 钢力学性能，见表 2-6。

表 2-6 Q235、20#、Q345 钢力学性能

牌号	等级	抗拉强度 R_m/MPa	下屈服强度 R_{cL}/MPa			断后伸长率 A/%	冲击试验	
			壁厚 /mm				温度 /℃	吸收能力 KV_2/J
			≤ 16	＞ 16 ～ 30	＞ 30			
			≥					≥
Q235	B	370 ～ 500	235	225	215	25	20	27
20#	—	≥ 410	245	235	225	20	—	—
Q345	—	470 ～ 630	345	325	295	20	+20	34

2.2 具体材料

2.2.1 型钢

目前，钢结构构件直接选用型钢的比较多。型钢有热轧型钢、冷成形型钢等类型。根据厚

度，热轧钢板的分类如下。

① 薄板——厚度不大于 3mm（电工钢板除外）。

② 中板——厚度为 4 ～ 20mm。

③ 厚板——厚度为 20 ～ 60mm。

④ 特厚板——厚度大于 60mm。

图 2-4 H 型钢

角钢型钢有等边角钢、不等边角钢等类型。等边角钢一般是以边宽与厚度来表示的。例如，∟100×10 表示肢宽为 100mm、厚为 10mm 的等边角钢。

不等边角钢一般是以两边宽度和厚度来表示的。例如，∟100×80×10 表示一边肢宽为 100 mm、另一边肢宽为 80 mm、厚为 10mm 的不等边角钢。

槽钢型钢有热轧普通槽钢、热轧轻型槽钢等类型。槽钢一般是以“⊏”来表示的。热轧轻型槽钢会再用 Q 来表示。

工字钢型钢有普通型工字钢、轻型工字钢。工字钢型钢的型号一般就是工字钢外轮廓高度的数值（cm）。型号较大的普通型工字钢根据腹板厚度会分为 a、b、c 种类。工字钢型钢一般是以 I 来表示的。轻型工字钢会再用 Q 来表示。

热轧 H 型钢有宽翼缘 H 型钢（HW）、中翼缘 H 型钢（HM）、窄翼缘 H 型钢（HN）等类型。H 型钢型号的表示一般是先用符号 HW、HM、HN 来表示 H 型钢的类别，然后后面加“高度（mm）× 宽度（mm）”来表示尺寸规格。H 型钢如图 2-4 所示。

技能贴士

剖分 T 型钢有宽翼缘剖分 T 型钢（TW）、中翼缘剖分 T 型钢（TM）、窄翼缘剖分 T 型钢（TN）。剖分 T 型钢一般是先用符号 TW、TM、TN 来表示 T 型钢的类别，然后后面加“高度（mm）× 宽度（mm）”来表示尺寸规格。

2.2.2 金属板

金属板

金属板有搭接型压型金属板、扣合型压型金属板、咬合型压型金属板等类型，见表 2-7。

压型金属板是金属板经辊压冷弯，沿板宽方向形成连续波形或其他截面的成形金属板。压型金属板又包括金属楼承板、金属围护板等。压型金属板，如图 2-5 所示。

表 2-7 金属板

名称	解释
搭接型压型金属板	搭接型压型金属板，就是成形板纵向边为可相互搭合的压型边，板与板自然搭接后，可以通过紧固件与结构连接的一种压型金属板
扣合型压型金属板	扣合型压型金属板，就是成形板纵向边为可相互搭接的压型边，板与板安装时经扣压结合，并且通过固定支架与结构连接的一种压型金属板
咬合型压型金属板	咬合型压型金属板，就是成形板纵向边为可相互搭接的压型边，板与板自然搭接后，经专用机具沿长度方向卷边咬合，并且通过固定支架与结构连接的一种压型金属板

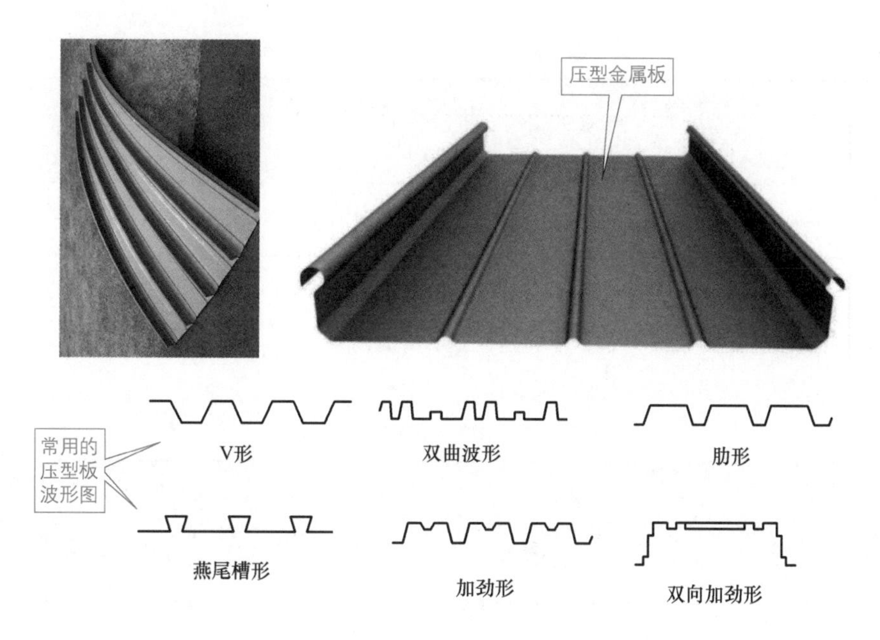

图 2-5 压型金属板

选用的钢板厚度及其允许偏差、钢板的平整度、钢板的表面外观质量、钢板端边或断口、涂层质量等均需要符合有关要求、规范。选用的压型金属板的质量要求见表 2-8。

表 2-8 选用的压型金属板的质量要求

项目	要求	检查数量	检验法
泛水板、包角板、屋脊盖板，制造泛水板、包角板、屋脊盖板所采用的原材料，其品种、规格、性能等	需要符合现行有关标准规定并且满足设计等要求	全数检查	检查质量合格证明文件、产品标志、检验报告等
压型金属板，制作压型金属板所采用的原材料（基板、涂层板），其品种、规格、性能等	需要符合现行有关标准规定并且满足设计等要求	全数检查	检查其质量合格证明文件、产品标志、检验报告等
压型金属板用固定支架的材质、规格尺寸、表面质量等	需要符合现行有关标准规定并且满足设计等要求	全数检查	检查质量合格证明文件、产品标志、检验报告等
压型金属板用橡胶垫、密封胶，及其他材料，其品种、规格、性能等	需要符合现行有关标准规定并且满足设计等要求	全数检查	检查质量合格证明文件、产品标志、检验报告等

技能贴士

压型金属板用固定支架，应无变形，表面平整光滑，无裂纹、无损伤、无锈蚀。压型金属板用紧固件，表面应无损伤、无锈蚀。压型金属板用橡胶垫、密封胶及其他特殊材料，外观质量需要满足其产品标准要求，包装需要完好。

2.2.3 建筑结构用钢板的设计用强度指标

建筑结构用钢板的设计用强度指标，可根据钢材牌号、厚度或直径来考虑。建筑结构用钢板的设计用强度指标，见表 2-9。

表 2-9 建筑结构用钢板的设计用强度指标

建筑结构用钢板	钢材厚度或直径 /mm	强度设计值 /MPa			屈服强度 /MPa	抗拉强度 /MPa
		抗拉、抗压、抗弯	抗剪	端面承压（刨平顶紧）		
Q345GJ	＞16，≤50	325	190	415	345	490
	＞50，≤100	300	175		335	

2.2.4 结构用无缝钢管的强度指标

结构用无缝钢管的强度指标，见表 2-10。

表 2-10 结构用无缝钢管的强度指标

钢管钢材牌号	壁厚 /mm	强度设计值			屈服强度 /MPa	抗拉强度 /MPa
		抗拉、抗压和抗弯 /MPa	抗剪 /MPa	端面承压（刨平顶紧）/MPa		
Q390	≤16	345	200	415	390	490
	＞16，≤30	330	190		370	
	＞30	310	180		350	
Q420	≤16	375	220	445	420	520
	＞16，≤30	355	205		400	
	＞30	340	195		380	
Q460	≤16	410	240	470	460	550
	＞16，≤30	390	225		440	
	＞30	355	205		420	
Q235	≤16	215	125	320	235	375
	＞16，≤30	205	120		225	
	＞30	195	115		215	
Q345	≤16	305	175	400	345	470
	＞16，≤30	290	170		325	
	＞30	260	150		295	

2.2.5 铸钢件的强度设计值

铸钢件的强度设计值，见表 2-11。

表 2-11 铸钢件的强度设计值

类别	钢号	铸件厚度 /mm	抗剪强度 /MPa	端面承压（刨平顶紧）/MPa	抗拉、抗压、抗弯强度 /MPa
非焊接结构用铸钢件	ZG230-450	≤100	105	290	180
非焊接结构用铸钢件	ZG270-500	≤100	120	325	210
非焊接结构用铸钢件	ZG310-570	≤100	140	370	240
焊接结构用铸钢件	ZG230-450H	≤100	105	290	180
焊接结构用铸钢件	ZG270-480H	≤100	120	310	210
焊接结构用铸钢件	ZG300-500H	≤100	135	325	235
焊接结构用铸钢件	ZG340-550H	≤100	150	355	265

注：表中强度设计值仅适用于本表规定的厚度。

技能贴士

铸钢件及其与其他各构件连接端口的几何尺寸允许偏差，铸钢件表面粗糙度、铸钢节点与其他构件焊接的端口表面粗糙度需要符合规范要求。

铸钢件表面应清理干净，修正飞边和毛刺，去除补贴、粘砂、氧化铁皮、热处理锈斑，清除内腔残余物等，不应有裂纹、未熔合、超过允许标准的气孔、冷隔、缩松、缩孔、夹砂、明显凹坑等缺陷。

2.2.6 钢材、铸钢件的物理性能指标

钢材、铸钢件的物理性能指标，见表 2-12。

表 2-12 钢材和铸钢件的物理性能指标的采用

弹性模量 E/MPa	剪变模量 G/MPa	线膨胀系数 α（以每℃计）	质量密度 ρ /（kg/m^3）
206×10^3	79×10^3	12×10^{-6}	7850

2.3 构件与配件

2.3.1 螺栓、铆钉

钢结构工程中，螺栓外形如图 2-6 所示。

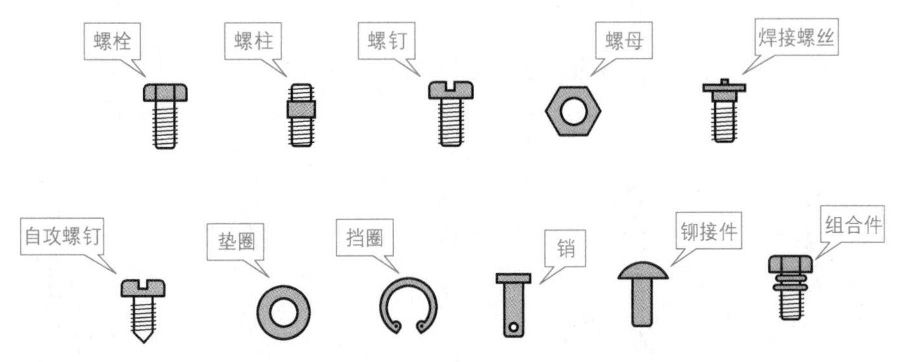

图 2-6 螺栓外形

根据形式，普通螺栓可分为六角头螺栓、双头螺栓、沉头螺栓等。根据制作精度，螺栓可分为 A、B、C 等级。其中，A、B 级为精制螺栓，C 级为粗制螺栓。钢结构用连接螺栓，除了特殊说明外，一般选择普通粗制 C 级螺栓。

精制螺栓连接时，其孔径一般与螺杆直径相同。精制螺栓使用时，首先把其穿入螺孔，再用锤击打入。精制螺栓连接，一般用于一些经常拆装、无法铆接结构的连接。精制螺栓主要用于机械产品中，建筑钢结构中使用较少。

高强度螺栓是用高强度钢制造的，或者需要施以较大预紧力的一种螺栓。根据其受力状况，

高强度螺栓可以分为摩擦型、承压型等类型。根据施工工艺，高强度螺栓可以分为大六角高强度螺栓、扭剪型高强度螺栓等。

螺栓（铆钉）连接，宜采用紧凑布置，其连接中心宜与被连接构件截面的重心相一致。螺栓或铆钉的间距、边距、端距容许值需要符合表 2-13 的规定。

表 2-13 螺栓或铆钉的孔距、边距和端距容许值

<table>
<tr><th>名称</th><th colspan="3">位置和方向</th><th>最大容许间距（取两者的较小值）</th><th>最小容许间距</th></tr>
<tr><td rowspan="5">中心间距</td><td colspan="3">外排（垂直内力方向或顺内力方向）</td><td>$8d_0$ 或 $12t$</td><td rowspan="4">$3d_0$</td></tr>
<tr><td rowspan="3">中间排</td><td colspan="2">垂直内力方向</td><td>$16d_0$ 或 $24t$</td></tr>
<tr><td rowspan="2">顺内力方向</td><td>构件受压力</td><td>$12d_0$ 或 $18t$</td></tr>
<tr><td>构件受拉力</td><td>$16d_0$ 或 $24t$</td></tr>
<tr><td colspan="3">沿对角线方向</td><td>—</td><td></td></tr>
<tr><td rowspan="4">中心至构件边缘距离</td><td colspan="3">顺内力方向</td><td rowspan="4">$4d_0$ 或 $8t$</td><td>$2d_0$</td></tr>
<tr><td rowspan="3">垂直内力方向</td><td colspan="2">剪切边或手工切割边</td><td rowspan="2">$1.5d_0$</td></tr>
<tr><td rowspan="2">轧制边、自动气割或锯割边</td><td>高强度螺栓</td></tr>
<tr><td>其他螺栓或铆钉</td><td>$1.2d_0$</td></tr>
</table>

注：d_0 为螺栓或铆钉的孔径，对槽孔为短向尺寸；t 为外层较薄板件的厚度。钢板边缘与刚性构件（如角钢、槽钢等）相连的高强度螺栓的最大间距，可按中间排的数值采用。计算螺栓孔引起的截面削弱时，可取 d+4mm 和 d_0 的较大者。

2.3.2 锚栓的外形与特点

地脚锚栓是预埋在钢筋混凝土基础中的锚栓，用以固定柱子。Q235 钢、Q345 钢锚栓外形如图 2-7 所示。

钢结构工程初期先要预埋，有的预埋用的是圆钢，也就是螺栓。

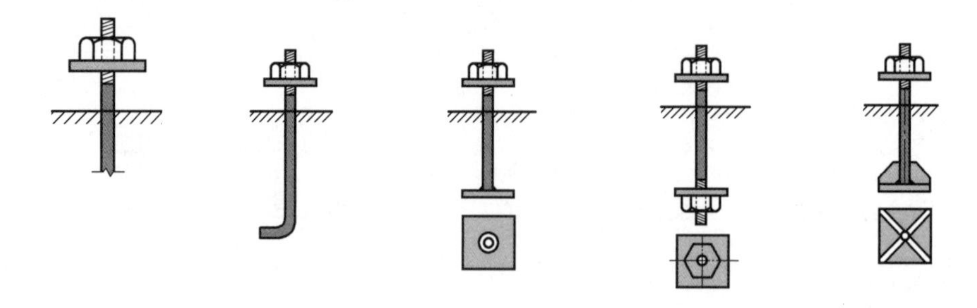

图 2-7 Q235 钢、Q345 钢锚栓外形

技能贴士

拉索、拉杆、锚具及其连接件的尺寸允许偏差，需要满足其产品标准、设计的要求。拉索、拉杆及其护套的表面需要光滑，不应有裂纹与目视可见的折叠、分层、结疤、锈蚀等缺陷。

2.3.3 网架杆件

杆件是网架的重要组成部分。网架中的杆件，有采用圆钢管、方钢管的等情况。网架中杆件常用的圆钢管规格见表2-14。大型网架有可能用到直径为245mm、273mm、325mm等大规格的圆钢管。实际工程中，也有用到不锈钢杆件的情况。例如，选择SUS304不锈钢管等情况。

表2-14　网架中杆件常用的圆钢管规格　　单位：mm

圆钢管直径	常用壁厚	圆钢管直径	常用壁厚
48	3.5	140	4、4.5
60	3、3.5	159	5、6、7、8
75.5	3.75	180	8、10、12
88.5	4	219	8、10、12、14
114	4		

网架常用的杆件规格如下：$\phi42\times3.5$、$\phi48\times3.5$、$\phi60\times3.5$、$\phi75.5\times3.75$、$\phi89\times4.0$、$\phi114\times4.0$、$\phi140\times4.5$、$\phi159\times5.0$（6、7、8）、$\phi180\times8.0$（10）、$\phi219\times10.0$（12、14）等。

技能贴士

圆钢管采用高频焊管，或者无缝钢管。选择高频焊管通常选用碳素结构钢中的Q235钢。选择无缝钢管通常选用结构用无缝钢管中的20#钢。圆钢管不常选用低合金高强度结构钢中的Q345钢。

2.3.4 销轴连接耳板

销轴连接适用于铰接柱脚、拱脚、拉索、拉杆端部的连接。销轴与耳板宜采用Q345、Q390与Q420，也可以采用45#、35CrMo或40 Cr等钢材。

当销孔与销轴表面要求机加工时，其质量要求符合相应的机械零件加工标准的规定。当销轴直径大于120mm时，宜采用锻造加工工艺制作。销轴连接耳板，如图2-8所示。

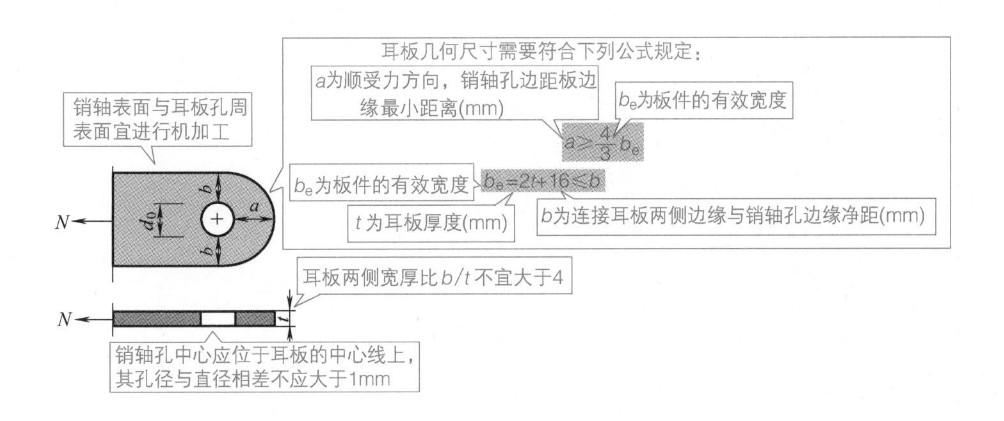

图2-8　销轴连接耳板

耳板孔净截面处的抗拉强度、耳板端部截面抗拉（劈开）强度、耳板抗剪强度、销轴承压强度、销轴抗剪强度、销轴的抗弯强度等，均需要符合有关标准要求。

2.3.5 非焊接的构件和连接分类

钢结构工程中，非焊接的构件、连接分类如图 2-9 所示。

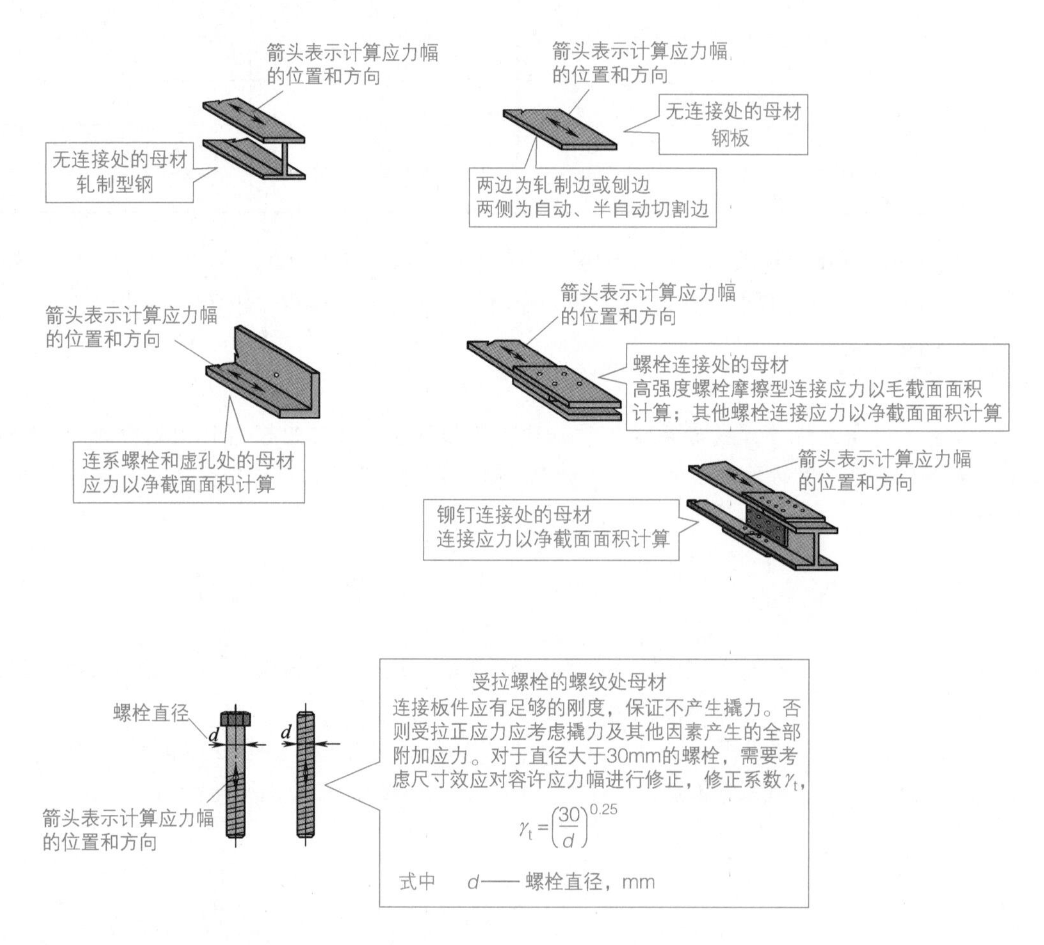

图 2-9 非焊接的构件和连接分类

2.3.6 纵向传力焊缝构件和连接分类

钢结构工程中，纵向传力焊缝的构件和连接分类，如图 2-10 所示。

2.3.7 横向传力焊缝构件和连接分类

钢结构工程中，横向传力焊缝的构件和连接分类如图 2-11 所示。

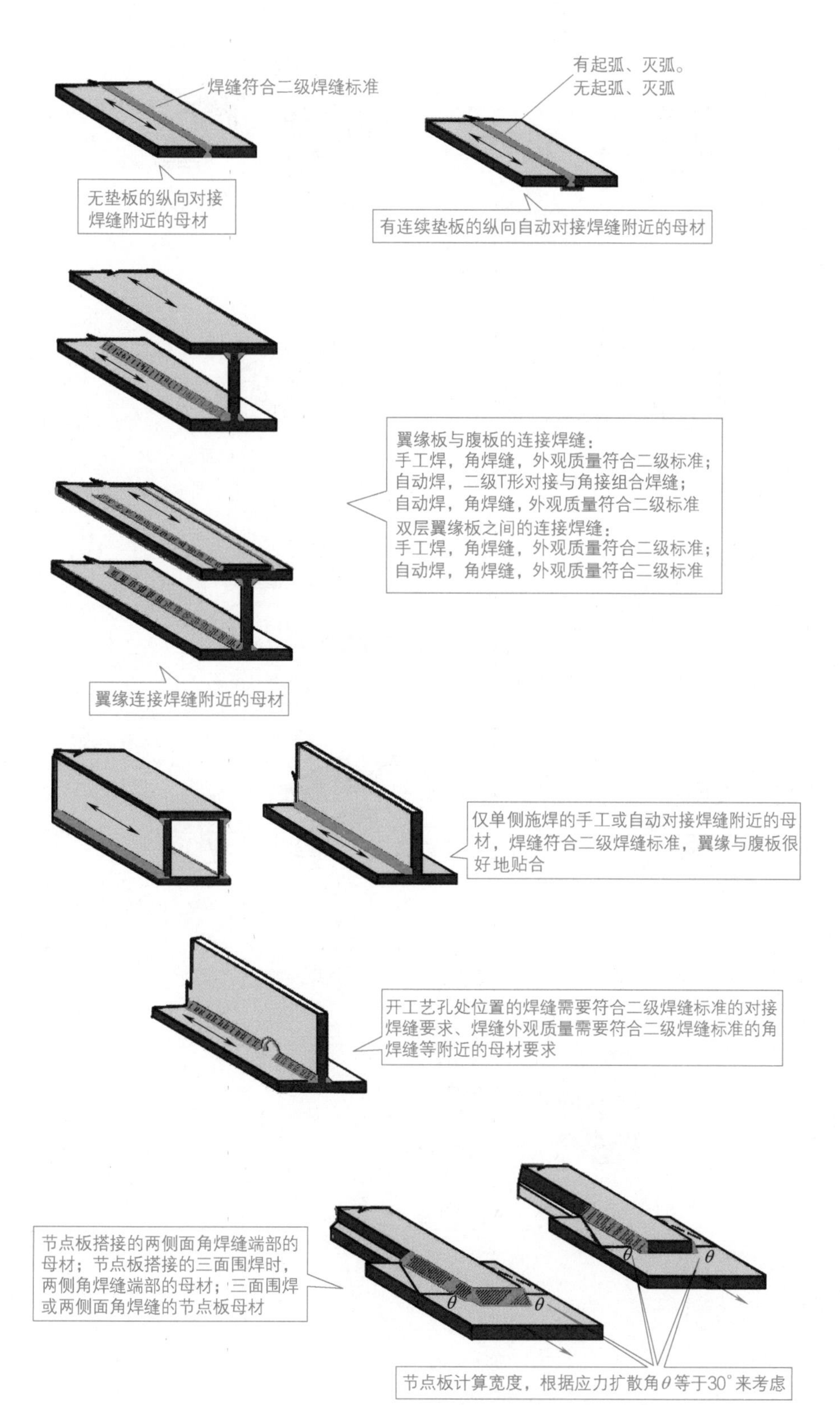

图 2-10 纵向传力焊缝的构件和连接分类

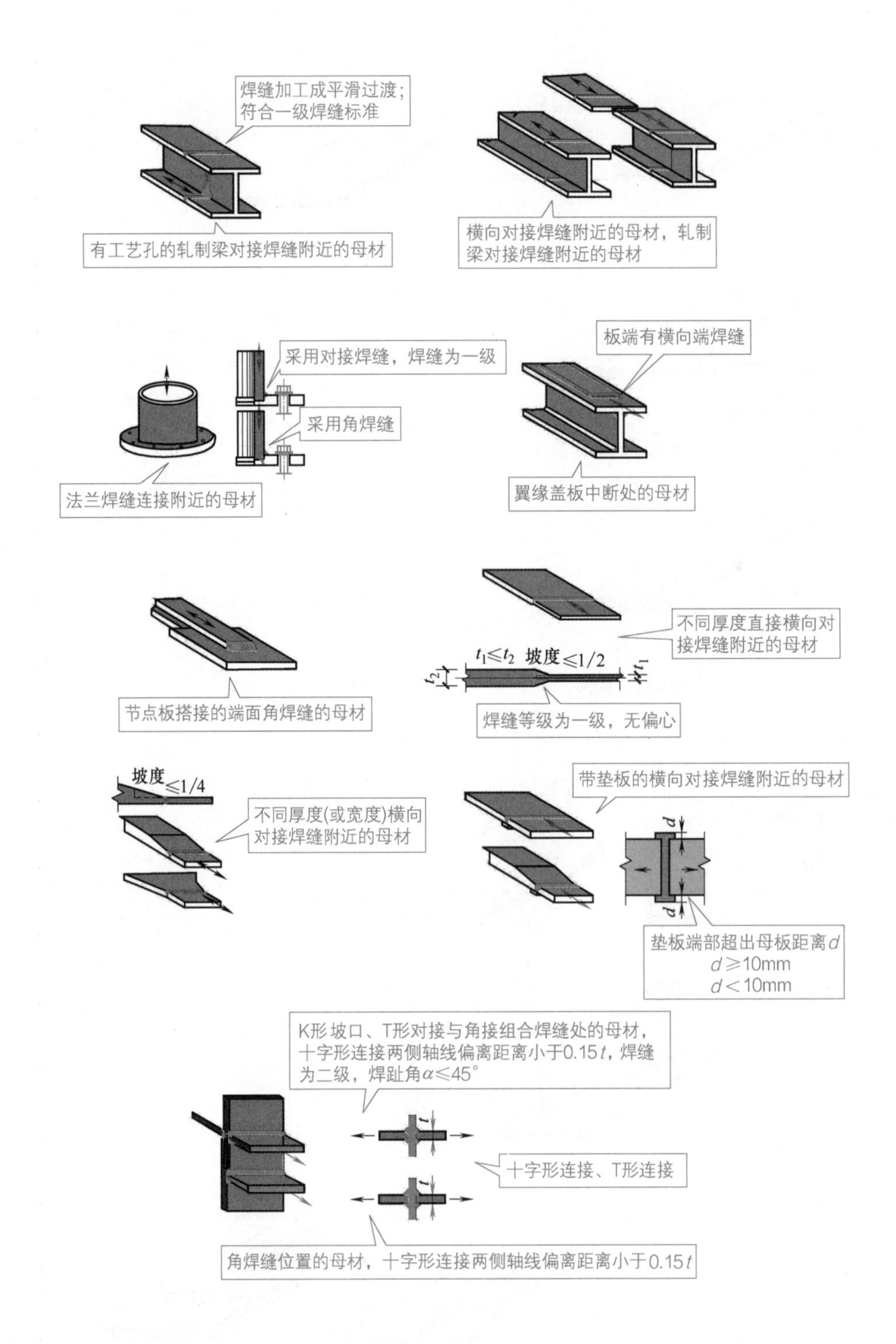

图 2-11 横向传力焊缝的构件和连接分类

2.3.8 轴心受压构件的截面形式

轴心受压构件的截面形式（板厚小于 40mm），如图 2-12 所示。

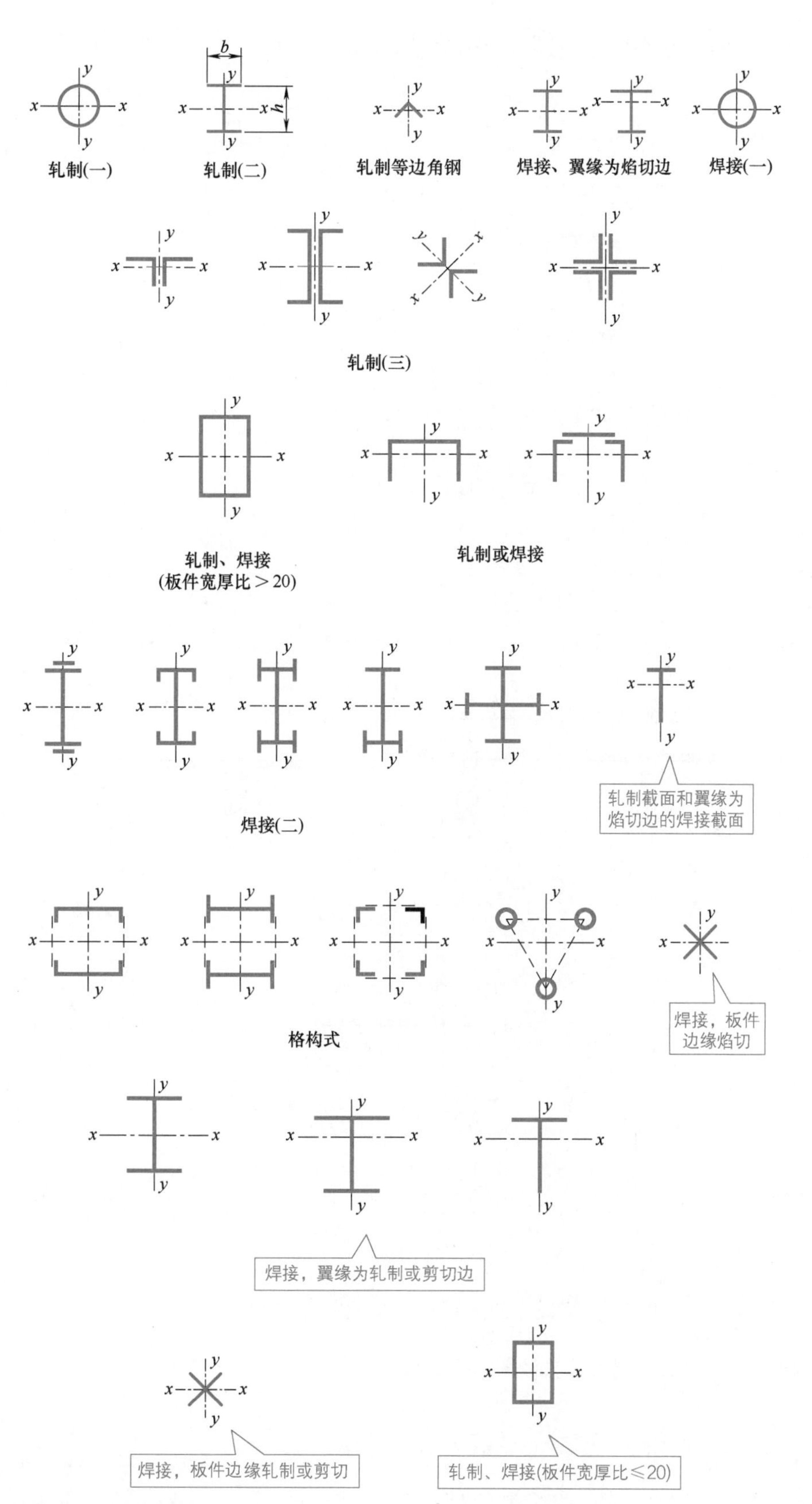

图 2-12　轴心受压构件的截面形式

轴心受压构件的截面形式（板厚大于或者等于 40mm），如图 2-13 所示。

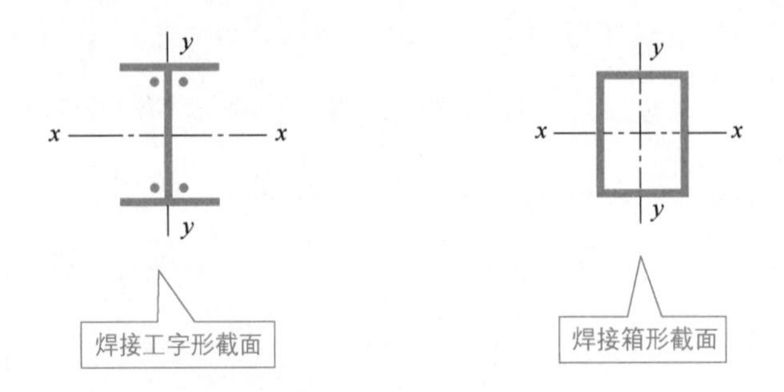

图 2-13 轴心受压构件的截面形式（板厚大于或者等于 40mm）

2.3.9 角钢截面形状

角钢截面形状如图 2-14 所示。

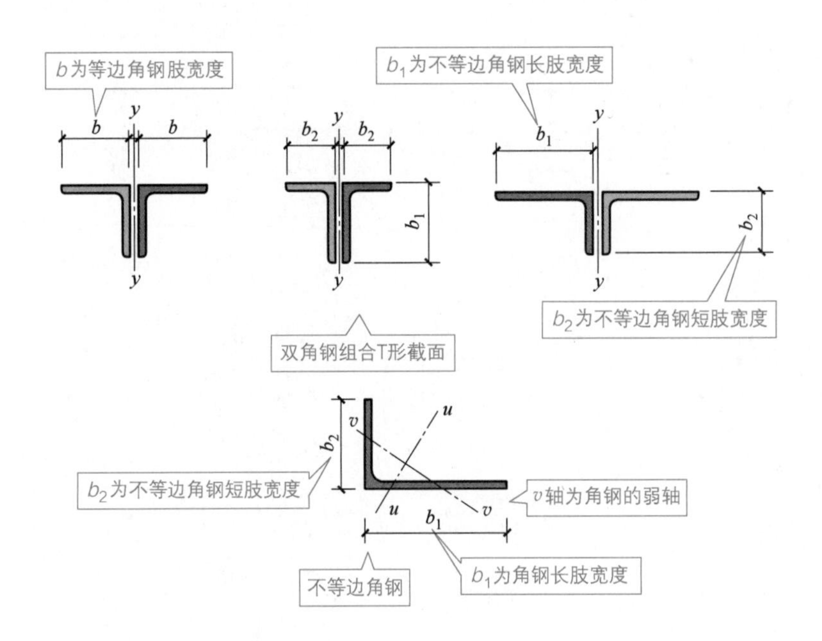

图 2-14 角钢截面形状

2.3.10 型钢（角钢）连接螺栓最大孔径与间距要求

型钢（角钢）连接螺栓最大孔径与间距要求，见表 2-15。

2.3.11 型钢（槽钢）连接螺栓最大孔径与间距要求

型钢（槽钢）连接螺栓最大孔径与间距要求，见表 2-16。

表 2-15　型钢（角钢）连接螺栓最大孔径与间距要求　　单位：mm

单行			双行交错排列				双行并列			
肢宽 b	线规 a	最大孔径直径	肢宽	线规 a_1	线规 a_2	最大孔径直径	肢宽	线规 a_1	线规 a_2	最大孔径直径
45	25	13	125	55	35	23.5	140	55	60	20.5
50	30	15	140	60	45	26.5	160	60	70	23.5
56	30	15	160	60	65	26.5	180	65	75	26.5
63	35	17					200	80	80	26.5
70	40	21.5								
75	45	21.5								
80	45	21.5								
90	50	23.5								
100	55	23.5								
110	60	26.5								
125	70	26.5								

线规 a b 肢宽

线规 a_1 a_2 线规 b 肢宽

表 2-16　型钢（槽钢）连接螺栓最大孔径与间距要求

型号	翼缘 /mm			腹板 /mm	
	a	t	最大开孔孔径	c	最大开孔孔径
5	20	7	11	25	7
6.3	25	7.5	11	31.5	11
8	25	8	13	40	15
10	30	8.5	15	35	11
12.6	30	9	17	40	15
14a，14b	35	9.5	17	45	17
16a，16b	35	10	19.5	50	17
18a，18b	40	10.5	21.5	55	21.5
20a	45	11	21.5	60	23.5
22a	45	11.5	23.5	65	25.5
25a，25b，25c	45	12	23.5	65	25.5
		12	25.5		
28a，28b，28c	50	12.5	25.5	67	25.5
32a，32b，32c	50	14	25.5	70	25.5
36a，36b，36c	60	16	25.5	74	25.5
40a，40b，40c	60	18	25.5	78	25.5

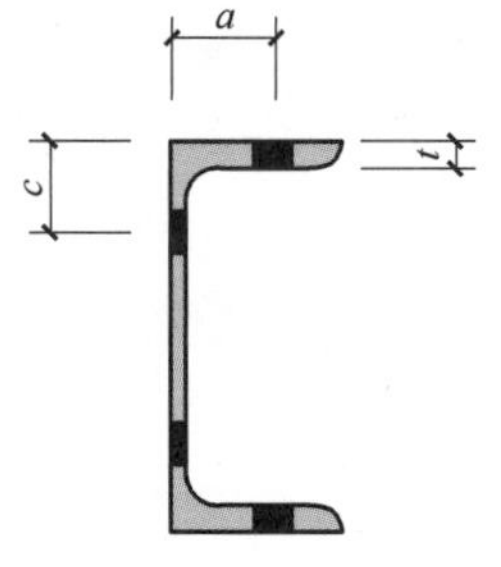

2.3.12 钢结构住宅构件的编码

钢结构住宅各构件的编码，如图 2-15 所示。

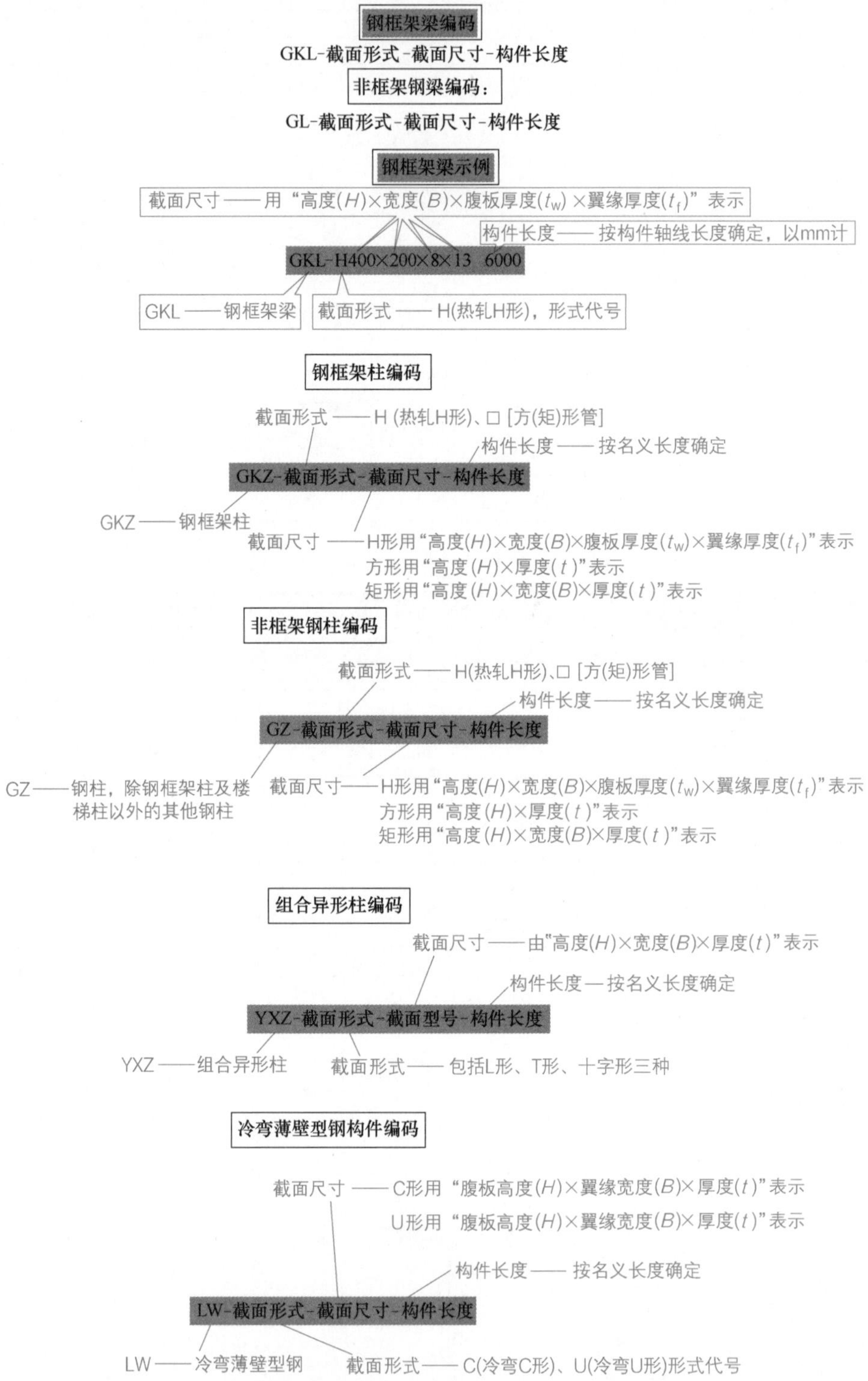

钢框架梁编码

GKL-截面形式-截面尺寸-构件长度

非框架钢梁编码：

GL-截面形式-截面尺寸-构件长度

钢框架梁示例

截面尺寸——用“高度(H)×宽度(B)×腹板厚度(t_w)×翼缘厚度(t_f)”表示

构件长度——按构件轴线长度确定，以mm计

GKL-H400×200×8×13 6000

GKL——钢框架梁

截面形式——H(热轧H形)，形式代号

钢框架柱编码

截面形式——H (热轧H形)、□ [方(矩)形管]

构件长度——按名义长度确定

GKZ-截面形式-截面尺寸-构件长度

GKZ——钢框架柱

截面尺寸——H形用“高度(H)×宽度(B)×腹板厚度(t_w)×翼缘厚度(t_f)”表示

方形用“高度(H)×厚度(t)”表示

矩形用“高度(H)×宽度(B)×厚度(t)”表示

非框架钢柱编码

截面形式——H(热轧H形)、□ [方(矩)形管]

构件长度——按名义长度确定

GZ-截面形式-截面尺寸-构件长度

GZ——钢柱，除钢框架柱及楼梯柱以外的其他钢柱

截面尺寸——H形用“高度(H)×宽度(B)×腹板厚度(t_w)×翼缘厚度(t_f)”表示

方形用“高度(H)×厚度(t)”表示

矩形用“高度(H)×宽度(B)×厚度(t)”表示

组合异形柱编码

截面尺寸——由“高度(H)×宽度(B)×厚度(t)”表示

构件长度—按名义长度确定

YXZ-截面形式-截面型号-构件长度

YXZ——组合异形柱

截面形式——包括L形、T形、十字形三种

冷弯薄壁型钢构件编码

截面尺寸——C形用“腹板高度(H)×翼缘宽度(B)×厚度(t)”表示

U形用“腹板高度(H)×翼缘宽度(B)×厚度(t)”表示

构件长度——按名义长度确定

LW-截面形式-截面尺寸-构件长度

LW——冷弯薄壁型钢

截面形式——C(冷弯C形)、U(冷弯U形)形式代号

图 2-15 钢结构住宅各构件的编码

2.4 高强钢

2.4.1 高强钢的基础知识

高强钢，就是牌号不低于 Q460、Q460GJ 的高强度结构钢材，如图 2-16 所示。高强钢构件就是牌号不低于 Q460、Q460GJ 的结构钢材加工制作的结构构件。高强钢结构就是采用高强钢构件的钢结构。

图 2-16 高强钢

高强钢宜应用于下列构件：要求自重轻且强度高的结构构件、由强度控制截面的构件等。应用于抗震性能化设计的高强钢，不宜用于塑性耗能区，宜用于延性等级为 V 级的结构构件、框架结构中符合强柱弱梁要求的框架柱等构件，如图 2-17 所示。

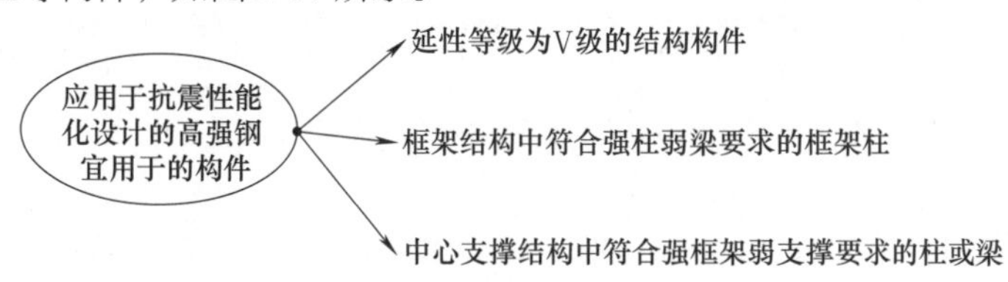

图 2-17 应用于抗震性能化设计的高强钢宜用于的构件

结构采用抗震性能化设计时，钢材需要符合的规定如下：钢材的断后伸长率不应小于 16%、钢材的屈服强度实测值与抗拉强度实测值的比值不应大于 0.9。

技能贴士

高强钢构件的承载力抗震调整系数的取值为结构构件、连接的强度计算时，应取 0.8。结构构件的稳定计算时，应取 0.85；当仅计算竖向地震作用时，可取 1。

2.4.2 高强钢结构钢材的牌号

高强钢结构构件，应采用 Q460、Q500、Q550、Q620、Q690、Q460GJ、Q500GJ、Q550GJ、Q620GJ、Q690GJ，其质量需要符合现行国家标准等规定。如果采用了未列出牌号的高强钢时，则需要有充分可靠的依据。焊接高强钢结构构件采用 Z 向钢时，其质量需要符合现行标准《厚度方向性能钢板》（GB/T 5313）等有关规定的要求。

技能贴士

处于外露环境，并且对耐腐蚀有特殊要求或处于侵蚀性介质环境中的高强钢结构，则宜采用耐候高强钢，其质量需要符合现行国家标准《耐候结构钢》（GB/T 4171）等有关规定的要求。

2.4.3 高强钢结构连接材料

高强钢结构用焊接材料需要符合的规定，如图 2-18 所示。

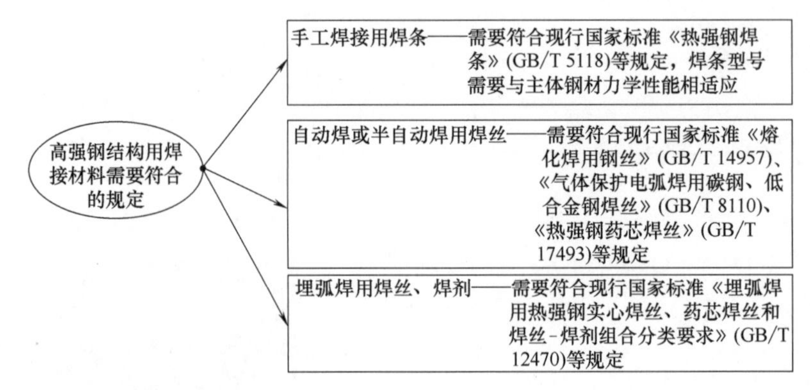

图 2-18 高强钢结构用焊接材料需要符合的规定

高强钢结构用紧固件材料需要符合的规定如图 2-19 所示。

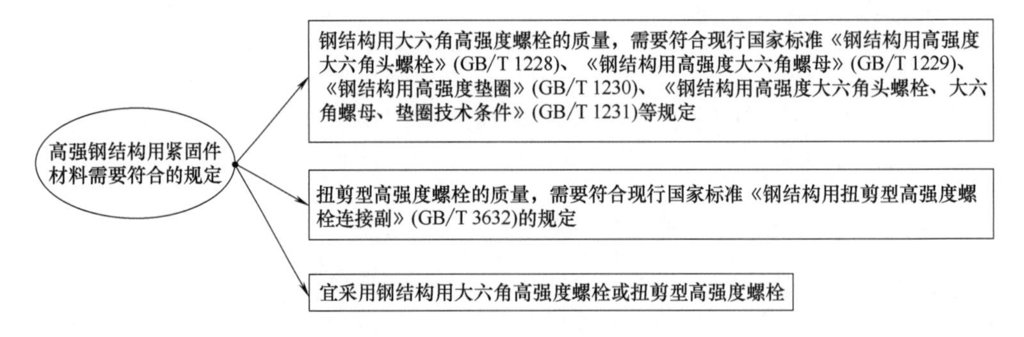

图 2-19 高强钢结构用紧固件材料需要符合的规定

2.4.4 高强钢结构材料的选用

高强钢结构材料的选用，需要综合考虑结构的重要性、工作环境、应力状态、荷载特征、板件厚度、加工条件、钢材性价比等要素，合理地选用钢材牌号、质量等级、性能指标、技术要求，并且明确交货状态。

高强钢的选用需要符合的规定，如图 2-20 所示。

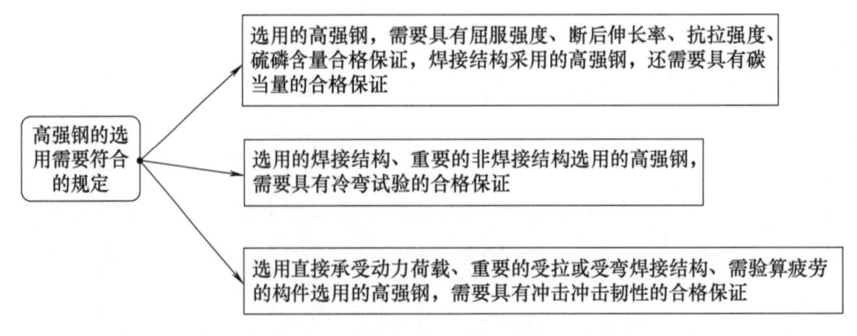

图 2-20 高强钢的选用需要符合的规定

高强钢焊缝连接材料需要符合的规定，如图 2-21 所示。

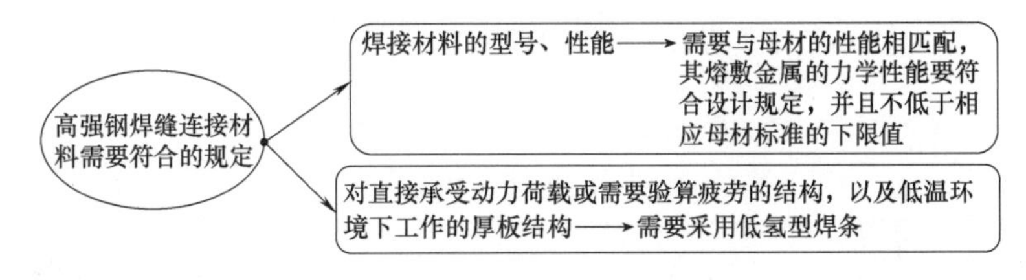

图 2-21 高强钢连接材料需要符合的规定

钢材质量等级的选取，需要满足钢材在结构工作温度下具有冲击韧性合格保证的要求。

2.4.5 高强钢结构设计用强度指标

高强钢的设计用强度指标，需要根据钢材牌号、厚度、直径等来采用，具体见表 2-17。

表 2-17 高强钢的设计用强度指标

<table>
<tr><th rowspan="2">钢材牌号</th><th rowspan="2">钢材厚度或直径 /mm</th><th colspan="3">强度设计值 /MPa</th><th rowspan="2">屈服强度 /MPa</th><th rowspan="2">抗拉强度最小值 /MPa</th></tr>
<tr><th>抗拉、抗压、抗弯</th><th>抗剪</th><th>端面承压（刨平顶紧）</th></tr>
<tr><td rowspan="4">Q460</td><td>≤ 16</td><td>410</td><td>235</td><td rowspan="4">470</td><td>460</td><td rowspan="4">550</td></tr>
<tr><td>> 16，≤ 40</td><td>390</td><td>225</td><td>440</td></tr>
<tr><td>> 40，≤ 63</td><td>355</td><td>205</td><td>420</td></tr>
<tr><td>> 63，≤ 100</td><td>340</td><td>195</td><td>400</td></tr>
<tr><td rowspan="5">Q500</td><td>≤ 16</td><td>455</td><td>265</td><td rowspan="2">520</td><td>500</td><td rowspan="2">610</td></tr>
<tr><td>> 16，≤ 40</td><td>440</td><td>255</td><td>480</td></tr>
<tr><td>> 40，≤ 63</td><td>430</td><td>250</td><td>510</td><td>470</td><td>600</td></tr>
<tr><td>> 63，≤ 80</td><td>410</td><td>235</td><td>500</td><td>450</td><td>590</td></tr>
<tr><td>> 80，≤ 100</td><td>400</td><td>230</td><td>460</td><td>440</td><td>540</td></tr>
<tr><td rowspan="5">Q550</td><td>≤ 16</td><td>520</td><td>300</td><td rowspan="2">570</td><td>550</td><td rowspan="2">670</td></tr>
<tr><td>> 16，≤ 40</td><td>500</td><td>290</td><td>530</td></tr>
<tr><td>> 40，≤ 63</td><td>475</td><td>275</td><td>530</td><td>520</td><td>620</td></tr>
<tr><td>> 63，≤ 80</td><td>455</td><td>265</td><td>510</td><td>500</td><td>600</td></tr>
<tr><td>> 80，≤ 100</td><td>445</td><td>255</td><td>500</td><td>490</td><td>590</td></tr>
<tr><td rowspan="4">Q620</td><td>≤ 16</td><td>565</td><td>325</td><td rowspan="2">605</td><td>620</td><td rowspan="2">710</td></tr>
<tr><td>> 16，≤ 40</td><td>550</td><td>320</td><td>600</td></tr>
<tr><td>> 40，≤ 63</td><td>540</td><td>310</td><td>585</td><td>590</td><td>690</td></tr>
<tr><td>> 63，≤ 80</td><td>520</td><td>300</td><td>570</td><td>570</td><td>670</td></tr>
<tr><td rowspan="4">Q690</td><td>≤ 16</td><td>630</td><td>365</td><td rowspan="2">655</td><td>690</td><td rowspan="2">770</td></tr>
<tr><td>> 16，≤ 40</td><td>615</td><td>355</td><td>670</td></tr>
<tr><td>> 40，≤ 63</td><td>605</td><td>350</td><td>640</td><td>660</td><td>750</td></tr>
<tr><td>> 63，≤ 80</td><td>585</td><td>340</td><td>620</td><td>640</td><td>730</td></tr>
<tr><td rowspan="4">Q460GJ</td><td>≤ 16</td><td>410</td><td>235</td><td rowspan="3">485</td><td>460</td><td rowspan="3">570</td></tr>
<tr><td>> 16，≤ 50</td><td>390</td><td>225</td><td>460</td></tr>
<tr><td>> 50，≤ 100</td><td>380</td><td>220</td><td>450</td></tr>
<tr><td>> 100，≤ 150</td><td>375</td><td>215</td><td>470</td><td>440</td><td>550</td></tr>
</table>

注：表中直径是指实心棒材。厚度是指计算点的钢材或钢管壁厚度。对轴心受拉、轴心受压构件是指截面中较厚板件的厚度。

2.4.6 高强钢结构焊缝的强度设计指标

① 高强钢结构焊缝的强度设计指标需要符合规定要求，具体见表 2-18。

表 2-18 高强钢结构焊缝的强度设计指标

焊接方法和焊条型号	构件钢材		一级、二级对接焊缝强度设计值 /MPa			角焊缝强度设计值 /MPa	角焊缝抗拉、抗压和抗剪强度 /MPa
	牌号	厚度或直径 /mm	抗压	抗拉	抗剪	抗拉、抗压和抗剪	
自动焊、半自动焊和 E62、E69 型焊条手工焊	Q500	≤ 16	455	455	265	255（E62） 285（E69）	360（E62） 400（E69）
		＞ 16，≤ 40	440	440	255		
		＞ 40，≤ 63	430	430	250		
		＞ 63，≤ 80	410	410	235		
		＞ 80，≤ 100	400	400	230		
	Q550	≤ 16	520	520	300	255（E62） 285（E69）	360（E62） 400（E69）
		＞ 16，≤ 40	500	500	290		
		＞ 40，≤ 63	475	475	275		
		＞ 63，≤ 80	455	455	265		
		＞ 80，≤ 100	445	445	255		
自动焊、半自动焊和 E69、E76 型焊条手工焊	Q620	≤ 16	565	565	325	285（E69） 310（E76）	400（E69） 440（E76）
		＞ 16，≤ 40	550	550	320		
		＞ 40，≤ 63	540	540	310		
		＞ 63，≤ 80	520	520	300		
	Q690	≤ 16	630	630	365	285（E69） 310（E76）	400（E69） 440（E76）
		＞ 16，≤ 40	615	615	355		
		＞ 40，≤ 63	605	605	350		
		＞ 63，≤ 80	585	585	340		
自动焊、半自动焊和 E55、E60、E62 型焊条手工焊	Q460	≤ 16	410	410	235	220（E55） 240（E60） 255（E62）	315（E55） 340（E60） 360（E62）
		＞ 16，≤ 40	390	390	225		
		＞ 40，≤ 63	355	355	205		
		＞ 63，≤ 100	340	340	195		
	Q460GJ	≤ 16	410	410	235	220（E55） 240（E60） 255（E62）	315（E55） 340（E60） 360（E62）
		＞ 16，≤ 50	390	390	225		
		＞ 50，≤ 100	380	380	220		
		＞ 100，≤ 150	375	375	215		

注：表中厚度是指计算点的钢材厚度。对轴心受拉、轴心受压构件是指截面中较厚板件的厚度。

② 有的情况，焊缝强度设计值，需要乘以相应的折减系数。几种情况同时存在时，其折减系数应连乘，这些情况如图 2-22 所示。

焊缝强度设计值需要乘以相应的折减系数的情况
- 施工条件较差的高空安装焊缝 → 应乘以折减系数0.9
- 进行无垫板的单面施焊对接焊缝的连接计算 → 应乘以折减系数0.85

图 2-22 焊缝强度设计值需要乘以相应的折减系数的情况

厚度小于 6mm 钢材的对接焊缝，不应采用超声波探伤确定焊缝质量等级。

2.4.7 高强钢接触面抗滑移系数

高强钢接触面抗滑移系数，见表 2-19。

表 2-19 高强钢接触面抗滑移系数

连接处板件接触面的处理方法	抗滑移系数	
	Q460、Q460GJ	Q500、Q550、Q620、Q690
热喷涂锌、铝及其合金	0.50	0.50
喷砂除锈后电弧喷铝	0.60	0.60
抛丸（喷砂）	0.40	0.40
喷硬质石英砂或铸钢棱角砂	0.45	0.45

2.4.8 钢结构用高强度垫圈

钢结构用高强度垫圈规格，见表 2-20。

表 2-20 钢结构用高强度垫圈规格 单位：mm

规格（螺纹大径）		12	16	20	（22）	24	（27）	30
d_1	min	13	17	21	23	25	28	31
	max	13.43	17.43	21.52	23.52	25.52	28.52	31.62
d_2	min	23.7	31.4	38.4	40.4	45.4	50.1	54.1
	max	25	33	40	42	47	52	56
h	公称	3.0	4.0	4.0	5.0	5.0	5.0	5.0
	min	2.5	3.5	3.5	4.5	4.5	4.5	4.5
	max	3.8	4.8	4.8	5.8	5.8	5.8	5.8
d_3	min	15.23	19.23	24.32	26.32	28.32	32.84	35.84
	max	16.03	20.03	25.12	27.12	29.12	33.64	36.64
每 1000 个钢垫圈的理论质量 /kg		10.40	23.40	33.50	43.34	55.76	66.52	75.42

说明：括号内的规格为第二选择系列

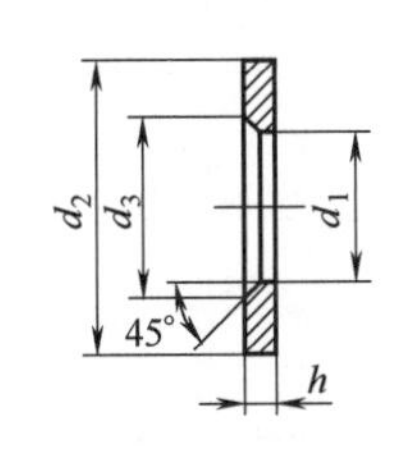

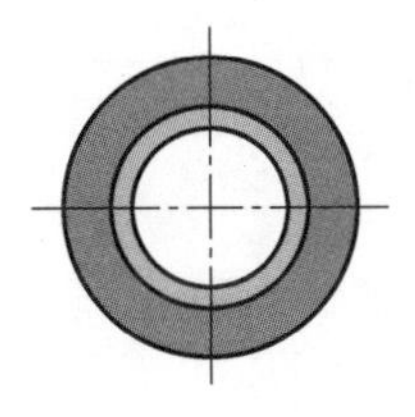

2.4.9 钢结构高强度螺栓的基础知识

高强度大六角头螺栓连接副，就是由一个高强度大六角头螺栓、一个高强度大六角螺母、两个高强度平垫圈组成的一副连接紧固件。

大六角头高强度螺栓连接副组合的规定，见表 2-21。高强度螺栓连接副的保管时间不应超过 6 个月。当保管时间超过 6 个月后使用时，必须根据要求重新进行扭矩系数或紧固轴力试验，检验合格后，才可以使用。

表 2-21 大六角头高强度螺栓连接副组合的规定

螺栓	螺母	垫圈
8.8s	8H	35 ～ 45HRC
10.9s	10H	35 ～ 45HRC

扭剪型高强度螺栓连接副，就是由一个扭剪型高强度螺栓、一个高强度大六角螺母、一个高强度平垫圈组成的一副连接紧固件。

高强度螺栓连接方法，有摩擦型连接、承压型连接等类型。其中，摩擦型连接就是依靠高强度螺栓的紧固，在被连接件间产生摩擦阻力以传递剪力而将构件、部件、板件连成整体的连接方式。承压型连接就是依靠螺杆抗剪和螺杆与孔壁承压以传递剪力而将构件、部件或板件连成整体的连接方式。

栓焊并用连接就是考虑摩擦型高强度螺栓连接和贴角焊缝同时承担同一剪力进行设计的连接接头形式。栓焊混用连接就是在梁、柱、支撑构件的拼接及相互间的连接节点中，翼缘采用熔透焊缝连接，腹板采用摩擦型高强度螺栓连接的连接接头形式。

技能贴士

扭矩法就是通过控制施工扭矩值对高强度螺栓连接副进行紧固的方法。转角法就是通过控制螺栓与螺母相对转角值对高强度螺栓连接副进行紧固的方法。

2.4.10 高强度螺栓承压型连接的强度设计指标

高强度螺栓承压型连接的强度设计指标，具体见表 2-22。

表 2-22 高强度螺栓承压型连接的强度设计指标 单位：MPa

螺栓的性能等级和构件钢材的牌号		抗拉强度	抗剪强度	承压	高强度螺栓的抗拉强度最小值
高强度螺栓连接副	10.9 级	500	310	—	1040
	12.9 级	585	365	—	1220
连接处构件钢材牌号	Q460	—	—	695	—
	Q460GJ	—	—	695	—
	Q500	—	—	770	—
	Q550	—	—	845	—
	Q620	—	—	895	—
	Q690	—	—	970	—

2.4.11 单个高强度螺栓的预拉力设计值

单个高强度螺栓的预拉力设计值，具体见表 2-23。

表 2-23 单个高强度螺栓的预拉力设计值

螺栓的性能等级	螺栓规格的预拉力设计值 /kN					
	M16	M20	M22	M24	M27	M30
10.9 级	100	155	190	225	290	355
12.9 级	115	180	225	260	340	415

2.4.12 钢结构用扭剪型高强度螺栓

钢结构用扭剪型高强度螺栓，如图 2-23 所示。

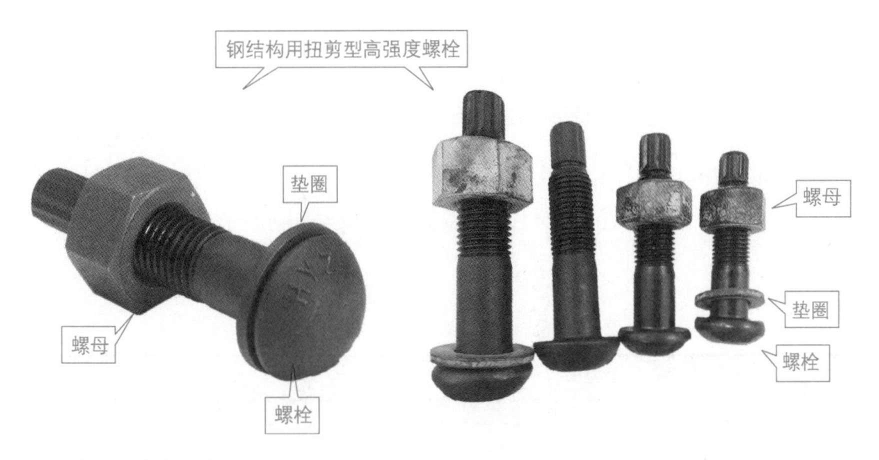

图 2-23 钢结构用扭剪型高强度螺栓

钢结构用扭剪型高强度螺栓的应用，如图 2-24 所示。

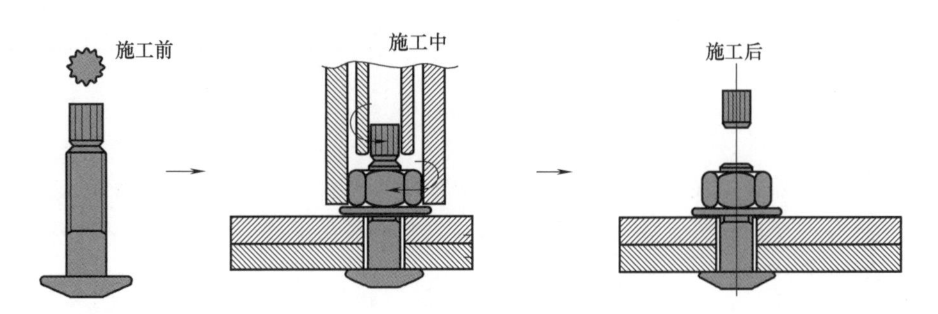

图 2-24 钢结构用扭剪型高强度螺栓的应用

2.4.13 钢结构用高强度大六角头螺栓

钢结构用高强度大六角头螺栓，如图 2-25 所示。

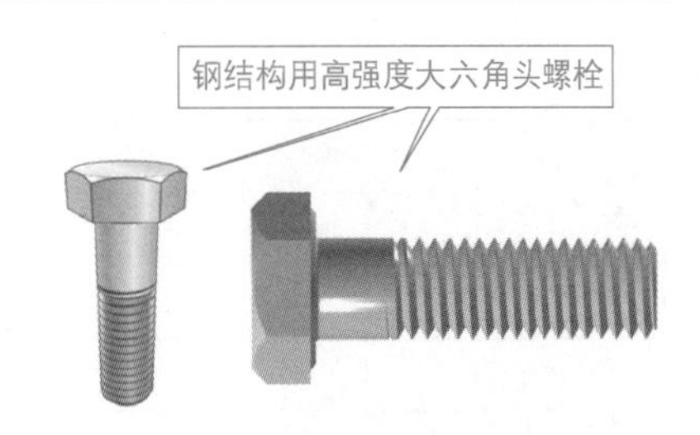

图 2-25 钢结构用高强度大六角头螺栓

2.4.14 钢网架高强度螺栓的规格

钢网架高强度螺栓的螺纹规格，常见的为 M12 ～ M64，其中 M20 以下的多用在装饰网架结构中有着固定的相互关系的节点。因此，每一种规格的钢网架高强度螺栓，其螺杆长度也是固定的。

钢网架高强度螺栓，其特殊的地方就是螺杆上有滑槽，并且是靠近头部有部分深槽。这是配套的“套筒”（无纹螺母）上紧固螺钉（销钉）嵌入的地方。这样销钉嵌入安装时，转动扳手可以带动螺栓拧入螺栓球，同时销钉在滑槽滑动。当螺栓拧到位时，紧固螺钉正好在深槽的位置，这时拧紧紧固螺钉使其落入深槽，达到止退防松动的作用、效果。

如果钢网架高强度螺栓与套筒是配套出现的，则节点设计时受压杆件是根据验算套筒承压来确定螺栓规格的。

2.4.15 高强度螺栓连接孔型尺寸的匹配

高强度螺栓摩擦型连接，可以采用标准孔、大圆孔、槽孔等类型，其孔型尺寸的匹配见表2-24。采用扩大孔连接时，同一连接面只能在盖板和芯板其中之一的板上采用大圆孔或槽孔，其余仍采用标准孔。

表 2-24 高强度螺栓连接的孔型尺寸的匹配 单位：mm

孔型	螺栓公称直径						
	M12	M16	M20	M22	M24	M27	M30
标准孔直径	13.5	17.5	22	24	26	30	33
大圆孔直径	16	20	24	28	30	35	38
槽孔短向	13.5	17.5	22	24	26	30	33
槽孔长向	22	30	37	40	45	50	55

高强度螺栓摩擦型连接盖板，按大圆孔、槽孔制孔时，需要增大垫圈厚度或采用连续型垫板，其孔径与标准垫圈相同。M24 及以下的螺栓，垫圈厚度不宜小于 8mm。M24 以上的螺栓，垫圈厚度不宜小于 10mm。

2.4.16 高强度螺栓连接构造要求

承压型连接螺栓孔径，不应大于螺栓公称直径 2mm。高强度螺栓连接的孔径匹配，见表 2-25。不得在同一个连接摩擦面的盖板、芯板同时采用扩大孔型（大圆孔、槽孔）。

表 2-25 高强度螺栓连接的孔径匹配 单位：mm

孔型		螺栓公称直径						
		M12	M16	M20	M22	M24	M27	M30
标准圆孔直径		13.5	17.5	22	24	26	30	33
大圆孔直径		16	20	24	28	30	35	38
槽孔长度	短向	13.5	17.5	22	24	26	30	33
	长向	22	30	37	40	45	50	55

当型钢构件的拼接采用高强度螺栓时，其拼接件宜采用钢板。当连接处型钢斜面斜度大于1/20 时，需要在斜面上采用斜垫板。

高强度螺栓孔距、边距的容许间距采用的规定见表 2-26。

表 2-26 高强度螺栓孔距、边距的容许间距采用的规定

名称	位置、方向			最大容许间距（两者较小值）	最小容许间距
中心到构件边缘的距离	顺力方向			$4d_0$ 或 $8t$	$2d_0$
	切割边或自动手工气割边				$1.5d_0$
	轧制边、自动气割边或锯割边				
中心间距	外排（垂直内力方向或顺内力方向）			$8d_0$ 或 $12t$	$3d_0$
	中间排	垂直内力方向		$16d_0$ 或 $24t$	
		顺内力方向	构件受压力	$12d_0$ 或 $18t$	
			构件受拉力	$16d_0$ 或 $24t$	
	沿对角线方向			—	

注：1. 钢板边缘与刚性构件（如角钢、槽钢等）相连的高强度螺栓的最大间距，可以根据中间排的数值来采用。

2. d_0 表示高强度螺栓连接板的孔径，对槽孔为短向尺寸。

3. t 表示外层较薄板件的厚度。

技能贴士

当盖板按大圆孔、槽孔制孔时，需要增大垫圈厚度或采用孔径与标准垫圈相同的连续型垫板。垫圈或连续垫板厚度的规定要求如下。

① M24 及以下规格的高强度螺栓连接副，垫圈或连续垫板厚度不宜小于 8mm。

② M24 以上规格的高强度螺栓连接副，垫圈或连续垫板厚度不宜小于 10mm。

③ 冷弯薄壁型钢结构的垫圈或连续垫板厚度，不宜小于连接板（芯板）厚度。

2.4.17 高强度螺栓连接构件制孔允许偏差

高强度螺栓连接构件制孔允许偏差需要符合的规定见表 2-27。

表 2-27 高强度螺栓连接构件制孔允许偏差需要符合的规定　　单位：mm

项目				公称直径						
				M12	M16	M20	M22	M24	M27	M30
孔型	槽孔	长度	短向	13.5	17.5	22.0	24.0	26.0	30.0	33.0
			长向	22.0	30.0	37.0	40.0	45.0	50.0	55.0
		允许偏差	短向	+0.43 0	+0.43 0	+0.52 0	+0.52 0	+0.52 0	+0.84 0	+0.84 0
			长向	+0.84 0	+0.84 0	+1.00 0	+1.00 0	+1.00 0	+1.00 0	+1.00 0
	标准圆孔	直径		13.5	17.5	22.0	24.0	26.0	30.0	33.0
		允许偏差		+0.43 0	+0.43 0	+0.52 0	+0.52 0	+0.52 0	+0.84 0	+0.84 0
		圆度		1.00		1.50				
	大圆孔	直径		16.0	20.0	24.0	28.0	30.0	35.0	38.0
		允许偏差		+0.43 0	+0.43 0	+0.52 0	+0.52 0	+0.52 0	+0.84 0	+0.84 0
		圆度		1.00		1.50				
中心线倾斜度				应为板厚的 3%，且单层板应为 2.0mm，多层板叠组合应为 3.0mm						

2.5 钢结构住宅的材料

2.5.1 钢构件所用钢材牌号、质量等级的选用

钢结构住宅中钢构件所用钢材牌号、质量等级的选用要求如下。

① 处于外露环境，并且对耐腐蚀有特殊要求或处于侵蚀性介质环境中的承重结构，可以采用 Q235NH、Q355NH、Q415NH 牌号的耐候结构钢，其质量需要符合现行国家标准等规定。

② 钢结构住宅中的钢材，宜选择采用 Q235、Q345、Q355、Q390、Q420、Q460、Q345GJ 钢，材料要求符合现行国家标准《钢结构设计标准》(GB 50017) 等相关规定要求。

③ 结构钢材的选用，需要遵循技术可靠、经济合理的原则。综合考虑结构的重要性、荷载特征、结构形式、工作环境、加工条件、应力状态、连接方法、钢材厚度、钢材价格等因素，选用合适的钢材牌号、材性保证工程质量。

技能贴士

钢材质量等级不应低于 B 级，抗震等级为二级及以上的高层钢结构住宅，其框架梁、柱、抗侧力支撑等主要抗侧力构件钢材的质量等级不宜低于 C 级。钢材的强度标准值，需要具有不低于 95% 的保证率。钢材应选用镇静钢。

2.5.2 结构钢材的性能要求

钢结构住宅中结构钢材的性能要求如下。

① 承重结构所用的钢材，需要具有屈服强度、抗拉强度、断后伸长率、硫磷含量的合格保证，对焊接结构需要具有碳当量的合格保证。

② 承重结构所用钢材，除了需要保证基本力学性能各项指标外，还需要根据结构构件类别、使用条件、加工条件，提出必要的附加保证性能参数或指标要求。

③ 对直接承受动力荷载或需验算疲劳的构件所用钢材，应具有冲击韧性的合格保证。

④ 焊接承重结构以及重要的非焊接承重结构采用的钢材，需要具有冷弯试验的合格保证。

⑤ 梁柱（墙）节点为隔板贯通构造时，其贯通隔板无论厚度大小，均需要保证板厚度方向抗撕裂性能（Z 向性能）要求。

⑥ 在焊接 T 形、十字形、角形连接节点中，当其板件厚度不大于 40mm，并且焊接接头承受较大约束拉应力，可以形成沿板厚方向有较高层状撕裂作用时，该部位钢板需要具有厚度方向抗撕裂性能（Z 向性能）的合格保证。其沿厚度方向的断面收缩率不应小于现行标准规定的允许限值。

⑦ 采用塑性设计的结构、进行弯矩调幅的构件，所采用的钢材需要符合的规定如图 2-26 所示。

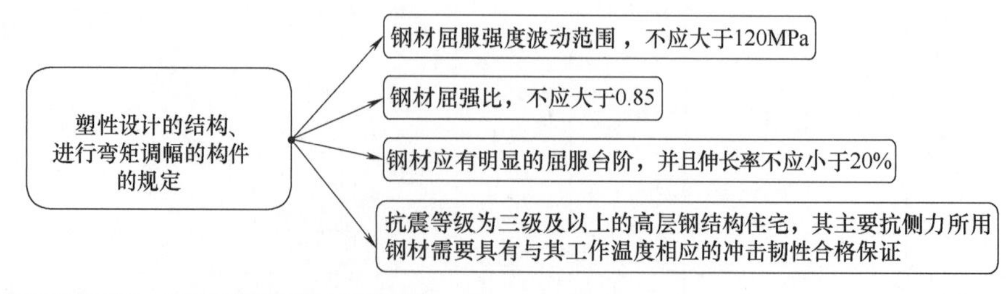

图 2-26 塑性设计的结构、进行弯矩调幅的构件的规定

技能贴士

钢管结构中的无加劲直接焊接相贯节点，其管材的屈强比不宜大于 0.8。与受拉构件焊接连接的钢管，当管壁厚度大于 25mm 并且沿厚度方向承受较大拉应力时，应采取措施防止层状撕裂。

2.5.3 型材、板材应符合的要求

钢结构住宅，采用的型材、板材需要符合的要求如下。

① 钢框架柱，采用箱形截面且壁厚不大于 20mm 时，宜选择冷成形方（矩）形焊接钢管，其材质、材料性能，需要符合现行行业标准《建筑结构用冷弯矩形钢管》（JG/T 178）中Ⅰ级产品的规定。

② 钢框架柱或钢管混凝土柱等构件采用圆钢管时，宜选用冷弯成形的焊接圆管。也可以选择符合现行国家标准《结构用无缝钢管》（GB/T 8162）的无缝钢管，但是不应选择以热扩方法生产的无缝钢管。

③ 同牌号钢材中，宜选择厚度较薄且分组强度较高的钢材。

④ 选择热轧（焊接）H 型钢时，其截面板厚不宜小于 4.5mm，如图 2-27 所示。热轧也就是钢材没有经过任何特殊轧制和 / 或热处理的状态。

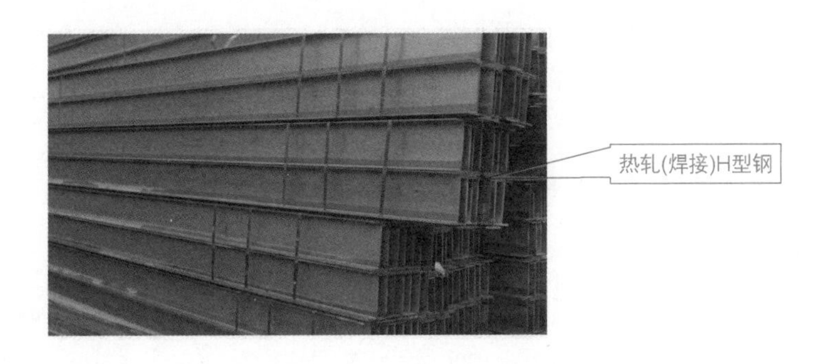

图 2-27 热轧（焊接）H 型钢

技能贴士

钢框架柱采用壁厚大于 20mm 的箱形截面时，宜采用由四块板组焊的箱形截面。

2.5.4 焊接材料的选用要求

钢结构住宅中焊接材料的选用要求如下。

① 对 8 度抗震设防烈度的结构、直接承受动力荷载或需要验算疲劳的结构，以及低温环境下工作的厚板结构，宜采用低氢型焊条。

② 焊条、焊丝的型号、性能，需要与相应母材的性能相适应，其熔敷金属的力学性能需要符合设计规定，并且不应低于相应母材标准的下限值。

技能贴士

钢-混凝土组合构件与组合结构体系中剪力墙、核心筒等构件混凝土的强度等级不宜低于C30。钢管混凝土构件宜采用自密实混凝土。其混凝土强度等级需要满足正常使用要求且不应低于C30，并且应与所选钢管钢材的强度相匹配，以及不得使用对钢管有腐蚀作用的外加剂。

2.5.5 紧固件材料的选用要求

钢结构住宅中紧固件材料的选用要求如下。

① 高强度螺栓可以选用大六角型高强度螺栓、扭剪型高强度螺栓，其产品性能需要合现行国家标准的规定。

② 连接材料的强度指标要求，需要符合现行国家标准《钢结构设计标准》(GB 50017)等规定。

③ 锚栓可选用 Q235、Q345、Q355、Q390 或强度更高的钢材，其质量等级不宜低于 B 级。工作温度不高于 -20℃时，锚栓的强度指标根据现行国家标准《钢结构设计标准》(GB 50017)等规定取值。

④ 组合结构中的抗剪焊（栓）钉，其材料为 ML15 或 ML15AL 钢，其材质性能、规格、配件等应符合现行国家标准《电弧螺柱焊用圆柱头焊钉》(GB/T 10433)的规定。

技能贴士

钢结构住宅中普通螺栓，宜采用 C 级螺栓。

2.6 钢结构材料的加工

2.6.1 螺栓球加工制作质量控制指标

螺栓球加工制作质量控制指标，如图 2-28 所示。

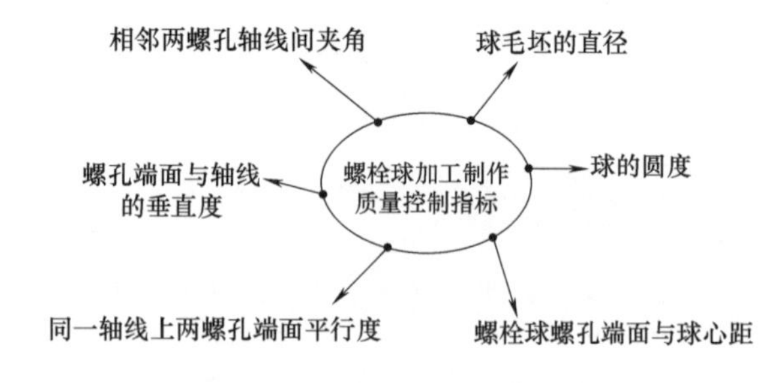

图 2-28 螺栓球加工制作质量控制指标

2.6.2 钢材的切割

钢材切割面、剪切面需要无裂纹、无夹渣、无毛刺、无分层等异常现象、可以采用观察或用放大镜检验法进行。如果有疑义时，应进行渗透、磁粉、超声波探伤等相关检查。

钢材气割的允许偏差见表 2-28。钢材气割的允许偏差的检查判断方法可以采用观察检查或用钢尺、塞尺检查。

表 2-28 钢材气割的允许偏差

项目	允许偏差 /mm	项目	允许偏差 /mm
割纹深度	0.3	零件宽度、长度	±3.0
局部缺口深度	1.0	切割面平面度	0.05t，且不大于 2.0

注：t 表示切割面的厚度。

钢材机械剪切的允许偏差见表 2-29。机械剪切的零件厚度不宜大于 12mm，并且剪切面需要平整。碳素结构钢在环境温度低于 -16℃、低合金结构钢在环境温度低于 -12℃时，不得进行剪切、冲孔。

表 2-29 钢材机械剪切的允许偏差

项目	允许偏差 /mm	项目	允许偏差 /mm
型钢端部垂直度	2.0	边缘缺棱	1.0
零件宽度、长度	±3.0		

用于相贯连接的钢管杆件，宜采用管子车床或数控相贯线切割机下料。钢管杆件加工的允许偏差，见表 2-30。

表 2-30 钢管杆件加工的允许偏差

项目	允许偏差 /mm	项目	允许偏差 /mm
管口曲线	1.0	端面对管轴的垂直度	$0.005r$
长度	±1.0		

注：r 表示钢管半径。

2.6.3 矫正、成形

低合金结构钢在环境温度低于 -12℃时，碳素结构钢在环境温度低于 -16℃，不应进行冷矫正与冷弯曲。

热轧碳素结构钢和低合金结构钢，采用热加工成形或加热矫正时，加热温度、冷却温度等工艺，需要符合现行国家标准《钢结构工程施工规范》(GB 50755) 等有关规定。矫正后的钢材表面，不应出现明显的凹痕、损伤，划痕深度不得大于 0.5mm，并且不得大于该钢材厚度允许负偏差的 1/2。

钢板、型钢冷矫正的最小曲率半径、最大弯曲矢高的要求，见表 2-31。

表 2-31 钢板、型钢冷矫正的最小曲率半径、最大弯曲矢高的要求

类别	图例	对应轴	冷矫正	
			最大弯曲矢高 f	最小曲率半径 r
槽钢	b, y, x, h, x, y	x—x	$\frac{l^2}{400h}$	$50h$
		y—y	$\frac{l^2}{720b}$	$90b$
工字钢、H 型钢	b, y, x, h, x, y	x—x	$\frac{l^2}{400h}$	$50h$
		y—y	$\frac{l^2}{400b}$	$50b$

续表

类别	图例	对应轴	冷矫正	
			最大弯曲矢高 f	最小曲率半径 r
钢板扁钢	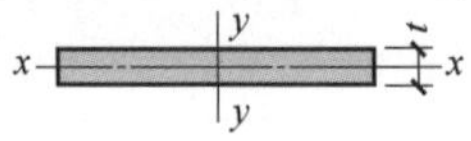	$x—x$	$\frac{l^2}{400t}$	$50t$
		$y—y$ （仅对扁钢轴线）	$\frac{l^2}{800b}$	$100b$
角钢	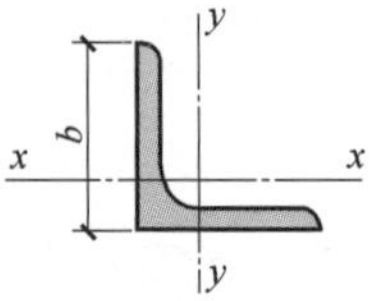	$x—x$	$\frac{l^2}{720b}$	$90b$

注：l 表示弯曲弦长；r 表示曲率半径；f 表示弯曲矢高；t 表示钢板厚度；h 表示型钢高度。

板材、型材的冷弯成形最小曲率半径要求，见表 2-32。

表 2-32 板材、型材的冷弯成形最小曲率半径要求

钢材类别	图例		冷弯最小曲率半径 r		备注
槽钢、角钢	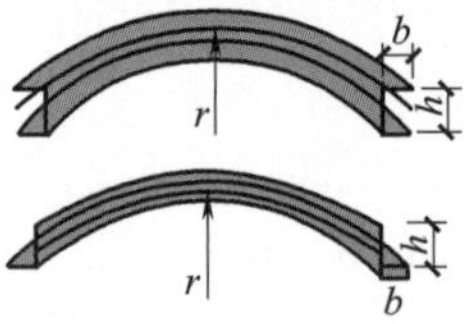		碳素结构钢	$25b$	—
			低合金结构钢	$30b$	
热轧钢板	钢板卷压成钢管	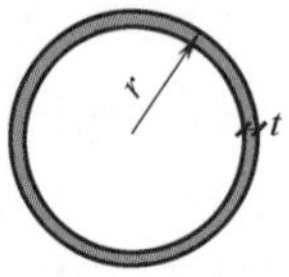	碳素结构钢	$15t$	—
			低合金结构钢	$20t$	
	平板弯成 120° ～ 150°	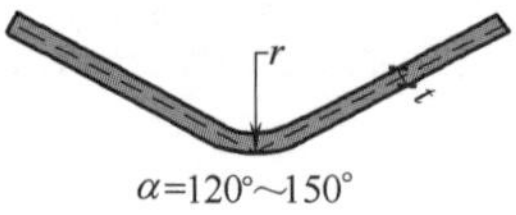 α=120°～150°	碳素结构钢	$10t$	—
			低合金结构钢	$12t$	
	方矩管弯直角	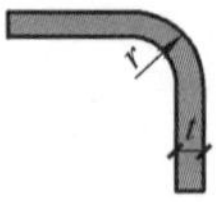	碳素结构钢	$3t$	
			低合金结构钢	$4t$	
热轧无缝钢管	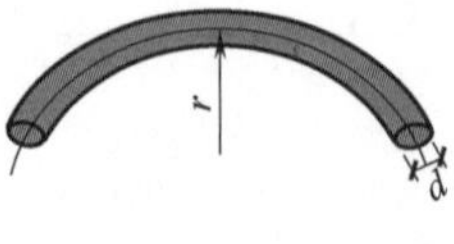		碳素结构钢	$20d$	—
			低合金结构钢	$25d$	
冷成形直缝钢管	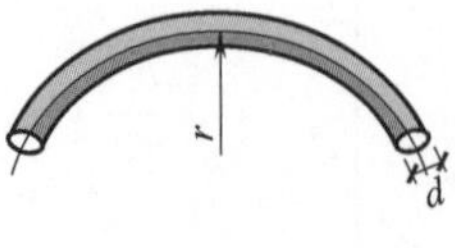		碳素结构钢	$25d$	焊缝放在中心线以内受压区
			低合金结构钢	$30d$	

续表

钢材类别	图例	冷弯最小曲率半径 r		备注
冷成形方矩管		碳素结构钢	$30h$（b）	焊缝放置在弯弧中心线位置
		低合金结构钢	$35h$（b）	
热轧 H 型钢		碳素结构钢	$25h$	也适用于工字钢和槽钢对高度弯曲
		低合金结构钢	$30h$	
		碳素结构钢	$20b$	
		低合金结构钢	$25b$	

注：Q390 及以上钢材冷弯曲成形最小曲率半径，需要通过工艺试验来确定。

钢材矫正后的允许偏差要求，见表 2-33。

表 2-33　钢材矫正后的允许偏差要求　　单位：mm

项目		允许偏差	图例
槽钢翼缘对腹板的垂直度		$b/80$	
工字钢、H 型钢翼缘对腹板的垂直度		$b/100$，且不大于 2.0	
钢板的局部平面度	$t \leqslant 6$	3.0	
	$6 < t \leqslant 14$	1.5	
	$t > 14$	1.0	
型钢弯曲矢高		$l/1000$，且不大于 5.0	—
角钢肢的垂直度		$b/100$ 双肢栓接角钢的角度不得大于 90°	

钢管弯曲成形和矫正后的允许偏差要求，见表 2-34。

表 2-34　钢管弯曲成形和矫正后的允许偏差要求　　单位：mm

项目	允许偏差	检查法	图例
钢管、箱形杆件侧弯	$l < 4000$，$\Delta \leqslant 2.0$ $4000 \leqslant l < 16000$，$\Delta \leqslant 3.0$ $l \geqslant 16000$，$\Delta \leqslant 5.0$	用拉线和钢尺检查	
椭圆度	$f \leqslant d/200$，且$\leqslant 3.0$	用卡尺和游标卡尺检查	
曲率（弧长> 1500）	$\Delta \leqslant 2.0$	用样板（弦长≥ 1500）检查	
直径	$\pm d/200$，且$\leqslant \pm 3.0$	卡尺	—

2.6.4　边缘加工

气割或机械剪切的零件，需要进行边缘加工时，其刨削余量不宜小于 2mm。边缘加工的允许偏差要求见表 2-35。边缘加工的允许偏差可以采用观察法和实测法来检查。

表 2-35　边缘加工的允许偏差要求

项目	允许偏差	项目	允许偏差
加工面垂直度	$0.025t$，且不大于 0.5mm	零件宽度、长度	±1.0mm
加工面表面粗糙度	$Ra \leqslant 50\mu m$	加工边直线度	$l/3000$，且不大于 2.0mm

注：l 表示加工边长度；t 表示加工面的厚度。

焊缝坡口的允许偏差要求见表 2-36。

表 2-36　焊缝坡口的允许偏差要求

项目	允许偏差	项目	允许偏差
钝边	±1mm	坡口角度	±5°

采用铣床进行铣削加工边缘时，加工后的允许偏差要求见表 2-37。

表 2-37　零部件铣削加工后的允许偏差要求

项目	允许偏差 /mm	项目	允许偏差 /mm
铣平面的垂直度	$h/1500$，且不大于 0.5	铣平面的平面度	$0.02t$，且不大于 0.3
两端铣平时零件长度、宽度	±1.0		

注：t 表示铣平面的厚度；h 表示铣平面的高度。

2.6.5　球节点加工

螺栓球成形后，表面不得有裂纹、褶皱和过烧。封板、锥头、套筒表面不得有裂纹、过烧和氧化皮。螺栓球加工的允许偏差要求见表 2-38。

表 2-38 螺栓球加工的允许偏差要求

项目		允许偏差	检验法
铣平面距球中心距离		±0.2mm	用游标卡尺检查
相邻两螺栓孔中心线夹角		±30′	用分度头检查
两铣平面与螺栓孔轴线垂直度		0.005r（mm）	用百分表检查
球直径	$D \leqslant 120$mm	+2.0mm −1.0mm	用卡尺和游标卡尺检查
	$D > 120$mm	+3.0mm −1.5mm	
球圆度	$D \leqslant 120$mm	1.5mm	用卡尺和游标卡尺检查
	120mm $< D \leqslant$ 250mm	2.5mm	
	$D > 250$mm	3.5mm	
同一轴线上两铣平面平行度	$D \leqslant 120$mm	0.2mm	用百分表 V 形块检查
	$D > 120$mm	0.3mm	

注：D 表示螺栓球直径；r 表示铣平面半径。

焊接球表面，局部凹凸不平不应大于 1.5mm。焊接球加工的允许偏差要求见表 2-39。

表 2-39 焊接球加工的允许偏差要求 单位：mm

项目		允许偏差	检验法
壁厚减薄量	$t \leqslant 10$	0.18t，且不大于 1.5	用卡尺和测厚仪检查
	$10 < t \leqslant 16$	0.15t，且不大于 2.0	
	$16 < t \leqslant 22$	0.12t，且不大于 2.5	
	$22 < t \leqslant 45$	0.11t，且不大于 3.5	
	$t > 45$	0.08t，且不大于 4.0	
对口错边量	$t \leqslant 20$	1.0	用套模和游标卡尺检查
	$20 < t \leqslant 40$	2.0	
	$t > 40$	3.0	
球直径	$D \leqslant 300$	±1.5	用卡尺和游标卡尺检查
	$300 < D \leqslant 500$	±2.5	
	$500 < D \leqslant 800$	±3.5	
	$D > 800$	±4.0	
球圆度	$D \leqslant 300$	1.5	用卡尺和游标卡尺检查
	$300 < D \leqslant 500$	2.5	
	$500 < D \leqslant 800$	3.5	
	$D > 800$	4.0	
焊缝余高		0~1.5	用焊缝量规检查

注：D 表示焊接球的外径；t 表示焊接球的壁厚。

焊接球的半球由钢板压制而成，钢板压成半球后，表面不得有裂纹和褶皱。焊接球的两半球对接处坡口宜采用机械加工。对接焊缝表面需要打磨平整。

2.6.6 铸钢件加工

铸钢件与其他构件连接部位四周 150mm 的区域，需要根据现行有关标准进行 100% 超声波探伤检测。检测结果应符合现行标准的规定，并且满足设计要求。铸钢件可用机械、加热的方法进行矫正，矫正后的表面不得有明显的凹痕或其他损伤。有连接要求的轴（外圆）与孔机械加工的允许偏差要求见表 2-40。

表 2-40 有连接要求的轴（外圆）与孔机械加工的允许偏差要求

项目	允许偏差	项目	允许偏差
端面垂直度	*d*/200，且不大于 2.0mm	轴（外圆）直径	−*d*/200，且不大于 −2.0mm
管口曲线	2.0mm	孔径	*d*/200，且不大于 2.0mm
同轴度	1.0mm	圆度	*d*/200，且不大于 2.0mm
相邻两轴线夹角	±25′		

注：*d* 表示轴（外圆）直径或孔径。

有连接要求的平面、端面、边缘机械加工的允许偏差要求见表 2-41。

表 2-41 有连接要求的平面、端面、边缘机械加工的允许偏差要求

项目	允许偏差	项目	允许偏差
平面度	0.3/m^2	长度、宽度	±1.0mm
加工边直线度	*L*/3000，且不大于 2.0mm	平面平行度	0.5mm
相邻两加工边夹角	30′	加工面对轴线的垂直度	*L*/1500，且不大于 2.0mm

注：*L* 表示加工面边长或加工边长度。

焊接坡口采用气割方法加工时，其允许偏差需要满足设计要求或者满足允许偏差要求见表 2-42。

表 2-42 气割焊接坡口的允许偏差要求

项目	允许偏差	项目	允许偏差
端面垂直度	*d*/500，且不大于 2.0mm	切割面平面度	0.05*t*，且不应大于 2.0mm
坡口角度	+5° 0	割纹深度	0.3mm
钝边	±1.0mm	局部缺口深度	1.0mm

技能贴士

铸钢件连接面的表面粗糙度 *Ra* 不应大于 25μm。连接孔、轴的表面粗糙度不应大于 12.5μm。表面粗糙度的检测可以采用粗糙度对比样板法来检查。

2.6.7 制孔

A、B 级螺栓孔（Ⅰ类孔）应具有 H12 的精度，孔壁表面粗糙度 *Ra* 不应大于 12.5μm，其孔

径的允许偏差要求见表 2-43。

表 2-43　A、B 级螺栓孔（Ⅰ类孔）允许偏差要求　单位：mm

螺栓公称直径、螺栓孔直径	螺栓公称直径允许偏差	螺栓孔直径允许偏差
10 ～ 18	0 −0.18	+0.18 0
18 ～ 30	0 −0.21	+0.21 0
30 ～ 50	0 −0.25	+0.25 0

C 级螺栓孔（Ⅱ类孔），孔壁表面粗糙度 *Ra* 不应大于 25μm，其允许偏差要求见表 2-44。

表 2-44　C 级螺栓孔（Ⅱ类孔）的允许偏差要求

项目	允许偏差 /mm	项目	允许偏差 /mm
垂直度	0.03*t*，且不大于 2.0	圆度	2.0
直径	+1.0 0.0		

注：*t* 表示钢板厚度。

螺栓孔孔距的允许偏差要求见表 2-45。

表 2-45　螺栓孔孔距的允许偏差要求　单位：mm

螺栓孔孔距范围	≤ 500	501~1200	1201~3000	＞ 3000
同一组内任意两孔间距离	± 1.0	± 1.5	—	—
相邻两组的端孔间距离	± 1.5	± 2.0	± 2.5	± 3.0

2.6.8　钢构件外形尺寸

① 钢构件外形尺寸主控项目的允许偏差要求见表 2-46。

表 2-46　钢构件外形尺寸主控项目的允许偏差要求

项目	允许偏差 /mm
构件连接处的截面几何尺寸	± 3.0
柱、梁连接处的腹板中心线偏移	2.0
受压构件（杆件）弯曲矢高	*l*/1000，且不大于 10.0
单层柱、梁、桁架受力支托（支承面）表面至第一安装孔距离	± 1.0
多节柱铣平面至第一安装孔距离	± 1.0
实腹梁两端最外侧安装孔距离	± 3.0

注：*l* 表示构件（杆件）长度。

② 单节钢柱外形尺寸的允许偏差要求见表 2-47。
③ 多节钢柱外形尺寸的允许偏差要求见表 2-48。
④ 钢桁架外形尺寸的允许偏差要求见表 2-49。

表 2-47 单节钢柱外形尺寸的允许偏差要求

项目		允许偏差/mm	检验法	图例
柱底面到柱端与桁架连接的最上一个安装孔距离 l		$\pm l/1500$，且不超过 ± 15.0	用钢尺检查	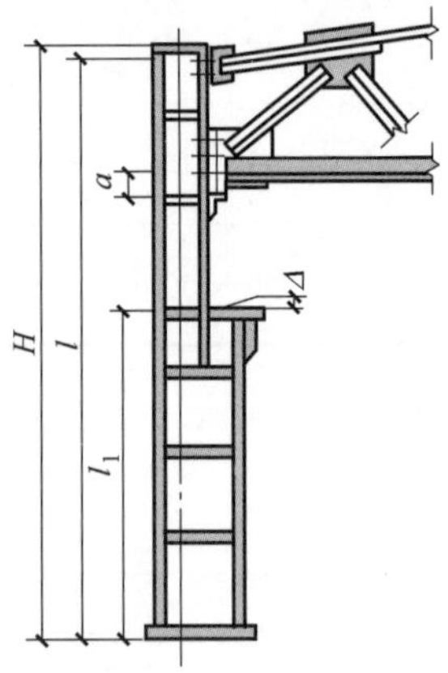
柱底面到牛腿支承面距离 l_1		$\pm l_1/2000$，且不超过 ± 8.0		
牛腿面的翘曲 Δ		2.0	用拉线、直角尺和钢尺检查	
柱身弯曲矢高		$H/1200$，且不大于 12.0		
翼缘对腹板的垂直度	连接处	1.5	用直角尺和钢尺检查	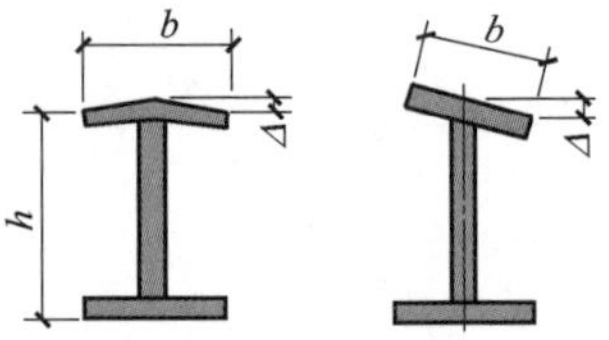
	其他处	$b/100$，且不大于 5.0		
柱脚螺栓孔中心对柱轴线的距离 a		3.0	用钢尺检查	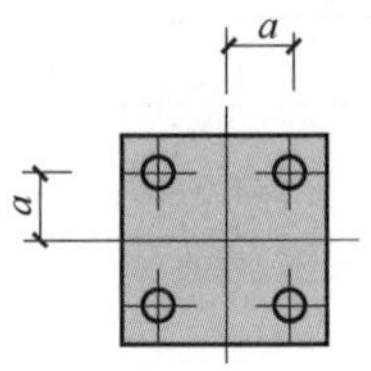
柱身扭曲	牛腿处	3.0	用拉线、吊线和钢尺检查	—
	其他处	8.0		
柱截面几何尺寸	连接处	±3.0		
	非连接处	±4.0	用钢尺检查	
柱脚底板平面度		5.0	用 1m 直尺和塞尺检查	—

表 2-48 多节钢柱外形尺寸的允许偏差要求

项目		允许偏差/mm	检验法	图例
翼缘板对腹板的垂直度	连接处	1.5	用直角尺和钢尺检查	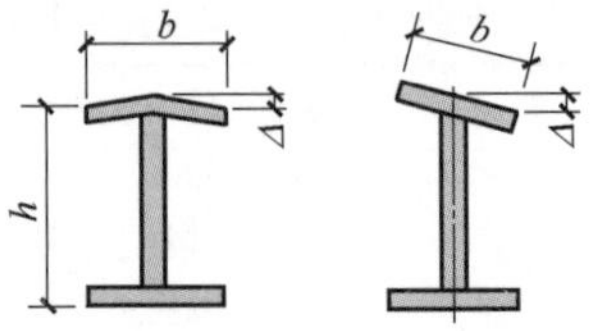
	其他处	$b/100$，且不大于 3.0		

续表

<table>
<tr><th colspan="2">项目</th><th>允许偏差/mm</th><th>检验法</th><th>图例</th></tr>
<tr><td colspan="2">柱脚螺栓孔对柱轴线的距离 a</td><td>3.0</td><td rowspan="2">用钢尺检查</td><td>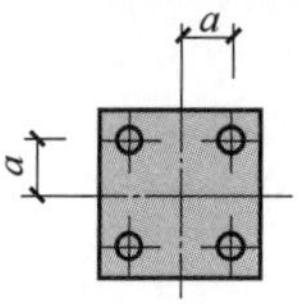</td></tr>
<tr><td colspan="2">箱形截面连接处对角线差</td><td>3.0</td><td>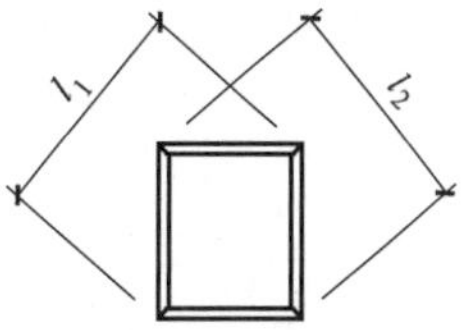</td></tr>
<tr><td colspan="2">箱形、十字形柱身板垂直度</td><td>h（b）/150，且不大于 5.0</td><td>用直角尺和钢尺检查</td><td>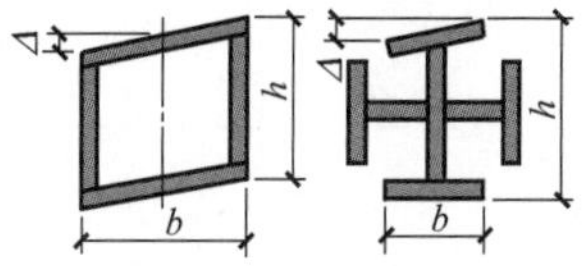</td></tr>
<tr><td colspan="2">一节柱高度 H</td><td>±3.0</td><td rowspan="3">用钢尺检查</td><td rowspan="11">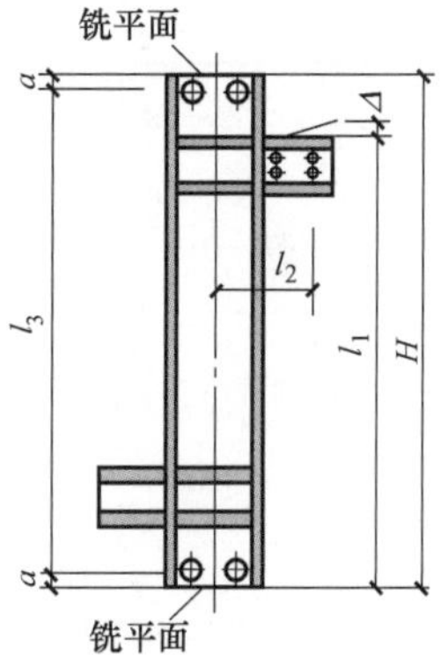
</td></tr>
<tr><td colspan="2">两端最外侧安装孔距离 l_3</td><td>±2.0</td></tr>
<tr><td colspan="2">铣平面到第一排安装孔距离 a</td><td>±1.0</td></tr>
<tr><td colspan="2">柱身弯曲矢高 f</td><td>H/1500，且不大于 5.0</td><td>用拉线和钢尺检查</td></tr>
<tr><td colspan="2">一节柱的柱身扭曲</td><td>h/250，且不大于 5.0</td><td>用拉线、吊线和钢尺检查</td></tr>
<tr><td colspan="2">牛腿端孔到柱轴线距离 l_2</td><td>±3.0</td><td>用钢尺检查</td></tr>
<tr><td rowspan="2">牛腿的翘曲或扭曲 Δ</td><td>$l_2 \leq 1000$</td><td>2.0</td><td rowspan="2">用拉线、直角尺和钢尺检查</td></tr>
<tr><td>$l_2 > 1000$</td><td>3.0</td></tr>
<tr><td rowspan="2">柱截面尺寸</td><td>连接处</td><td>±3.0</td><td rowspan="2">用钢尺检查</td></tr>
<tr><td>非连接处</td><td>±4.0</td></tr>
<tr><td colspan="2">柱脚底板平面度</td><td>5.0</td><td>用 1m 直尺和塞尺检查</td></tr>
</table>

表 2-49 钢桁架外形尺寸的允许偏差要求

项目	允许偏差/mm	检验法	图例
支承面到第一个安装孔距离 a	±1.0	用钢尺检查	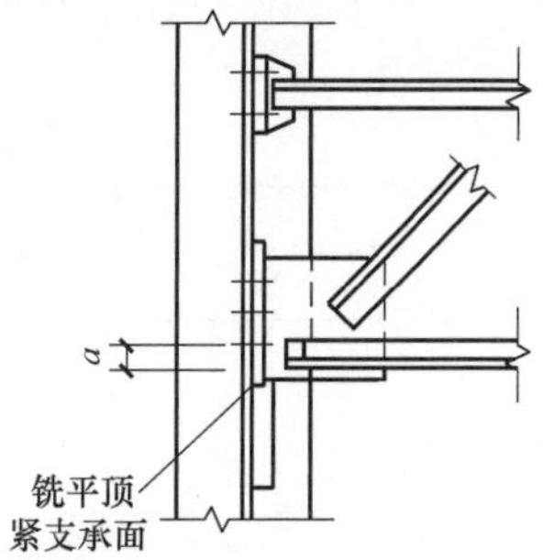

续表

项目		允许偏差/mm	检验法	图例
檩条连接支座间距 a		±3.0	用钢尺检查	
桁架最外端两个孔或两端支承面最外侧距离 l	$l \leqslant 24$m	+3.0 −7.0	用钢尺检查	
	$l > 24$m	+5.0 −10.0		
桁架跨中高度		±10.0		
桁架跨中拱度	设计要求起拱	±l/5000	用拉线和钢尺检查	
	设计未要求起拱	+10.0 −5.0		
相邻节间弦杆弯曲		l_1/1000		

⑤ 钢管构件外形尺寸的允许偏差要求见表 2-50。

表 2-50 钢管构件外形尺寸的允许偏差要求

项目	允许偏差 /mm	检验法	图例
直径 d	±d/250， 且不超过 ±5.0	用钢尺检查	
构件长度 l	±3.0		
管口圆度	d/250， 且不大于 5.0		
管端面管轴线垂直度	d/500，且不大于 3.0	用角尺、塞尺和百分表检查	
弯曲矢高	l/1500， 且不大于 5.0	用拉线、吊线和钢尺检查	
对口错边	t/10，且不大于 3.0	用拉线和钢尺检查	

注：对方矩形管，d 表示长边尺寸。

⑥ 墙架、檩条、支撑系统钢构件外形尺寸的允许偏差要求见表 2-51。

表 2-51 墙架、檩条、支撑系统钢构件外形尺寸的允许偏差要求

项目	允许偏差 /mm	检验法
构件弯曲矢高	l/1000，且不大于 10.0	用拉线和钢尺检查
截面尺寸	+5.0 −2.0	用钢尺检查
构件长度 l	±4.0	用钢尺检查
构件两端最外侧安装孔距离 l_1	±3.0	

⑦钢平台、钢梯、防护钢栏杆外形尺寸的允许偏差要求见表 2-52。

表 2-52　钢平台、钢梯、防护钢栏杆外形尺寸的允许偏差要求

<table>
<tr><th>项目</th><th>允许偏差 / mm</th><th>检验法</th><th>图例</th></tr>
<tr><td>梯梁长度 l</td><td>±5.0</td><td rowspan="3">用钢尺检查</td><td rowspan="2">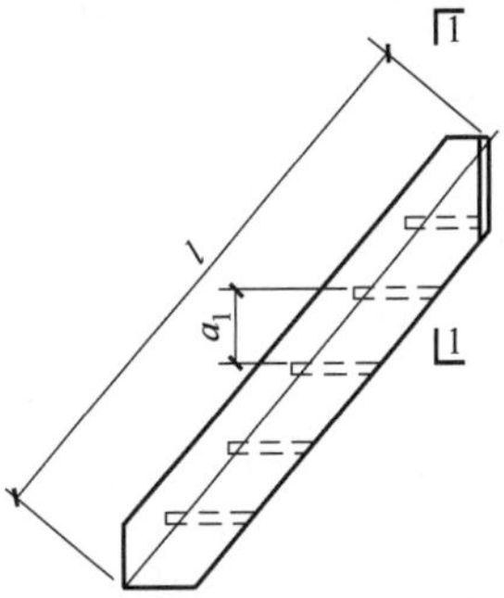
</td></tr>
<tr><td>钢梯宽度 b</td><td>±5.0</td></tr>
<tr><td>钢梯安装孔距离 a</td><td>±3.0</td><td rowspan="5">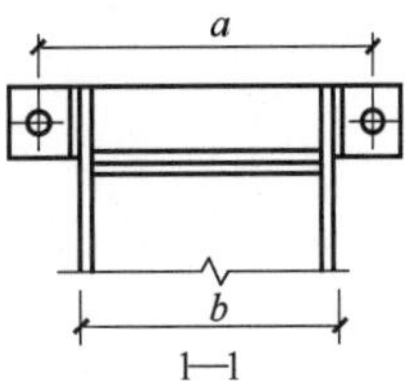
</td></tr>
<tr><td>钢梯纵向挠曲矢高</td><td>l/1000</td><td>用拉线和钢尺检查</td></tr>
<tr><td>踏步（棍）间距 a_1</td><td>±3.0</td><td rowspan="3">用钢尺检查</td></tr>
<tr><td>栏杆高度</td><td>±3.0</td></tr>
<tr><td>栏杆立柱间距</td><td>±5.0</td></tr>
<tr><td>平台长度和宽度</td><td>±5.0</td><td rowspan="3">用钢尺检查</td><td rowspan="5">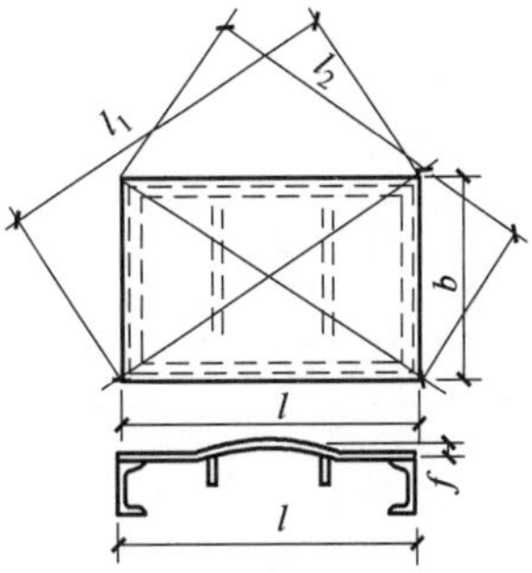
</td></tr>
<tr><td>平台两对角线差 $|l_1-l_2|$</td><td>6.0</td></tr>
<tr><td>平台支柱高度</td><td>±3.0</td></tr>
<tr><td>平台支柱弯曲矢高</td><td>5.0</td><td>用拉线和钢尺检查</td></tr>
<tr><td>平台表面平面度（1m 范围内）</td><td>6.0</td><td>用 1m 直尺和塞尺检查</td></tr>
</table>

第 2 篇

提高篇

第3章 钢结构的制图与识图

3.1 钢结构识图基础知识

3.1.1 钢结构图纸幅面的规格

钢结构图纸幅面规格，可以根据房屋建筑制图统一标准中的图纸幅面规格来执行。钢结构图纸幅面的规格，如图 3-1 所示。

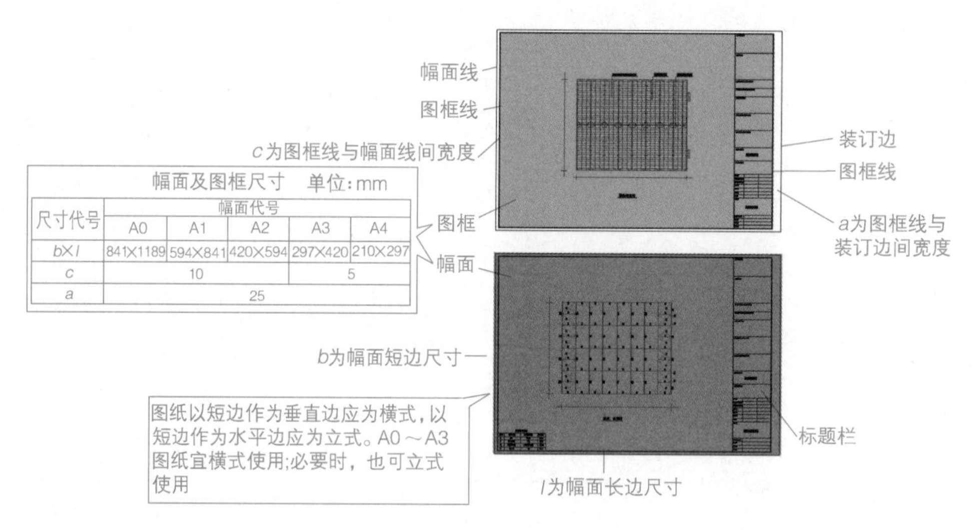

图 3-1 钢结构图纸幅面的规格

钢结构图纸的短边尺寸不应加长，A0 ～ A3 幅面长边尺寸可加长，但是需要符合有关规定，具体见表 3-1。

表 3-1 图纸长边加长尺寸

单位：mm

幅面代号	长边尺寸	长边加长后的尺寸
A0	1189	1486（A0+1/4l） 1783（A0+1/2l） 2080（A0+3/4l） 2378（A0+l）

续表

幅面代号	长边尺寸	长边加长后的尺寸						
A1	841	1051 (A1+1/4l)	1261 (A1+1/2l)	1471 (A1+3/4l)	1682 (A1+l)	1892 (A1+5/4l)	2102 (A1+3/2l)	
A2	594	743 (A2+1/4l)	891 (A2+1/2l)	1041 (A2+3/4l)	1189 (A2+l)	1338 (A2+5/4l)	1486 (A2+3/2l)	1635 (A2+7/4l)
		1783 (A2+2l)	1932 (A2+9/4l)	2080 (A2+5/2l)				
A3	420	630 (A3+1/2l)	841 (A3+l)	1051 (A3+3/2l)	1261 (A3+2l)	1471 (A3+5/2l)	1682 (A3+3l)	1892 (A3+7/2l)

注：有特殊需要的图纸，可以采用 $b \times l$ 为 841mm × 891mm 与 1189mm × 1261mm 的幅面。

一个工程设计中，每个专业所使用的图纸，不宜多于两种幅面，不含目录、表格所采用的 A4 幅面。

3.1.2 钢结构图纸的图线

钢结构图纸的图线基本线宽 b，宜根据图纸比例、图纸性质从 1.4mm、1.0mm、0.7mm、0.5mm 线宽系列中选取。每个图样应根据复杂程度与比例大小，先选定基本线宽 b，再选用相应的线宽组。

相应的线宽组如图 3-2 所示。同一张图纸内，相同比例的各图样应选用相同的线宽组。

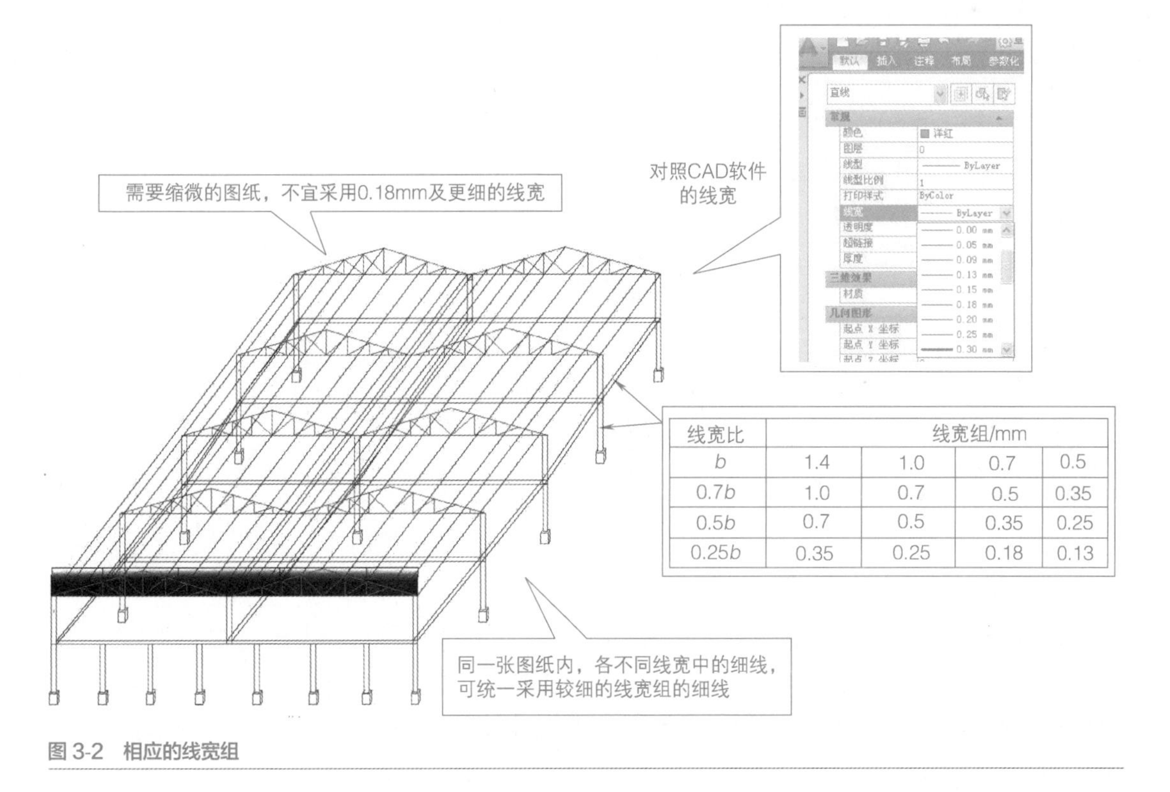

线宽比	线宽组/mm			
b	1.4	1.0	0.7	0.5
0.7b	1.0	0.7	0.5	0.35
0.5b	0.7	0.5	0.35	0.25
0.25b	0.35	0.25	0.18	0.13

图 3-2 相应的线宽组

工程建设制图选用的图线见表 3-2。钢结构图选用的图线的实际应用如图 3-3 所示。

表 3-2 工程建设制图选用的图线

名称		线型	线宽	用途
实线	粗	————	b	主要可见轮廓线
	中粗	————	$0.7b$	可见轮廓线、变更云线
	中	————	$0.5b$	可见轮廓线、尺寸线
	细	————	$0.25b$	图例填充线、家具线
虚线	粗	- - - - - -	b	见各有关专业制图标准
	中粗	- - - - - -	$0.7b$	不可见轮廓线
	中	- - - - - -	$0.5b$	不可见轮廓线、图例线
	细	- - - - - -	$0.25b$	图例填充线、家具线
单点长划线	粗	—·—·—	b	见各有关专业制图标准
	中	—·—·—	$0.5b$	见各有关专业制图标准
	细	—·—·—	$0.25b$	中心线、对称线、轴线等
双点长划线	粗	—··—··—	b	见各有关专业制图标准
	中	—··—··—	$0.5b$	见各有关专业制图标准
	细	—··—··—	$0.25b$	假想轮廓线、成形前原始轮廓线
折断线	细	——∿——	$0.25b$	断开界线
波浪线	细	～～～	$0.25b$	断开界线

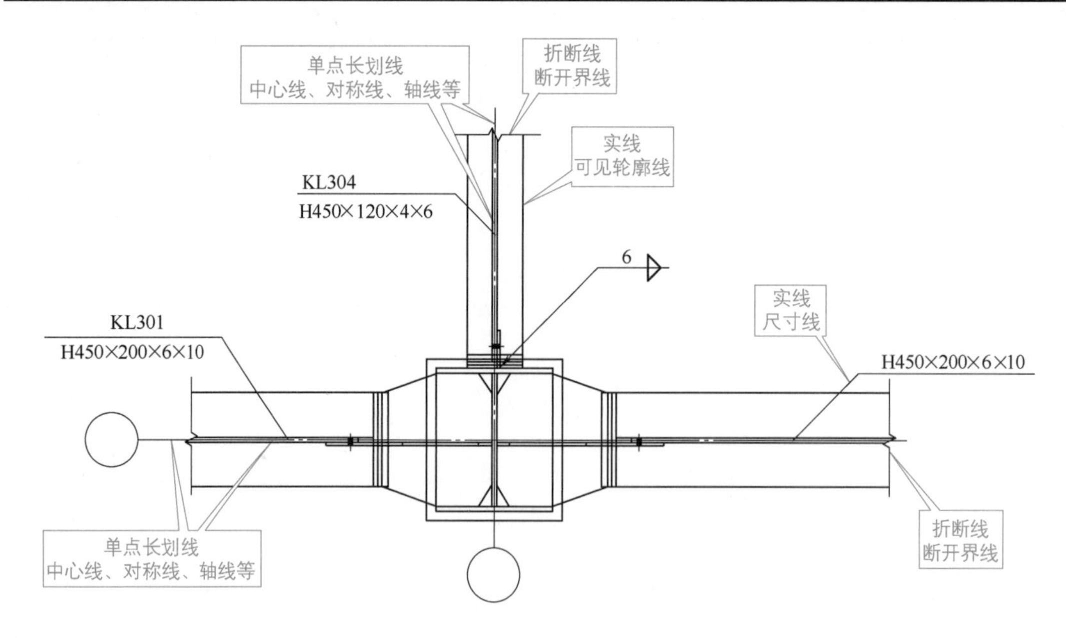

图 3-3 钢结构图选用的图线的实际应用

图纸的图框、标题栏线的线宽，如图 3-4 所示。

钢结构图纸图线的其他要求，如图 3-5 所示。单点长划线、双点长划线，当在较小图形中绘制有困难时，可以用实线代替。单点长划线、双点长划线的两端不应采用点。点划线与点划线交接或点划线与其他图线交接时，需要采用线段交接。

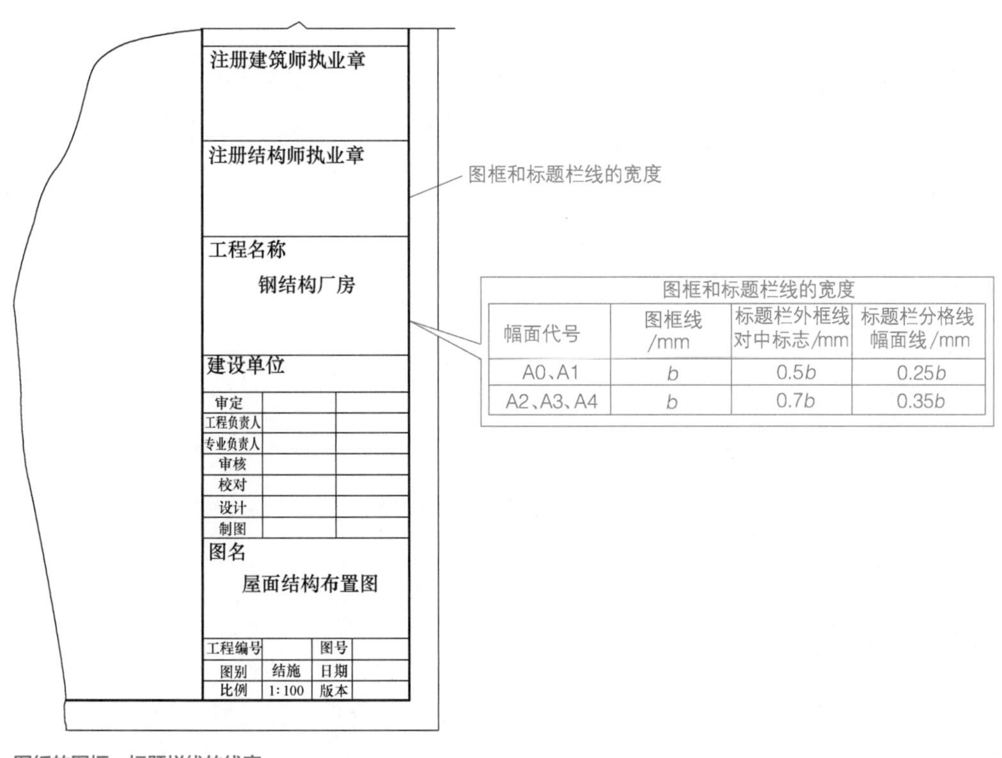

图框和标题栏线的宽度

幅面代号	图框线 /mm	标题栏外框线对中标志/mm	标题栏分格线幅面线/mm
A0、A1	b	$0.5b$	$0.25b$
A2、A3、A4	b	$0.7b$	$0.35b$

图 3-4　图纸的图框、标题栏线的线宽

(a) 相互平行的图例线的净间隙或线中间隙要求

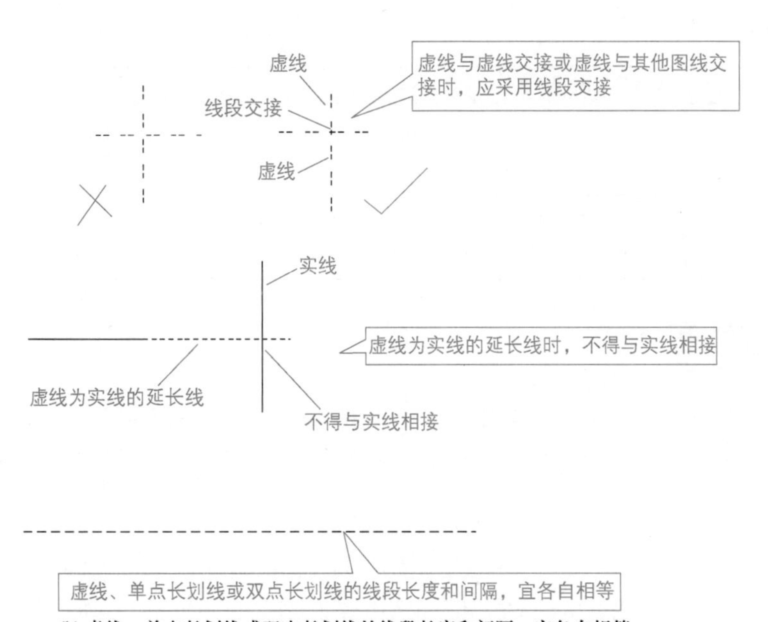

(b) 虚线、单点长划线或双点长划线的线段长度和间隔，宜各自相等

图 3-5

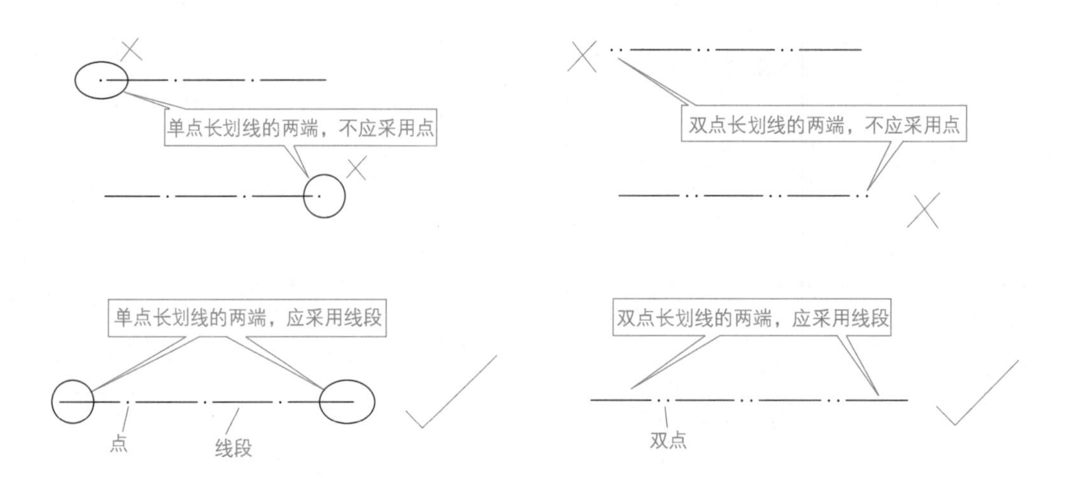

(c) 单点长划线、双点长划线的两端要求

图 3-5 钢结构图纸图线的其他要求

技能贴士

如果图线不得与文字、数字或符号重叠、混淆，不可避免时，则一般会首先保证文字的清晰。

3.1.3 钢结构图纸的比例

钢结构图样的比例，一般为图形与实物相对应的线性尺寸之比。比例的符号，一般采用“：”，比例用阿拉伯数字来表示。制图所用的比例见表 3-3。

表 3-3 制图所用的比例

项目	比例
常用比例	1 ： 1、1 ： 2、1 ： 5、1 ： 10、1 ： 20、1 ： 30、1 ： 50、1 ： 100、1 ： 150、1 ： 200、1 ： 500、1 ： 1000、1 ： 2000
可用比例	1 ： 3、1 ： 4、1 ： 6、1 ： 15、1 ： 25、1 ： 40、1 ： 60、1 ： 80、1 ： 250、1 ： 300、1 ： 400、1 ： 600、1 ： 5000、1 ： 10000、1 ： 20000、1 ： 50000、1 ： 100000、1 ： 200000

技能贴士

例如，某钢屋架详图的绘图比例，按 1 ： 100 的比例画出钢屋架简图、按 1 ： 20 的比例画出各杆件的轴线、按 1 ： 10 的比例画出各杆件的轮廓线、按 1 ： 5 的比例画出节点详图等。

3.1.4 标高

标高的符号有不同的类型，不过其三角形符号总是有的，如图 3-6 所示。标高的符号应用特点如图 3-7 所示。

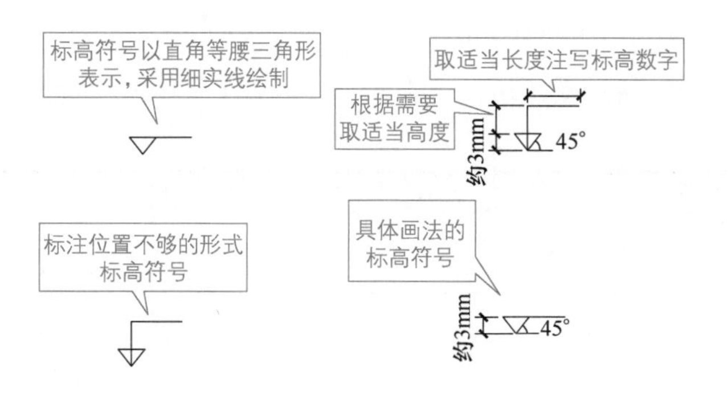

图 3-6 标高的符号

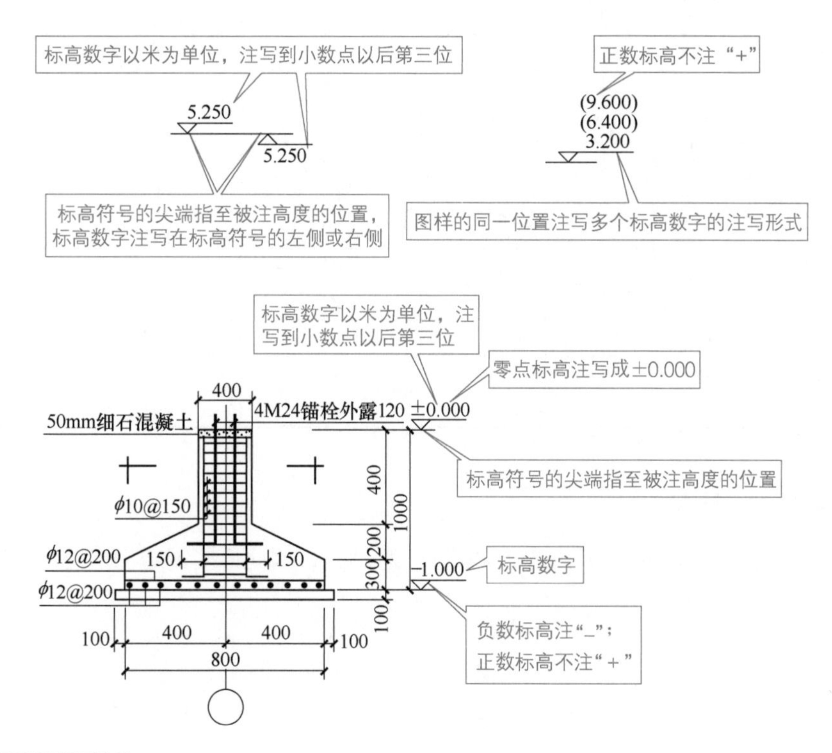

图 3-7 标高的符号应用特点

室外标高的符号如图 3-8 所示。

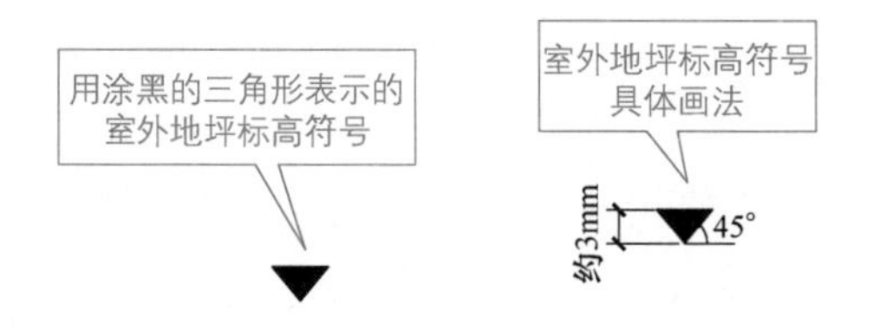

图 3-8 室外标高的符号

3.1.5 工程常见构件代码

钢屋架结构施工图常包括屋架简图、屋架详图、杆件详图、钢材用量表等。其中，详图包括立面图、上弦杆的平面图、下弦杆的平面图、节点图等。钢结构工程的设计施工图、制作详图中标识的构件代码、焊缝符号等，均要符合有关规定。工程常见构件代码见表 3-4。

表 3-4 工程常见构件代码

名称	代号	名称	代号	名称	代号
板	B	圈梁	QL	承台	CT
屋面板	WB	过梁	GL	设备基础	SJ
空心板	KB	连系梁	LL	桩	ZH
槽形板	CB	基础梁	JL	挡土墙	DQ
折板	ZB	楼梯梁	TL	地沟	DG
密肋板	MB	框架梁	KL	柱间支撑	ZC
楼梯板	TB	框支架	KZL	垂直支撑	CC
盖板或沟盖板	GB	屋面框架梁	WKL	水平支撑	SC
挡雨板或檐口板	YB	檩条	LT	梯	T
吊车安全走道板	DB	屋架	WJ	雨篷	YP
墙板	QB	托架	TJ	阳台	YT
天沟板	TGB	天窗架	CJ	梁垫	LD
梁	L	框架	KJ	顶埋件	M-
屋面梁	WL	刚架	GJ	天窗端壁	TD
吊车梁	DL	支架	ZJ	钢筋网	W
单轨吊车梁	DDL	柱	Z	钢筋骨架	G
轨道连接	DGL	框架柱	KZ	基础	J
车挡	CD	构造柱	GZ	暗柱	AZ

3.1.6 钢结构构件代码

钢结构构件代码如图 3-9 所示。钢结构属于工程结构，因此一些钢结构构件代码可以参考工程常见构件代码。

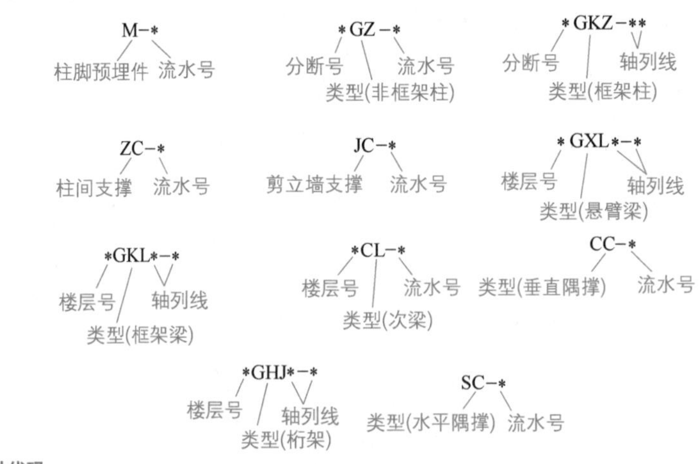

图 3-9 钢结构构件代码

3.1.7 常见型钢的标注法

常见型钢的标注法如图 3-10 所示。

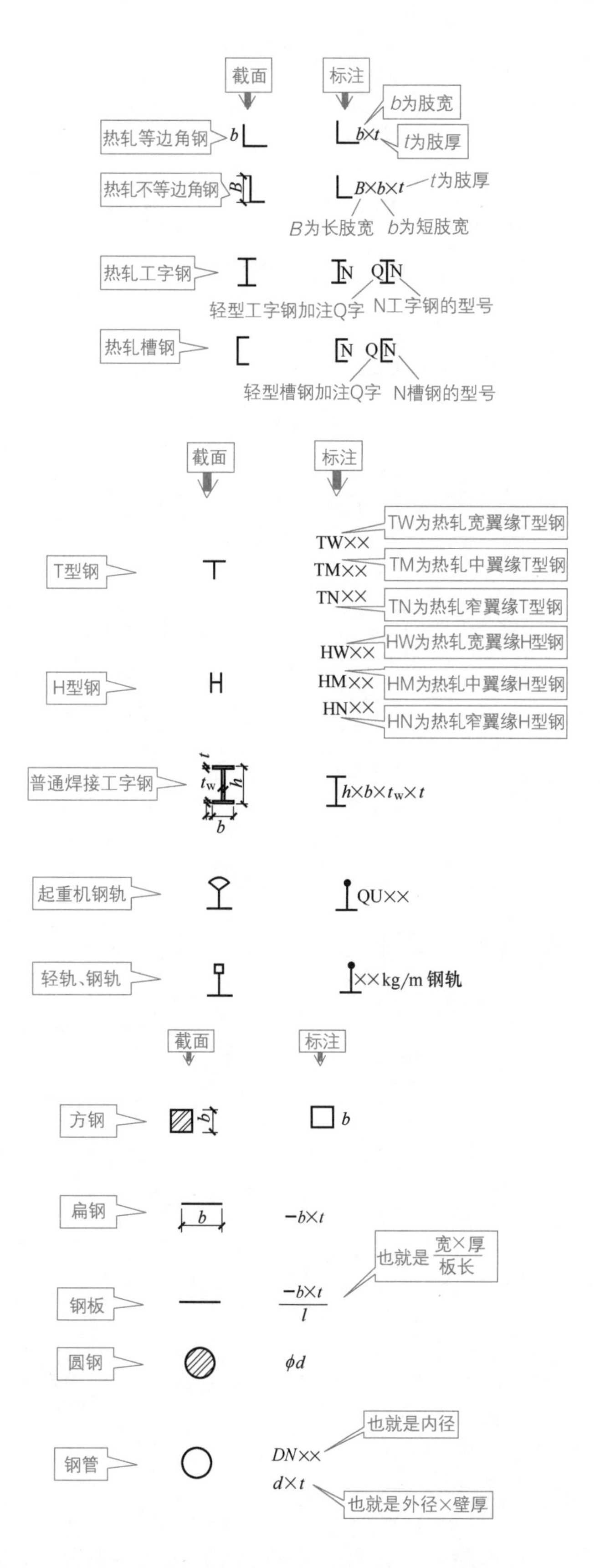

截面
标注
b为肢宽
热轧等边角钢
t为肢厚
热轧不等边角钢
t为肢厚
B为长肢宽
b为短肢宽
热轧工字钢
轻型工字钢加注Q字
N工字钢的型号
热轧槽钢
轻型槽钢加注Q字
N槽钢的型号
T型钢
TW××
TM××
TN××
TW为热轧宽翼缘T型钢
TM为热轧中翼缘T型钢
TN为热轧窄翼缘T型钢
H型钢
HW××
HM××
HN××
HW为热轧宽翼缘H型钢
HM为热轧中翼缘H型钢
HN为热轧窄翼缘H型钢
普通焊接工字钢
h×b×tw×t
起重机钢轨
QU××
轻轨、钢轨
××kg/m 钢轨
方钢
扁钢
−b×t
也就是 宽×厚/板长
钢板
圆钢
φd
钢管
DN××
d×t
也就是内径
也就是外径×壁厚

图 3-10

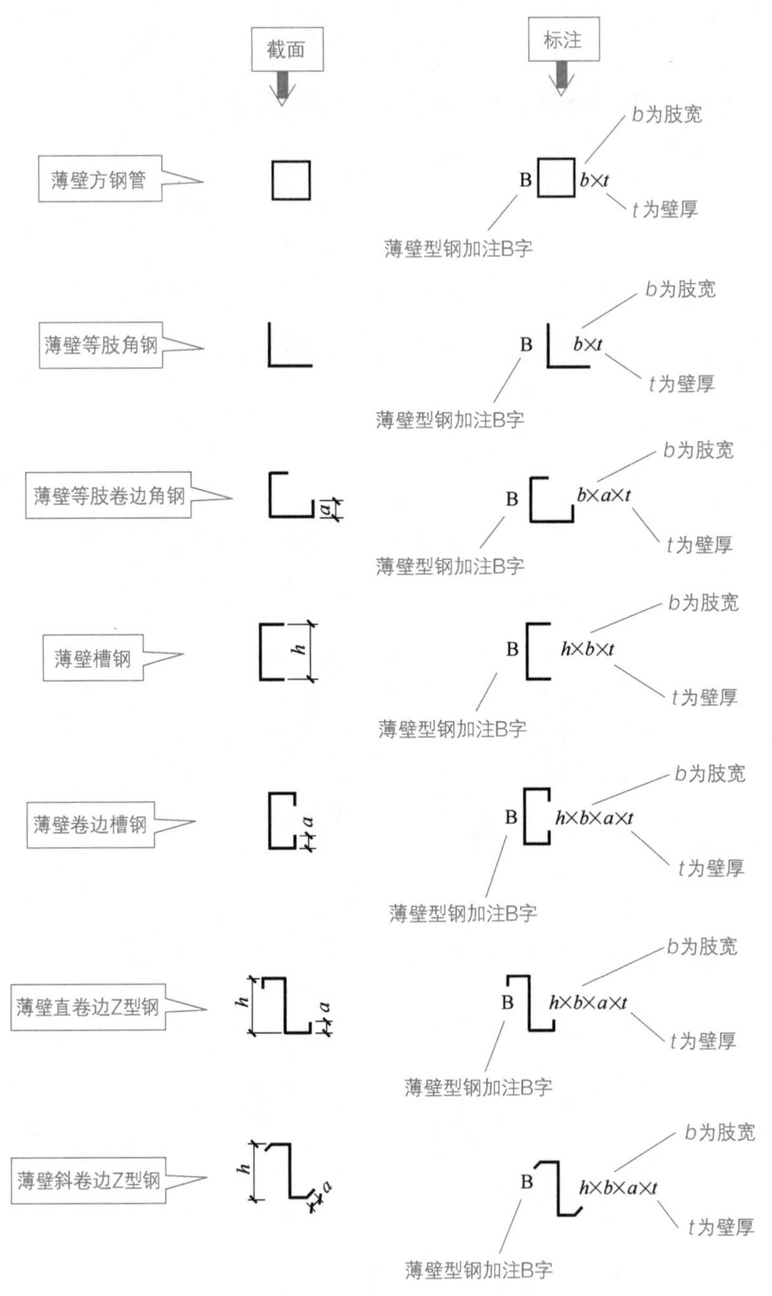

图 3-10 常见型钢的标注法

技能贴士

图纸中的钢板，一般采用“**—** 厚 × 宽 × 长（单位为 mm）”，前面附加钢板横断面的方法来表示。例如：**—**12 × 800 × 2100 等。

3.1.8 钢结构图纸的尺寸

图样上的尺寸应包括尺寸界线、尺寸线、尺寸起止符号、尺寸数字，如图 3-11 所示。

轴测图中，一般用小圆点表示尺寸起止符号，小圆点直径大约为 1mm。半径、直径、角度、弧长的尺寸起止符号，一般用箭头表示，箭头宽度不宜小于 1mm。

图样上的尺寸，一般以尺寸数字为准，不得从图上直接量取。图样上的尺寸单位，除了标高、总平面一般以米为单位外，其他一般以毫米为单位。具体情况，还得看实际图纸的要求或者说明来确定。

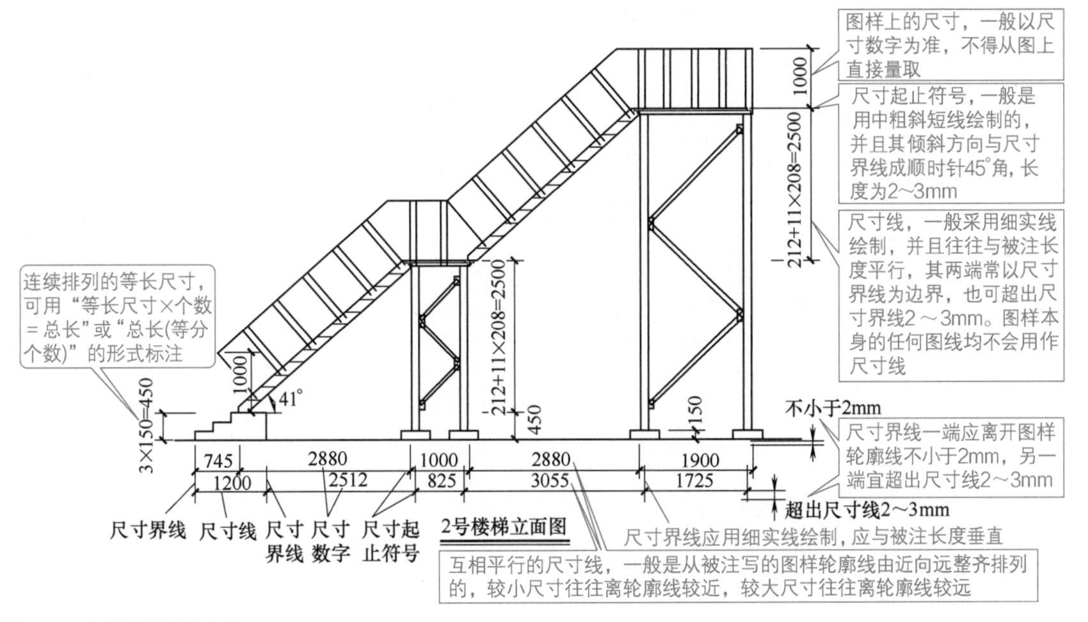

图 3-11 钢结构图纸的尺寸

钢结构图纸的尺寸其他的一些表示方法如图 3-12 所示。

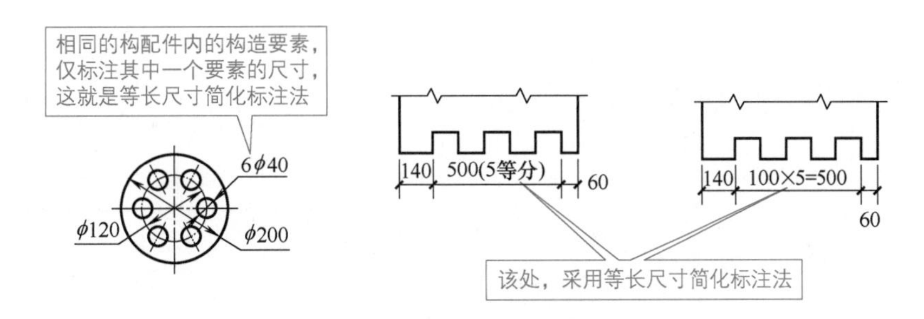

(a) 等长尺寸简化标注法、相同要素尺寸标注法的识读

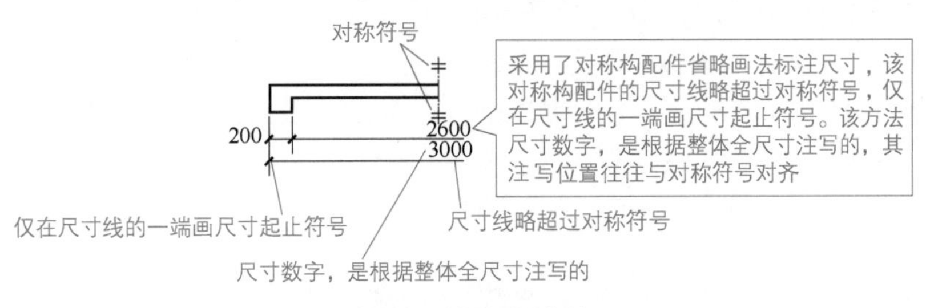

(b) 对称构件尺寸标注法的识读

图 3-12

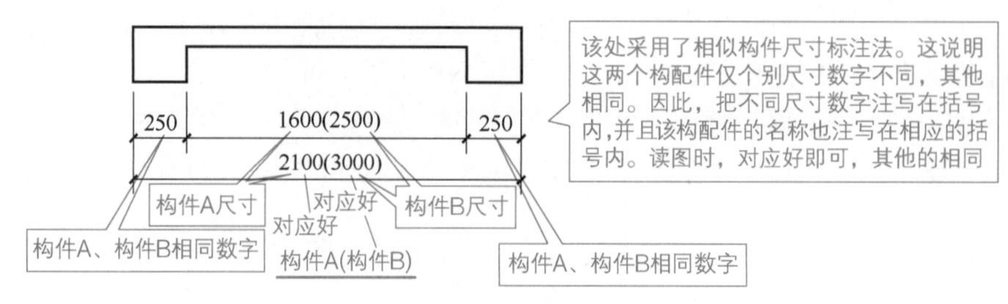

(c) 相似构件尺寸标注法的识读

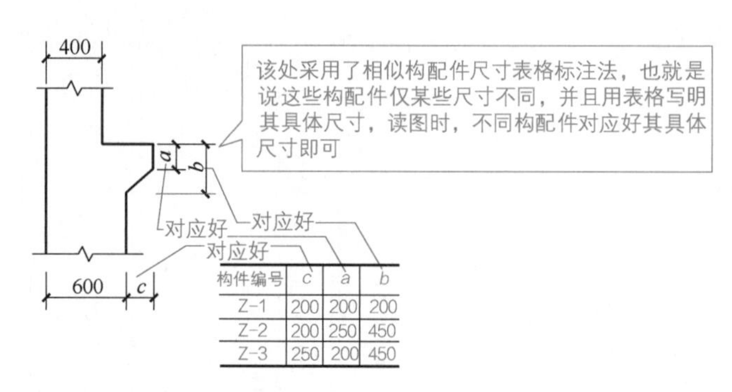

构件编号	c	a	b
Z-1	200	200	200
Z-2	200	250	450
Z-3	250	200	450

(d) 相似构配件尺寸表格标注法的识读

图 3-12 钢结构图纸的尺寸其他的一些表示方法

技能贴士

尺寸数字一般依据其方向注写在靠近尺寸线的上方中部。如果没有足够的注写位置，最外边的尺寸数字可以注写在尺寸界线的外侧，中间相邻的尺寸数字可以上下错开注写，再用引出线表示标注尺寸的位置。

3.1.9 钢结构坡口各部分尺寸代号

钢结构坡口各部分尺寸代号见表 3-5。

表 3-5 钢结构坡口各部分尺寸代号

代号	代表的坡口各部分尺寸
t	接缝部位的板厚（mm）
p	坡口钝边（mm）
α	坡口角度（°）
h	坡口深度（mm）
b	坡口根部间隙或部件间隙（mm）

3.1.10 角钢尺寸的标注

角钢，俗称角铁。热轧等边角钢，就是两边长相等且互相垂直成角形的热轧长条钢材。角钢，可以分为等边角钢和不等边角钢。角钢尺寸的标注：规格常以边宽 × 边宽 × 边厚表示，单位常为毫米。

例如：∟ 30×30×3——表示边宽为 30mm、边厚为 3mm 的等边角钢。

3.1.11 钢结构两构件很近的重心线的绘制与识读

两构件的两条很近的重心线，往往采用点划线，并且交汇位置是各自向外错开的，而不是连在一起的，如图 3-13 所示。

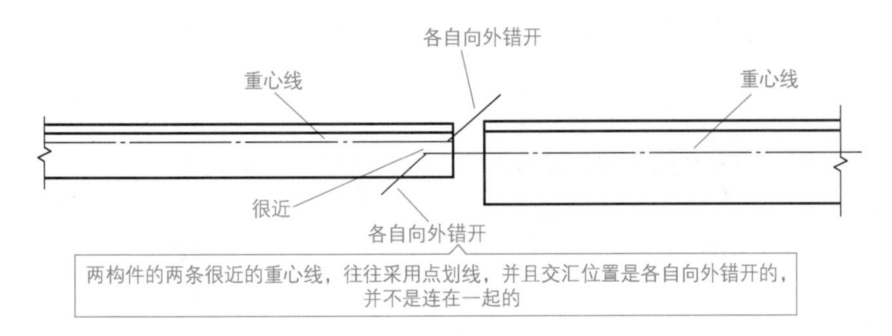

图 3-13 钢结构两构件很近的重心线的绘制与识读

3.1.12 钢结构弯曲构件尺寸绘制与识读

弯曲构件的尺寸，一般沿其弧度的曲线标注弧的轴线长度，如图 3-14 所示。

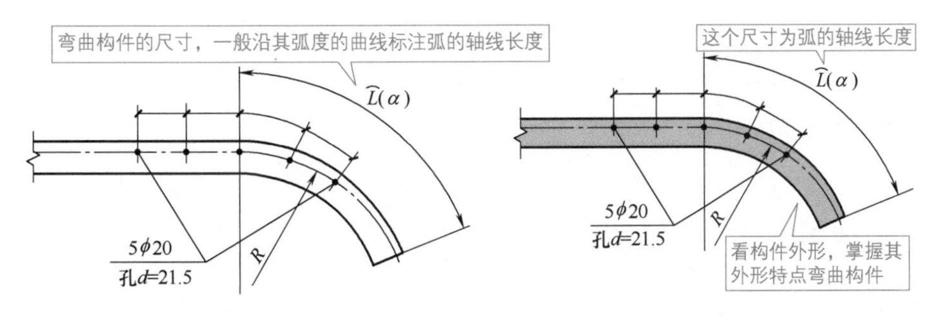

图 3-14 钢结构弯曲构件尺寸绘制与识读

3.1.13 不等边角钢尺寸绘制与识读

不等边角钢的尺寸，有的只标注了一肢尺寸。识读时，应能够通过该肢尺寸掌握不等边角钢其他相关尺寸，如图 3-15 所示。

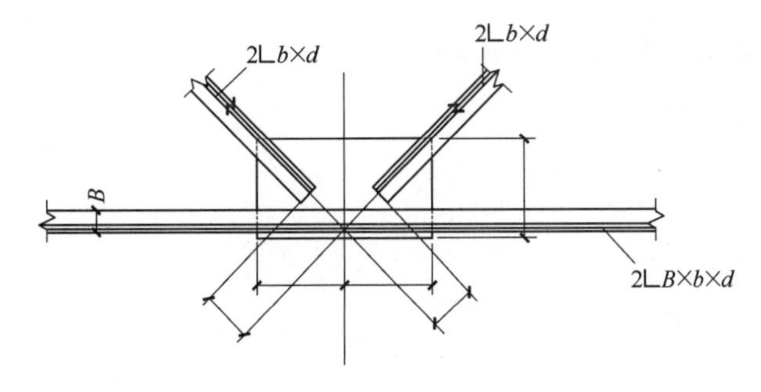

图 3-15 不等边角钢尺寸绘制与识读

3.1.14 断面的绘制与识读

断面的绘制与识读如图 3-16 所示。

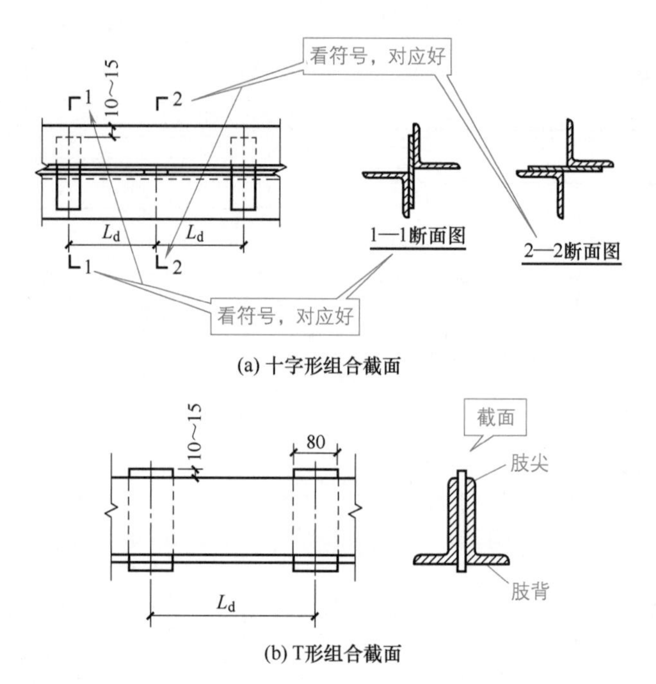

图 3-16 断面的绘制与识读

3.1.15 双型钢组合截面的绘制与识读

双型钢组合截面的构件，往往会注明缀板的数量、尺寸。引出横线上方往往标注的是缀板的数量、宽度和厚度。引出横线下方往往标注的是缀板的长度尺寸，如图 3-17 所示。

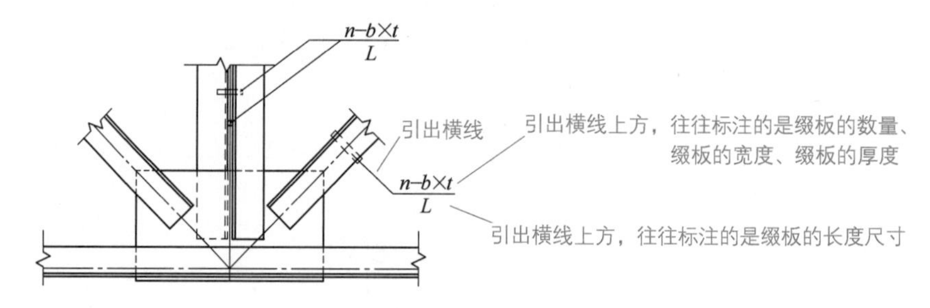

图 3-17 双型钢组合截面的绘制与识读

3.1.16 钢结构螺栓、孔、电焊铆钉的表示方法

钢结构螺栓、孔、电焊铆钉的表示方法，见表 3-6。

表 3-6 钢结构螺栓、孔、电焊铆钉的表示方法

名称	图例
永久螺栓	$\frac{M}{\phi}$

续表

名称	图例
高强螺栓	
安装螺栓	
膨胀螺栓	
圆形螺栓孔	
长圆形螺栓孔	
电焊铆钉	

注：1. 细“+”线表示定位线。
2. M 表示螺栓型号。
3. ϕ 表示螺栓孔直径。
4. d 表示膨胀螺栓、电焊铆钉直径。
5. 采用引出线标注螺栓时，横线上标注螺栓规格，横线下标注螺栓孔直径。

3.1.17 钢结构焊接接头坡口形式、尺寸的标记

钢结构焊接接头坡口形式、尺寸的标记解读如图 3-18 所示。

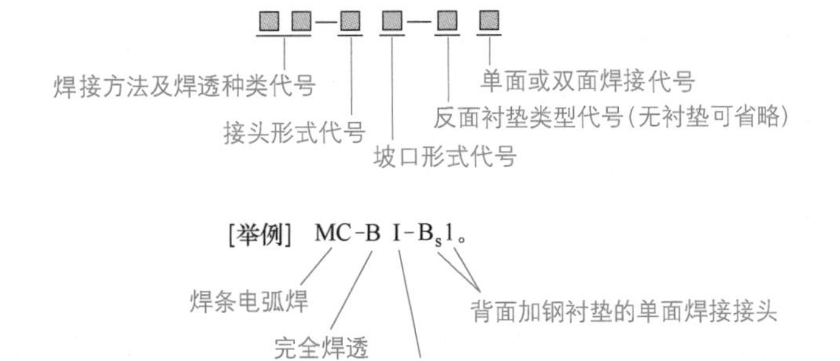

图 3-18 钢结构焊接接头坡口形式、尺寸的标记解读

3.1.18 钢结构焊接法及焊透种类代号

钢结构焊接法及焊透种类代号见表 3-7。

表 3-7 钢结构焊接法及焊透种类代号

代号	焊接法	焊透种类
GC	气体保护电弧焊、药芯焊丝自保护焊	完全焊透
GP		部分焊透
MC	焊条电弧焊	完全焊透
MP		部分焊透
SC	埋弧焊	完全焊透
SP		部分焊透
SL	电渣焊	完全焊透

3.1.19 钢结构焊接单面、双面焊接、衬垫种类代号

钢结构焊接单面、双面焊接、衬垫种类代号见表 3-8。

表 3-8 钢结构焊接单面、双面焊接、衬垫种类代号

单、双面焊接		反面衬垫种类	
代号	单、双焊接面规定	代号	使用材料
1	单面焊接	BS	钢衬垫
2	双面焊接	BF	其他材料的衬垫

3.1.20 单面焊缝的表示法

单面焊缝的表示法，箭头指向焊缝所在的一面时，图形符号、尺寸标注在横线的上方。箭头指向焊缝所在另一面（相对应的那面）时，图形符号、尺寸标注在横线的下方。表示环绕工作件周围的焊缝时，其围焊焊缝符号为圆圈，并且需要绘在引出线的转折位置，以及标注焊角尺寸 K，如图 3-19 所示。

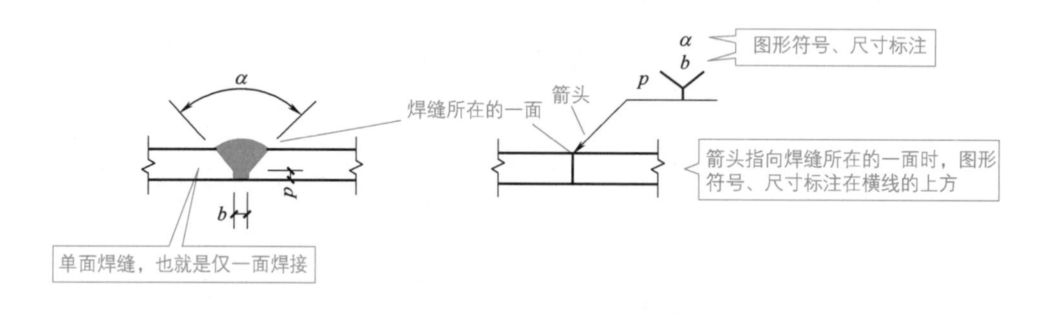

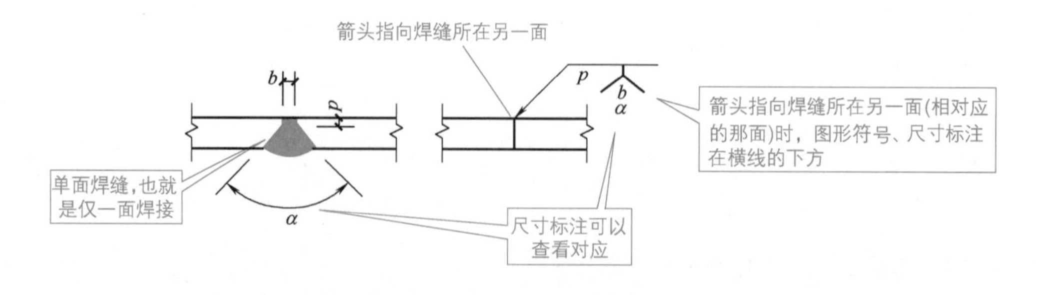

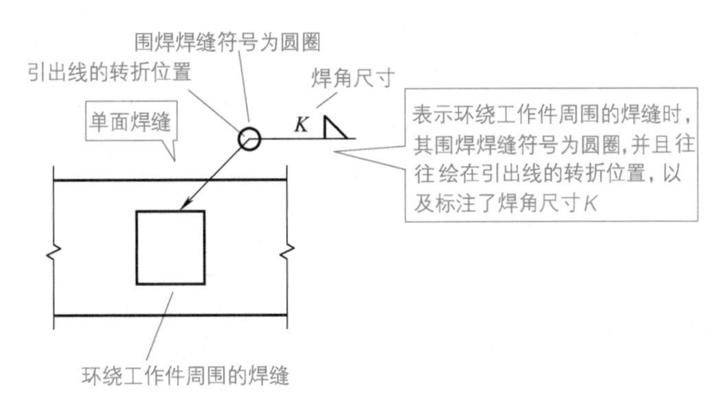

图 3-19 单面焊缝的标注方法

3.1.21 双面焊缝的标注

双面焊缝，也就是两面焊接。两面的焊缝尺寸相同时，则往往只在横线上方标注焊缝的符号、尺寸，如图 3-20 所示。

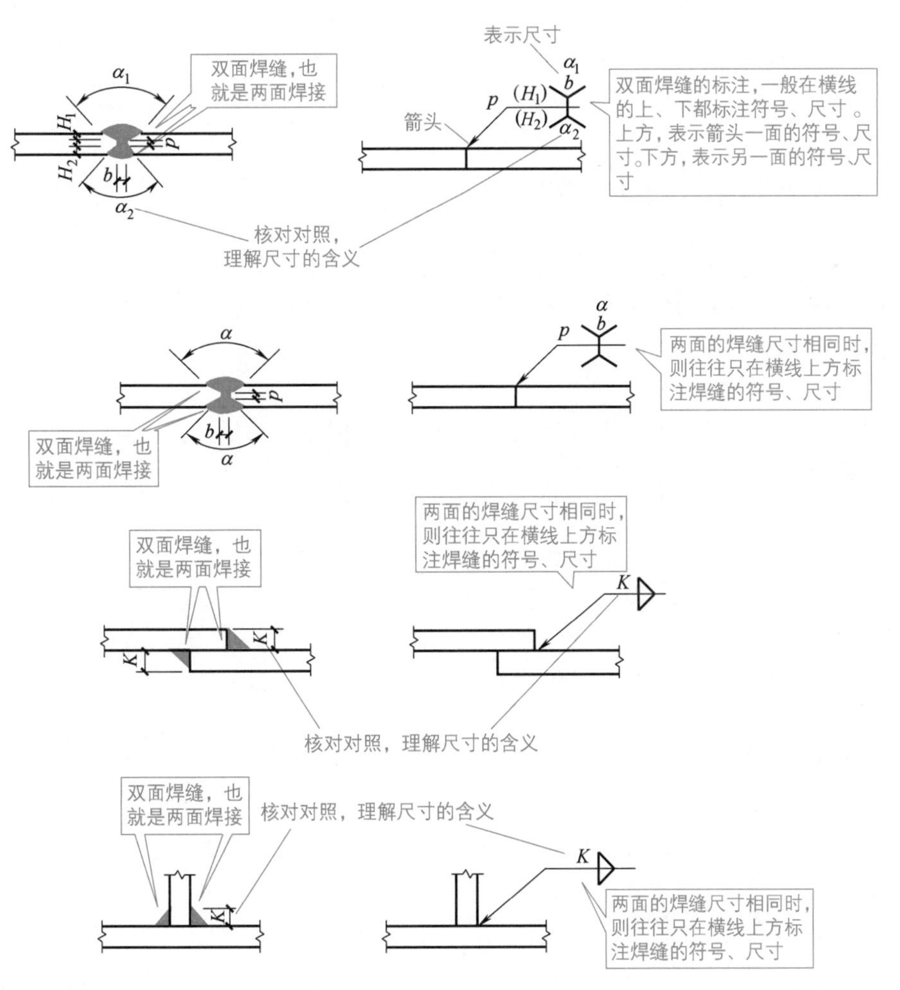

图 3-20 双面焊缝的标注

技能贴士

双面焊缝的标注，一般在横线的上、下都标注符号、尺寸。上方表示箭头一面的符号、尺寸。下方表示另一面的符号、尺寸。

3.1.22 3 个和 3 个以上的焊件的标注

3 个和 3 个以上的焊件相互焊接的焊缝，往往不得双面焊缝标注。3 个和 3 个以上的焊件焊缝符号、尺寸的标注特点，如图 3-21 所示。

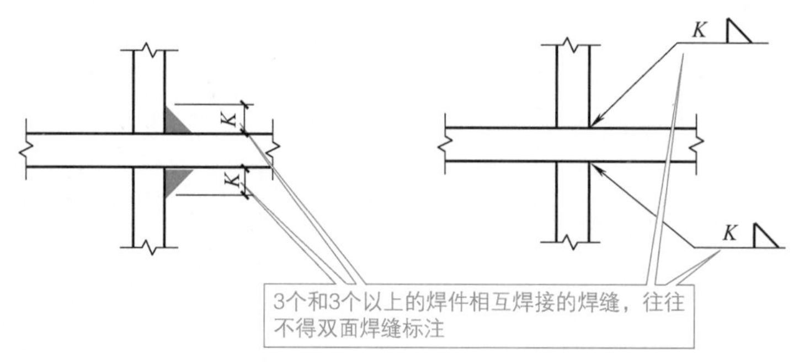

图 3-21 3 个和 3 个以上的焊件焊缝符号、尺寸的标注特点

3.1.23 两个焊件相互焊接的标注

相互焊接的两个焊件中，当只有一个焊件带坡口时（例如单面 V 形），引出线箭头会指向带坡口的焊件。相互焊接的两个焊件，当为单面带双边不对称坡口焊缝时，其引出线箭头会指向较大坡口的焊件，如图 3-22 所示。

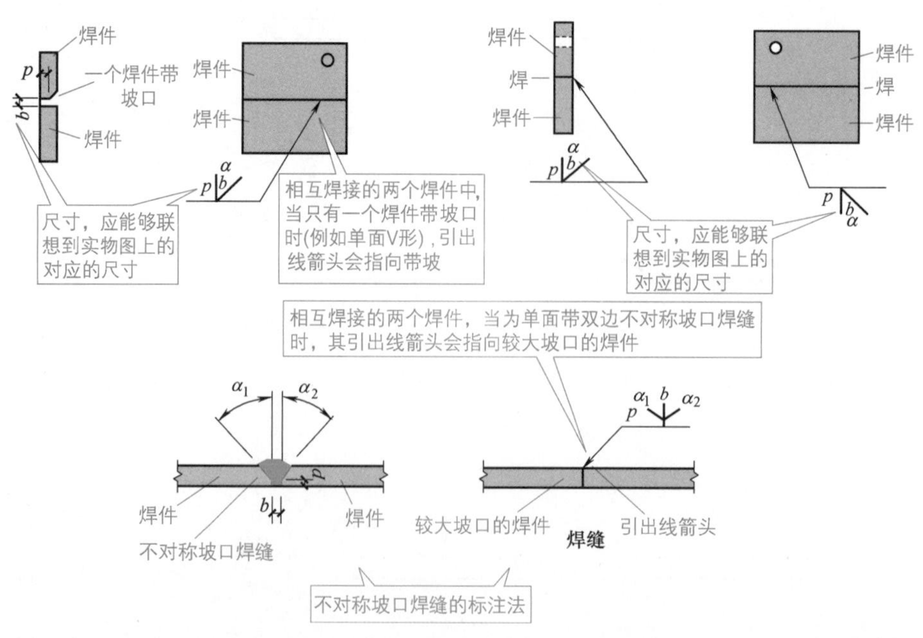

图 3-22 两个焊件相互焊接的标注

3.1.24 不规则焊缝的标注

焊缝符号标注的同时，会在焊缝位置加中实线，表示可见焊缝，或加细栅线表示不可见焊缝。这说明该焊接属于焊缝分布不规则的情况，如图 3-23 所示。

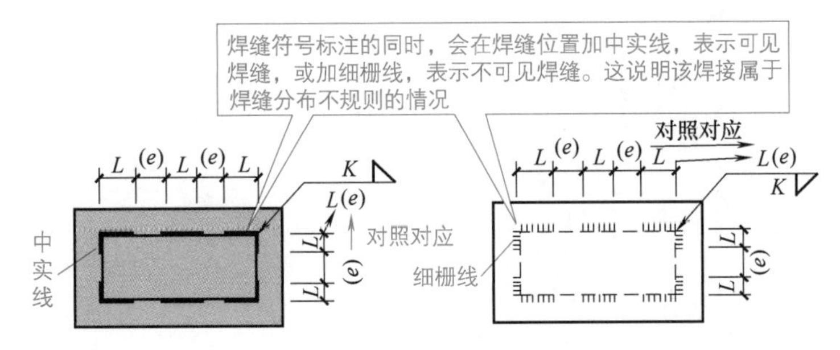

图 3-23 不规则的焊缝的标注

3.1.25 相同焊缝符号的标注

只选择一处标注了焊缝的符号、尺寸，并且加注了“相同焊缝符号”，相同焊缝符号为 3/4 圆弧，以及绘在引出线的转折位置，则说明为相同焊缝符号。也就是说，在同一图形上，焊缝形式、断面尺寸、辅助要求均相同的焊缝，如图 3-24 所示。

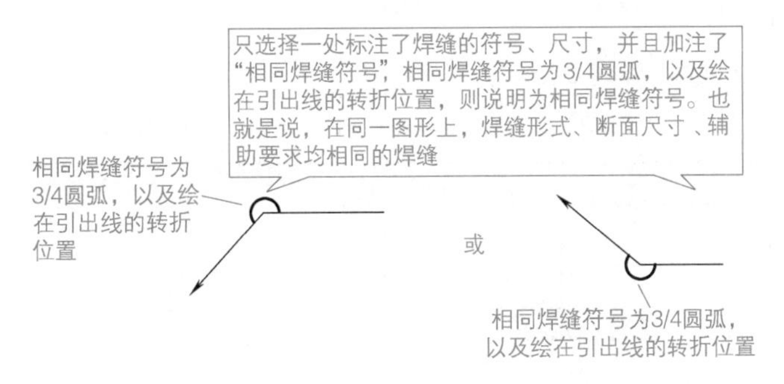

图 3-24 相同焊缝符号的标注

还有一种就是具有编号的相同焊缝符号，其特点就是同一图形上，有数种相同的焊缝时，将焊缝分类编号标注。标注时，一般在同一类焊缝中选择一处标注焊缝符号、尺寸，并且分类编号往往采用的是大写字母 A、B、C 等来表示，如图 3-25 所示。

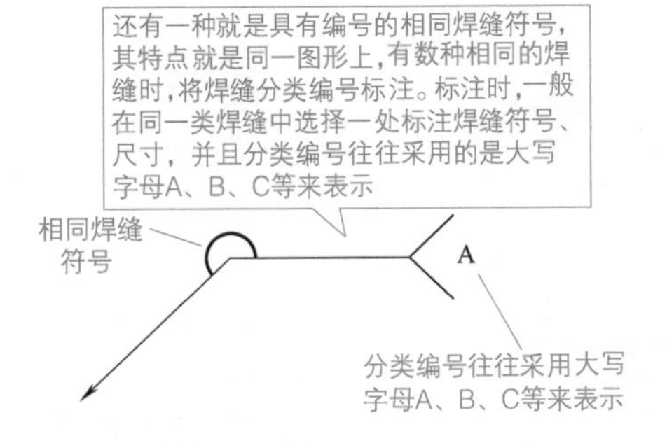

图 3-25 带分类编号的相同焊缝符号的标注

3.1.26 现场焊接符号的绘制与识读

看到图上标注了涂黑的三角形旗号，则说明其需要现场焊接。涂黑的三角形旗号，即为“现场焊缝”符号，其往往绘在引出线的转折位置，如图 3-26 所示。

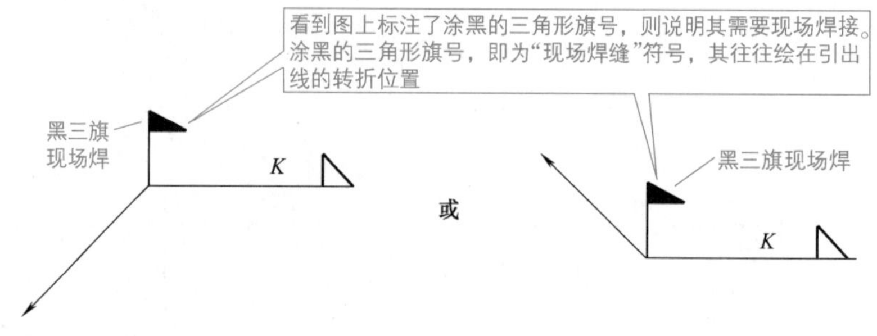

图 3-26 现场焊接符号的绘制与识读

技能贴士

有的焊接采用文字表达的，并且能够表达清楚的，则其会采用文字表述焊接。识读时直接读文字掌握意思即可。

3.1.27 建筑钢结构常用焊缝的符号及尺寸

建筑钢结构常用焊缝的符号及尺寸，见表 3-9。

表 3-9 建筑钢结构常用焊缝的符号及尺寸

焊缝名称	形式	标注法	符号尺寸 /mm
V 形焊缝	b	b	1~2 4
单边 V 形焊缝	β b	β b 注：箭头指向剖口	45° 4
带钝边单边 V 形焊缝	β p b	β p b	45° 1 3
带垫板、带钝边单边 V 形焊缝	β p b	β p b 注：箭头指向剖口	3 7

续表

焊缝名称	形式	标注法	符号尺寸 /mm
带垫板 V 形焊缝	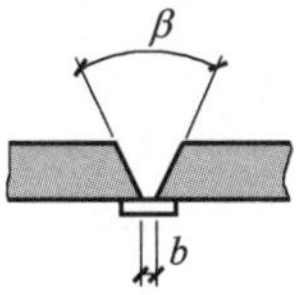	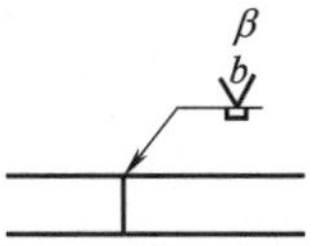	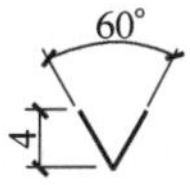
Y 形焊缝	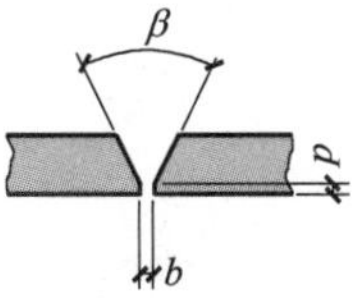	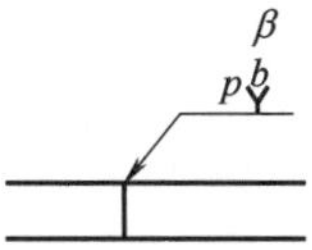	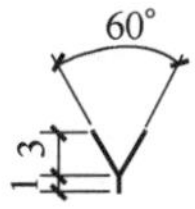
带垫板 Y 形焊缝	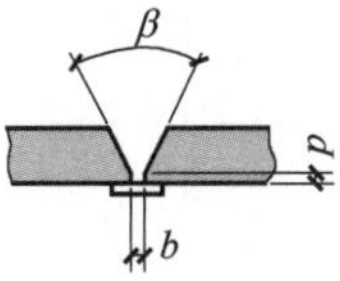	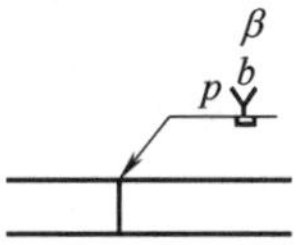	—
双单边 V 形焊缝	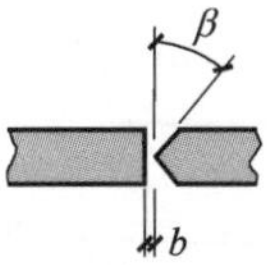	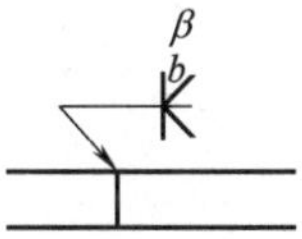	—
双 V 形焊缝	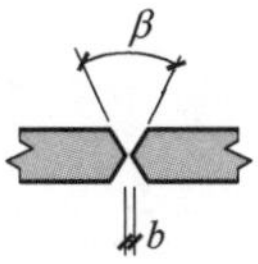	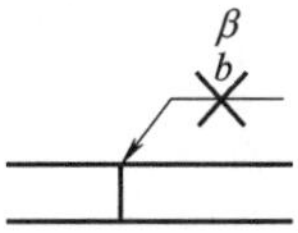	—
喇叭形焊缝	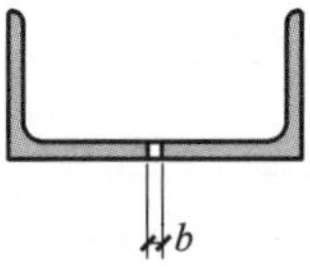	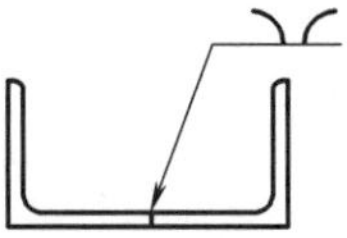	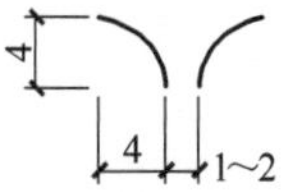
双面半喇叭形焊缝	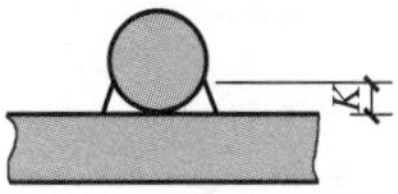		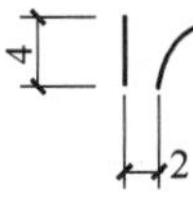
塞焊	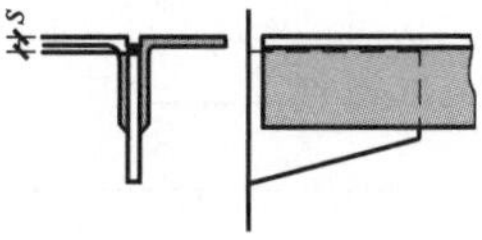	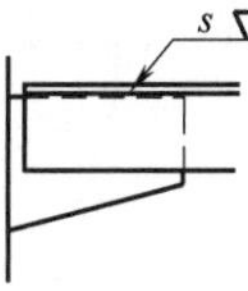	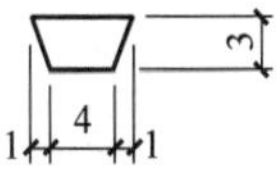
	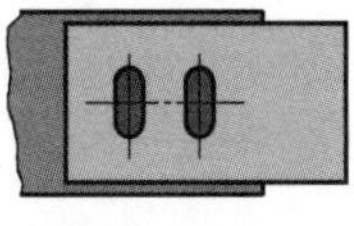	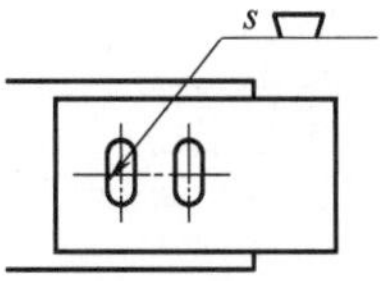	

续表

焊缝名称	形式	标注法	符号尺寸 /mm
带钝边 U 形焊缝	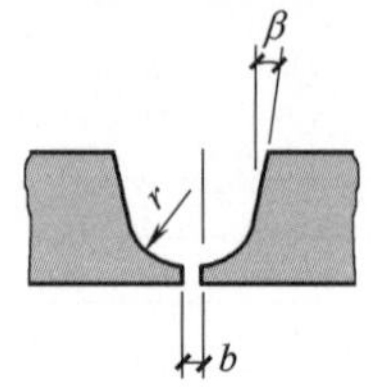	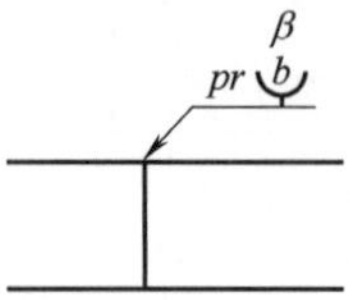	
带钝边双 U 形焊缝	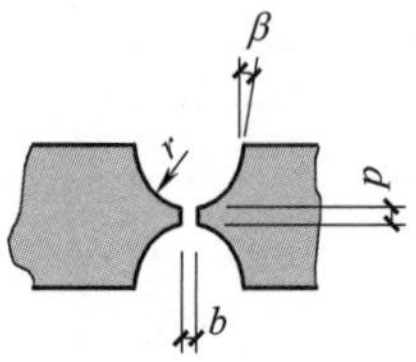	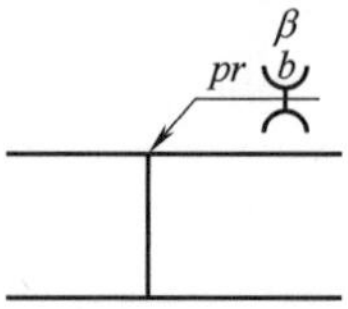	—
带钝边 J 形焊缝	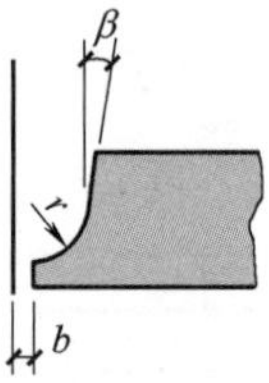	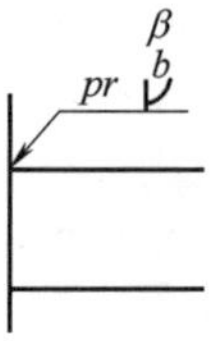	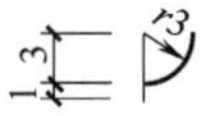
带钝边双 J 形焊缝	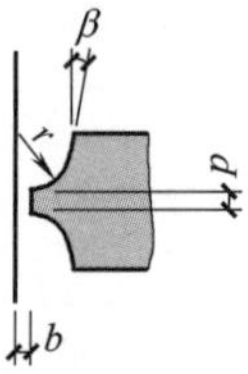	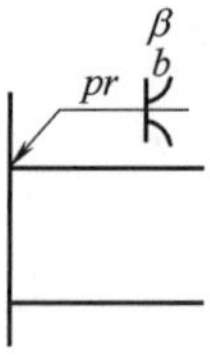	—
角焊缝	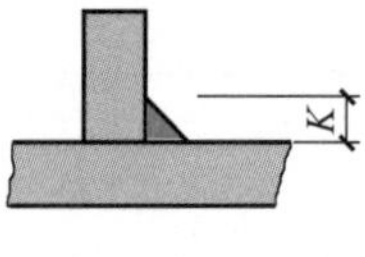	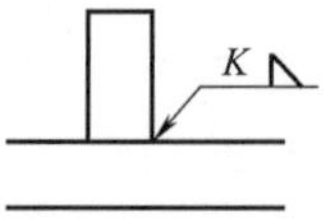	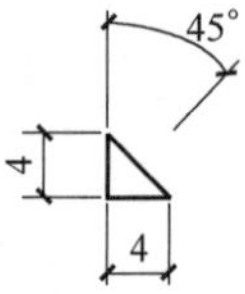
双面角焊缝	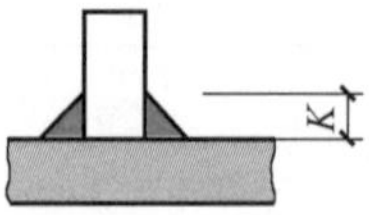	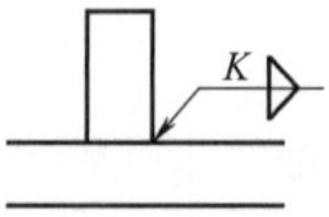	—
剖口角焊缝	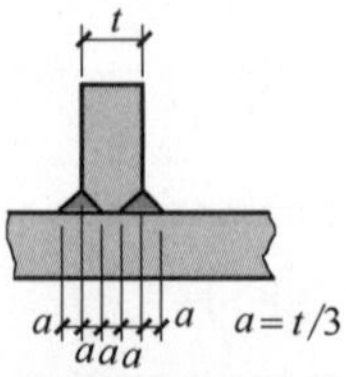 $a=t/3$	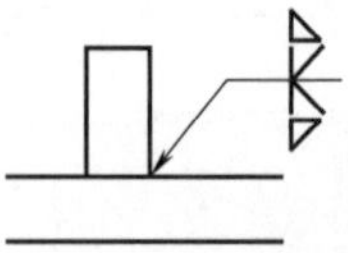	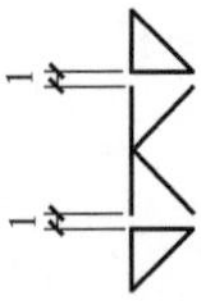

3.1.28 焊条电弧焊全焊透坡口形式及尺寸的要求

焊条电弧焊全焊透坡口形式及尺寸宜符合的要求见表 3-10。

表 3-10 焊条电弧焊全焊透坡口形式及尺寸宜符合的要求

<table>
<tr><th>标记</th><th>坡口形状示意图</th><th>板厚 /mm</th><th>焊接位置</th><th colspan="2">坡口尺寸 /mm</th><th>备注</th></tr>
<tr><td>MC-BI-2</td><td> 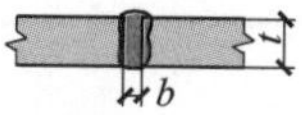</td><td rowspan="3">3 ～ 6</td><td rowspan="3">F
H
V
O</td><td colspan="2" rowspan="3">$b=\frac{t}{2}$</td><td rowspan="3">清根</td></tr>
<tr><td>MC-TI-2</td><td> 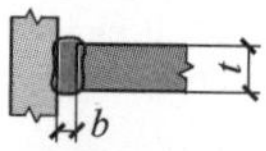</td></tr>
<tr><td>MC-CI-2</td><td> 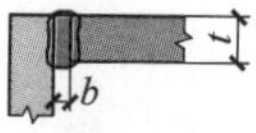</td></tr>
<tr><td>MC-BI-B1</td><td> 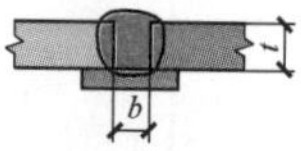</td><td rowspan="2">3 ～ 6</td><td rowspan="2">F
H
V
O</td><td colspan="2" rowspan="2">$b=t$</td><td rowspan="2"></td></tr>
<tr><td>MC-CI-B1</td><td> 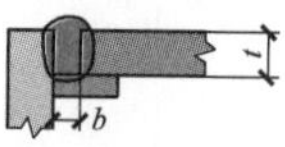</td></tr>
<tr><td>MC-BV-2</td><td> 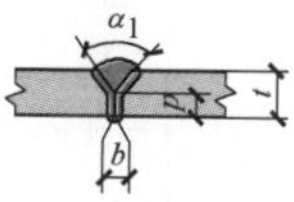</td><td rowspan="2">≥ 6</td><td rowspan="2">F
H
V
O</td><td colspan="2" rowspan="2">$b=0$ ～ 3
$p=0$ ～ 3
$\alpha_1=60°$</td><td rowspan="2">清根</td></tr>
<tr><td>MC-CV-2</td><td> 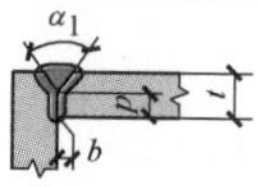</td></tr>
<tr><td rowspan="5">MC-BV-B1</td><td rowspan="5"> 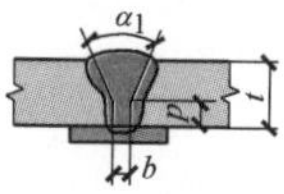</td><td rowspan="5">≥ 6</td><td rowspan="2">F，H
V，O</td><td>b</td><td>α_1</td><td rowspan="5"></td></tr>
<tr><td>6</td><td>45°</td></tr>
<tr><td rowspan="3">F，V
O</td><td>10</td><td>30°</td></tr>
<tr><td>13</td><td>20°</td></tr>
<tr><td colspan="2">$p=0$ ～ 2</td></tr>
<tr><td rowspan="5">MC-CV-B1</td><td rowspan="5"> 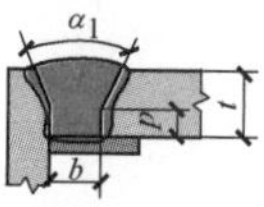</td><td rowspan="5">≥ 12</td><td rowspan="2">F，H
V，O</td><td>b</td><td>α_1</td><td rowspan="5"></td></tr>
<tr><td>6</td><td>45°</td></tr>
<tr><td rowspan="3">F，V
O</td><td>10</td><td>30°</td></tr>
<tr><td>13</td><td>20°</td></tr>
<tr><td colspan="2">$p=0$ ～ 2</td></tr>
<tr><td>MC-BL-2</td><td> 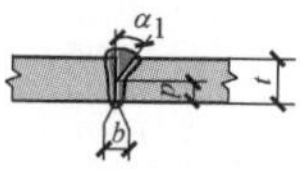</td><td rowspan="3">≥ 6</td><td rowspan="3">F
H
V
O</td><td colspan="2" rowspan="3">$b=0$ ～ 3
$p=0$ ～ 3
$\alpha_1=45°$</td><td rowspan="3">清根</td></tr>
<tr><td>MC-TL-2</td><td> 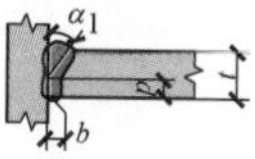</td></tr>
<tr><td>MC-CL-2</td><td> 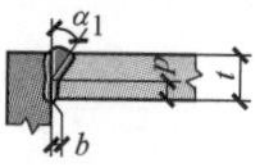</td></tr>
</table>

续表

标记	坡口形状示意图	板厚 /mm	焊接位置	坡口尺寸 /mm		备注
MC-BL-B1		≥6	F H V O	b	α_1	
MC-TL-B1			F，H V，O （F，V，O）	6 （10）	45° （30°）	
MC-CL-B1			F，H V，O （F，V，O）	p=0～2		
MC-BX-2		≥16	F H V O	b=0～3 $H_1=\frac{2}{3}(t-p)$ p=0～3 $H_2=\frac{1}{3}(t-p)$ α_1=45° α_2=60°		清根
MC-BK-2		≥16	F H V O	b=0～3 $H_1=\frac{2}{3}(t-p)$ p=0～3 $H_2=\frac{1}{3}(t-p)$ α_1=45° α_2=60°		清根
MC-TK-2						
MC-CK-2						

3.1.29 螺栓、角焊缝的连接图例

螺栓、角焊缝的连接图例，如图 3-27 所示。

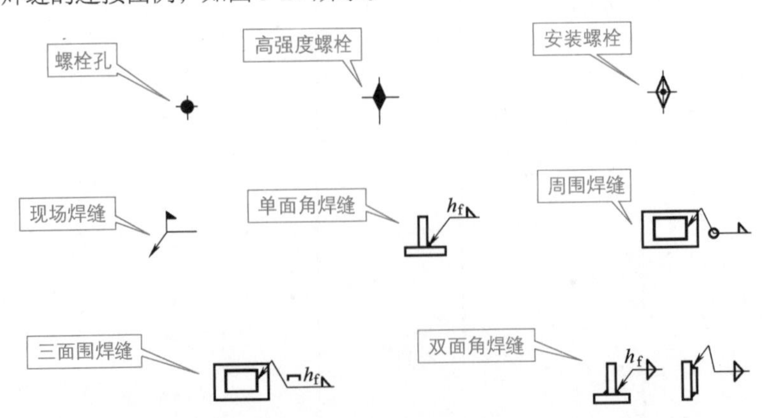

图 3-27 螺栓、角焊缝的连接图例

3.1.30 非焊接节点板的尺寸

非焊接节点板尺寸往往会注明节点板尺寸、螺栓孔尺寸、与几何中心线交点的距离，如图 3-28 所示。

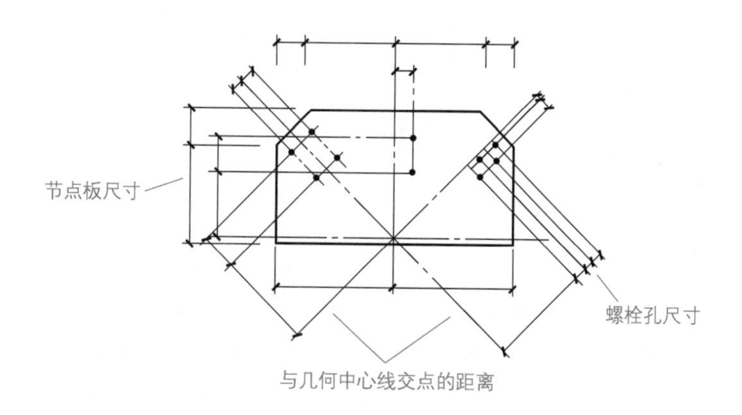

图 3-28 非焊接节点板的尺寸

3.1.31 钢板、槽钢、工字钢、角钢的螺栓连接形式

① 钢板的螺栓连接形式，如图 3-29 所示。

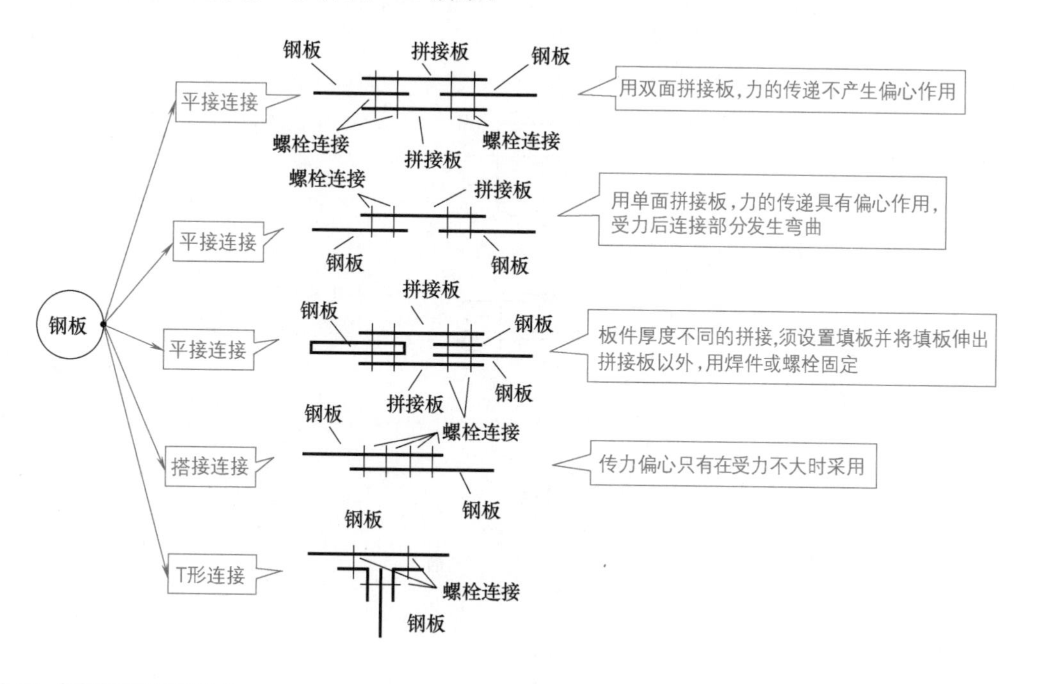

图 3-29 钢板的螺栓连接形式

② 槽钢的螺栓连接形式，如图 3-30 所示。

③ 工字钢的螺栓连接形式，如图 3-31 所示。

④ 角钢的螺栓连接形式，如图 3-32 所示。

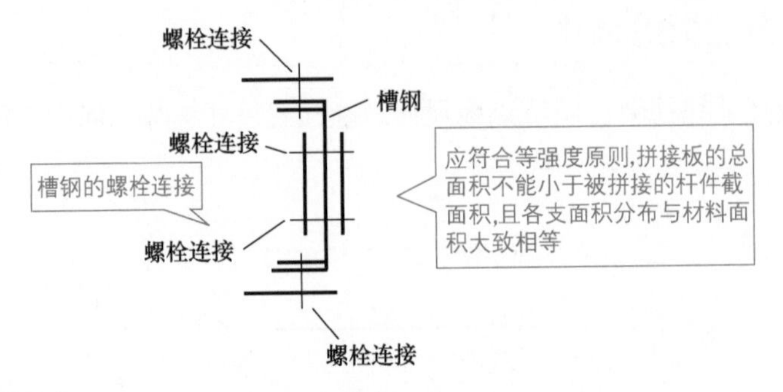

图 3-30 槽钢的螺栓连接形式

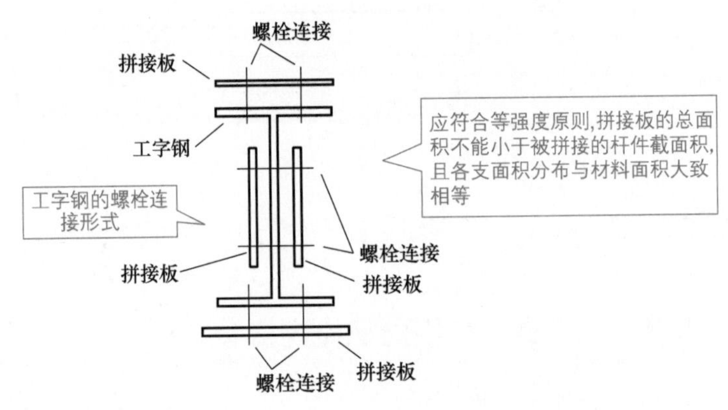

图 3-31 工字钢的螺栓连接形式

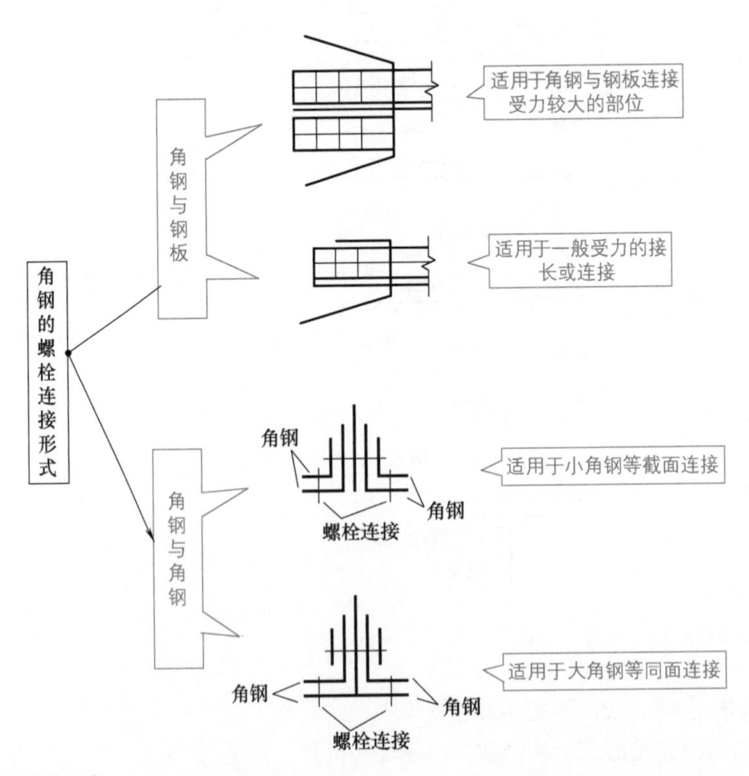

图 3-32 角钢的螺栓连接形式

3.2 实践识图

3.2.1 钢结构设计总说明常见的内容

钢结构设计总说明常见的内容，如图 3-33 所示。

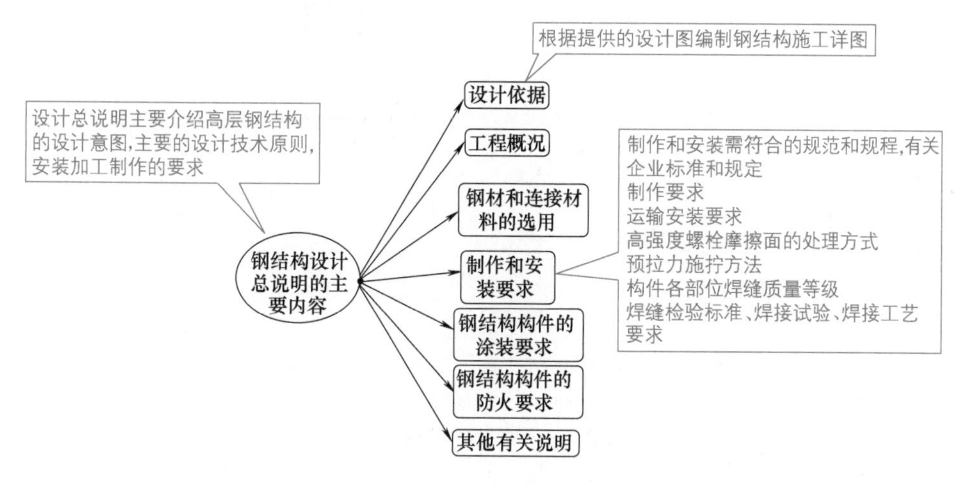

图 3-33 钢结构设计总说明常见的内容

3.2.2 识图中的实物简化对照

实物简化对照如图 3-34 所示。看钢结构图纸时，需要建立钢结构的三维空间想象能力，也就是能够简化图，并且能够从简图想到对照的实物。

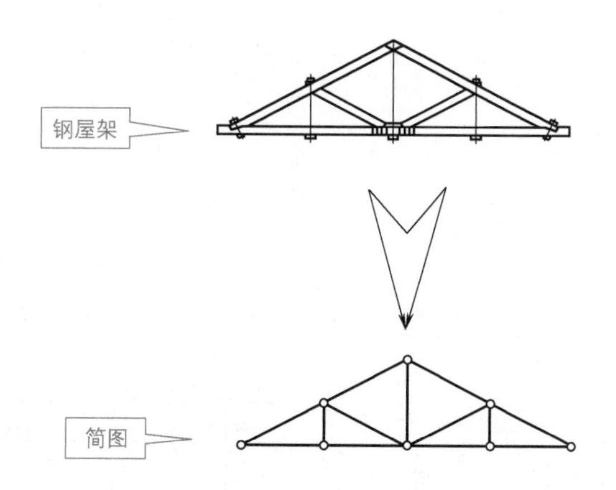

图 3-34 实物简化对照

3.2.3 网架表示的识读

网架表示的识读，如图 3-35 所示。

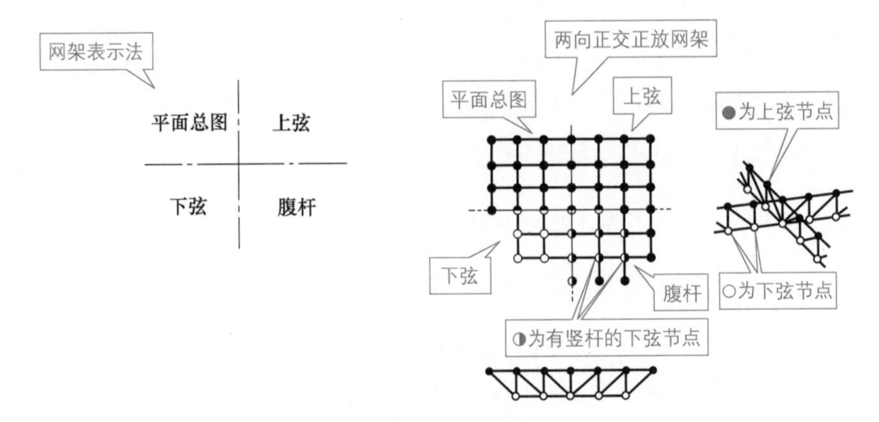

图 3-35 网架表示的识读

3.2.4 简图尺寸的识读

简图尺寸的表示与图解释，如图 3-36 所示。

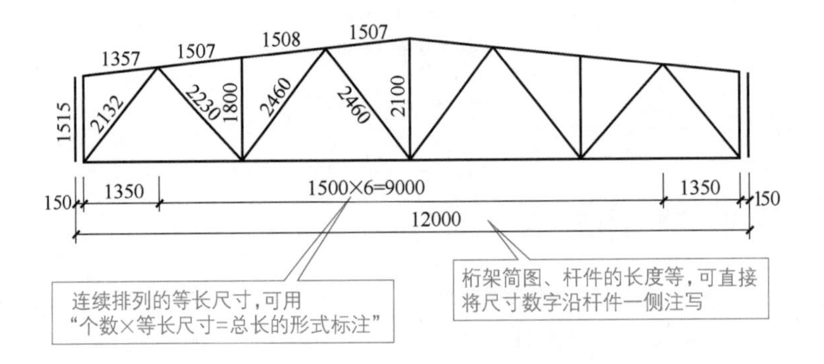

图 3-36 简图尺寸的表示与图解释

技能贴士

某图的识读，如图 3-37 所示。

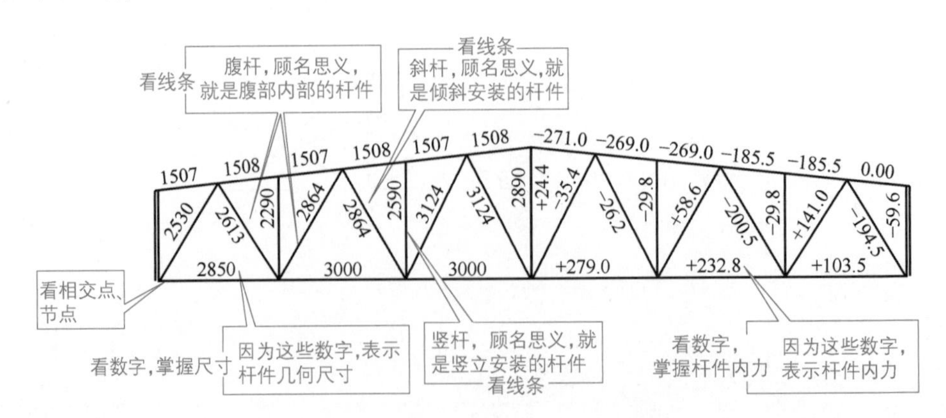

图 3-37 某图的识读

3.2.5 节点图的识读

节点尺寸往往会注明节点板的尺寸、各杆件螺栓孔中心或中心距、杆件端部到几何中心线交点的距离，如图3-38所示。

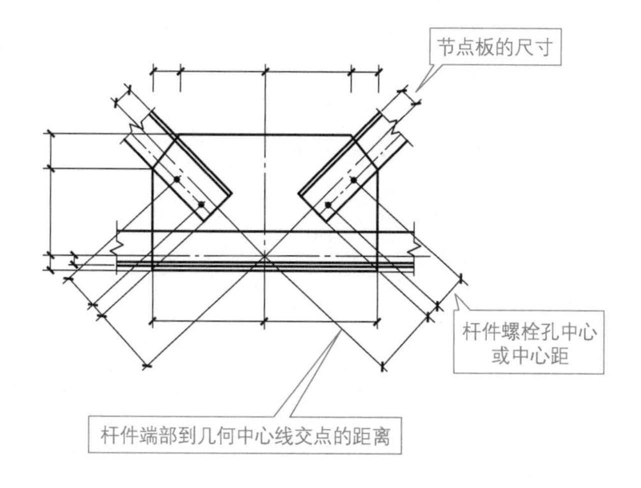

图3-38 节点尺寸

图的各种线条、文字、数字、符号往往是在一起的、在同一张图上的，并且图纸往往也是单色的，因此图上具有交叉、混合的表象。为此，看图识读时，应“忽视”其他线条、其他文字、其他数字，专注要看的线条、文字、数字。这样，就可以避开交叉、混合的影响，从而清楚掌握线条组成的形状、特点，进而有利于三维、立体、实物的联想的建立。

例如，某支座节点详图如图3-39所示。看图识读时，需要掌握构件与其连接的特点，则可以通过视觉聚焦到构件轮廓线，也就是图中较粗的黑线围成的图形与连接的特点，而那些较细线、文字、数字、符号，可以暂时“无视屏蔽”，以免干扰。这样形成的等同效果如图3-40所示。

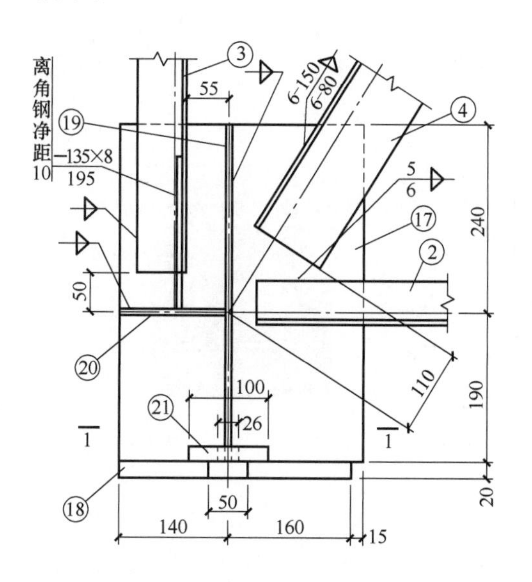

图3-39 某支座节点详图

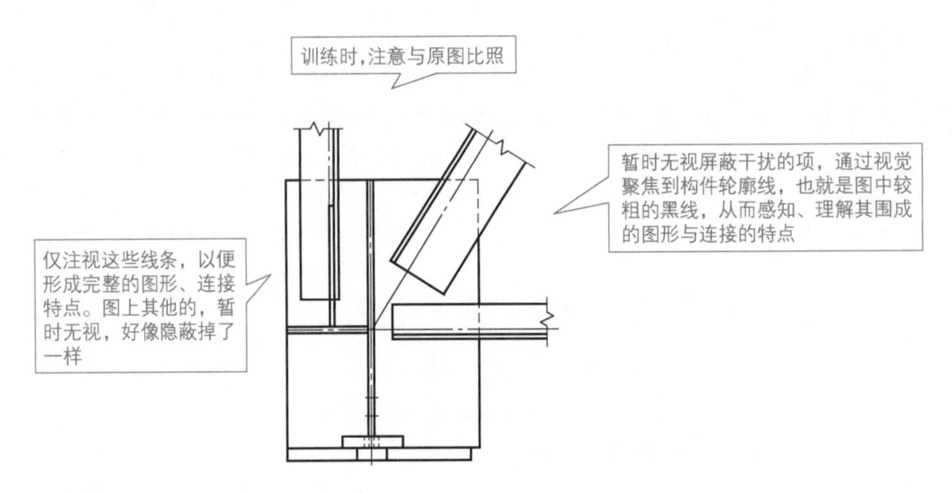

图 3-40 暂时无视屏蔽干扰的项

看平面图时，还需要能够根据其要素，联想到三维、立体、实物的特点与建立，这样，读图的效果会更好些。例如，图 3-39 的平面图与实物对照如图 3-41 所示。对照时，体会实物与其平面图的互转特点、特征、形成思维。

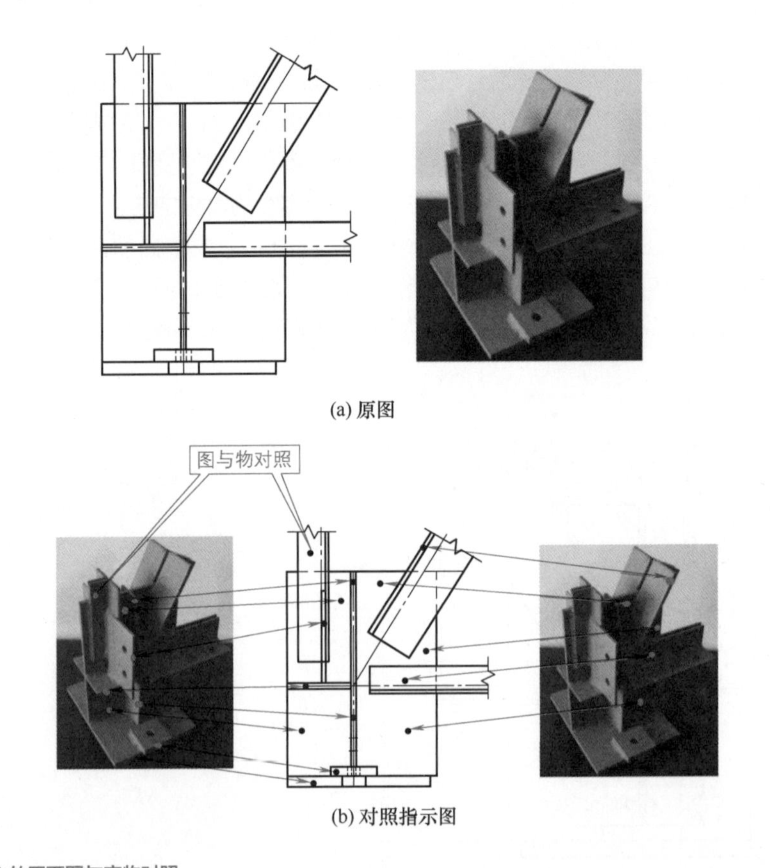

图 3-41 图 3-39 的平面图与实物对照

为了增加识图中的识别度，在有条件或者允许的条件下，可以把相关单色线条涂为彩色线条，或者填充，从而有利于三维、立体、实物的联想、理解、建立，如图 3-42 所示。

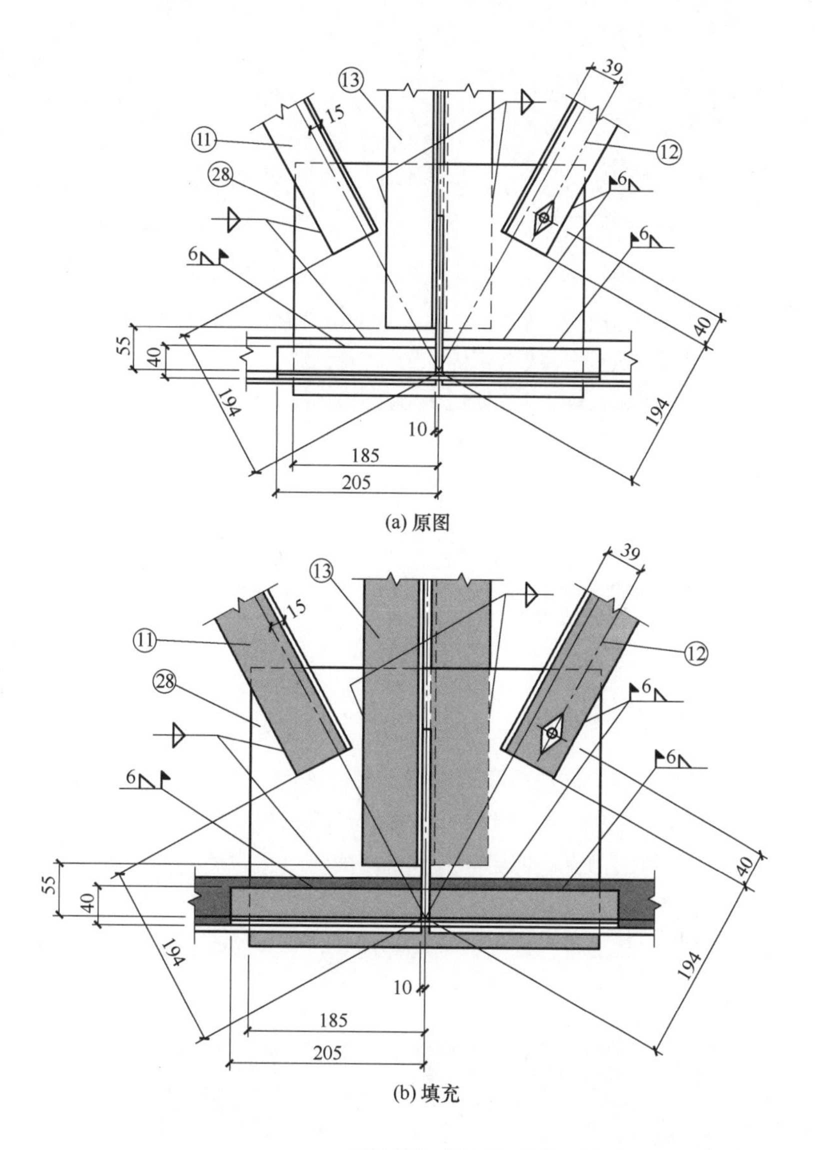

(a) 原图

(b) 填充

对照平面图 ← 能够联想、能够理解、能够互转 → 对照实物图

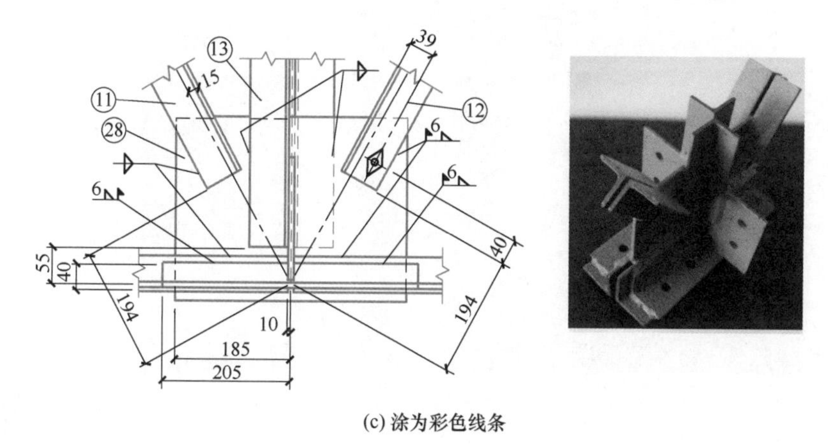

(c) 涂为彩色线条

图 3-42 增加识图中的识别度

第4章

钢结构的连接

4.1 钢结构连接基础与常识

4.1.1 钢结构连接的类型

钢结构的连接可以分为焊接连接、螺栓连接、铆钉连接、高强螺栓连接等类型，如图 4-1 所示。焊接连接图例如图 4-2 所示。其中，铆钉连接就是将一端带有半圆形预制钉头的铆钉加热后插入连接构件的钉孔中，再用铆钉枪将另一端也打铆成钉头，以使连接达到紧固。

普通螺栓、自攻螺钉、铆钉、拉铆钉、射钉、锚栓（机械型和化学试剂型）、地脚锚栓等紧固标准件及螺母、垫圈等，其品种、规格、性能等需要符合国家现行产品标准的规定并满足设计要求。

图 4-1 钢结构的连接

图 4-2　焊接连接图例

4.1.2　钢结构螺栓连接

钢结构螺栓连接，就是将两个以上的钢结构零部件或构件用螺栓连接成为一体的一种连接方法，如图 4-3 所示。螺栓连接是构件预装、结构安装中最简便的一种连接方式。

螺栓连接分为普通螺栓连接、高强度螺栓连接等类型。高强度螺栓由中碳钢或中碳合金钢制成，其强度比普通螺栓高 2 ～ 3 倍。广义螺栓包括了普通螺栓、高强螺栓、地脚锚栓、膨胀螺栓、化学锚栓等类型。

粗制螺栓一般是用碳素结构钢制成的，其孔径一般应比螺栓公称直径大 1 ～ 2mm。螺栓孔距排列时，需要考虑便于扳手拧紧螺母。粗制螺栓作为永久固定螺栓使用时，需要在找正后将其拧紧，并且采取防松措施。

摩擦型高强度螺栓的孔径，一般应比螺栓公称直径大 1.5 ～ 2mm。承压型高强度螺栓连接其孔径一般应比螺栓公称直径大 1 ～ 1.5mm。进行大六角头高强度螺栓连接副安装时，螺栓两边一般应各加一个垫圈。进行扭剪型高强度螺栓连接副安装时，一般仅在螺母一侧加一个垫圈。

图 4-3 螺栓连接

连接用紧固标准件，高强度大六角头螺栓连接副需要复验其扭矩系数，扭剪型高强度螺栓连接副需要复验其紧固轴力，并且其检验结果要符合有关标准的规定。

对建筑结构安全等级为一级或跨度 60m 及以上的螺栓球节点钢网架、网壳结构，其连接高强度螺栓根据现行国家标准进行拉力载荷试验。热浸镀锌高强度螺栓镀层厚度，需要满足设计要求。当设计无要求时，镀层厚度不得小于 40μm。

螺栓球节点钢网架、网壳结构用高强度螺栓需要进行表面硬度检验，检验结果要满足其产品标准的要求。

技能贴士

现场钢构安装的主抓项目，包括测量定位工作、节点连接工作等。节点连接工作包括焊接、栓接等工作。

4.1.3 焊接连接构造的一般规定

钢结构焊接连接的构造需要符合宜减少焊缝的数量与尺寸，以及根据不同焊接工艺方法选用坡口形式和尺寸等规定，如图 4-4 所示。

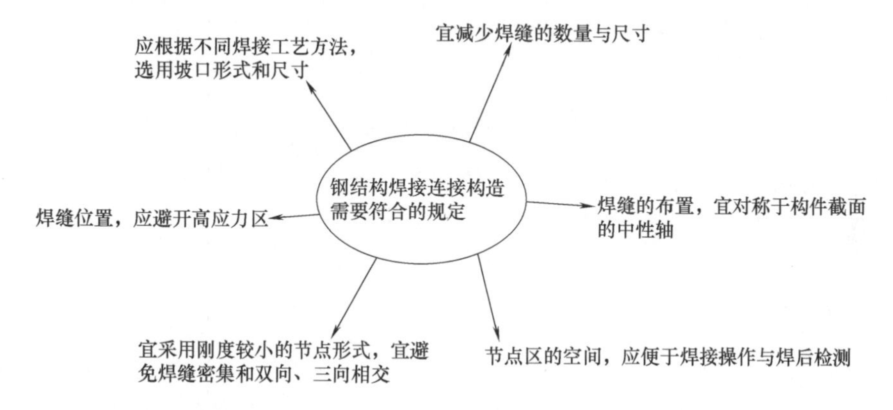

图 4-4 钢结构焊接连接构造需要符合的规定

焊缝质量等级应根据钢结构的重要性、荷载特性、焊缝形式、工作环境、应力状态等情况选用。焊缝质量等级需要符合的要求，如图 4-5 所示。

图 4-5 焊缝质量等级需要符合的要求

承受动荷载且需要进行疲劳验算的构件中焊缝焊透的等级，如图 4-6 所示。

不需要疲劳验算的构件中，要求与母材等强的对接焊缝宜焊透，其质量等级受拉时不应低于二级，受压时也不宜低于二级。

部分焊透的对接焊缝、采用角焊缝或部分焊透的对接与角接组合焊缝的 T 形接头，以及搭接连接角焊缝，其质量等级的规定如图 4-7 所示。

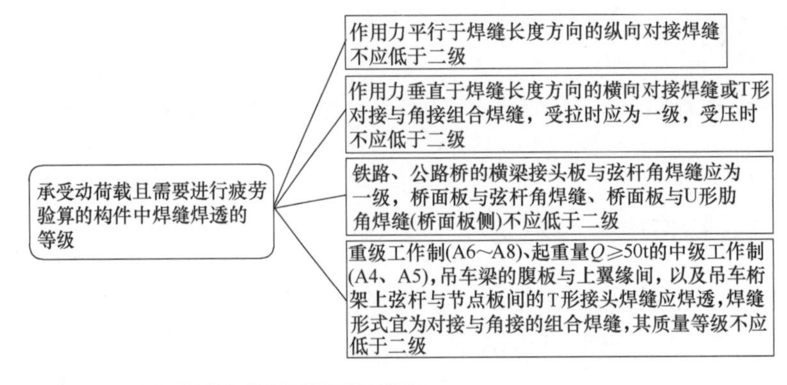

图 4-6　承受动荷载且需要进行疲劳验算的构件中焊缝焊透的等级

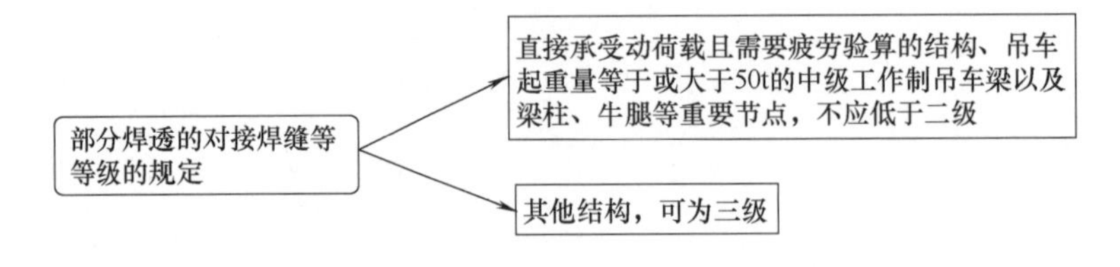

图 4-7　部分焊透的对接焊缝等等级的规定

4.2　钢结构的焊接

4.2.1　钢结构焊接的术语与其解释

钢结构焊接的术语与其解释，见表 4-1。

表 4-1　钢结构焊接的术语与其解释

名称	解释
消氢热处理	对于冷裂纹倾向较大的结构钢，焊接后立即将焊接接头加热到一定温度（250 ～ 350℃），并且保温一段时间，以加速焊接接头中氢的扩散逸出，从而防止由于扩散氢的积聚导致延迟裂纹产生的一种焊后热处理方法
消除应力热处理	焊接后，将焊接接头加热到母材 Ac_1 线以下的一定温度（550 ～ 650℃），并且保温一段时间，以降低焊接残余应力，从而改善接头组织性能为目的的一种焊后热处理方法
过焊孔	构件焊缝交叉的位置，为了保证主要焊缝的连续性，以及有利于焊接操作的进行，特在相应位置开设的一种焊缝穿越孔
免于焊接工艺评定	在满足相应规定的某些特定焊接方法、钢材、参数、接头形式、焊接材料组合的条件下，可以不经焊接工艺评定试验，直接采用规范规定的一种焊接工艺
焊接环境温度	施焊时，焊件周围环境的温度
药芯焊丝自保护焊	不需外加气体或焊剂保护，仅依靠焊丝药芯在高温时反应形成的熔渣与气体保护焊接区进行焊接的一种方法
检测	根据规定程序，由确定给定产品的一种或多种特性进行检验、测试处理或提供服务所组成的一种技术操作
检查	对材料、人员、过程、工艺、结果的核查，并且确定其相对于特定要求的符合性，或在专业判断的基础上，确定相对于通用要求的一种符合性

对于下列情况之一的钢结构所采用的焊接材料，需要根据其产品标准的要求进行抽样复验，并且复验结果需要符合国家现行有关标准规定，以及满足设计有关要求。

① 材料混批或质量证明文件不齐全的焊接材料。

② 结构安全等级为二级的一级焊缝。

③ 结构安全等级为一级的一、二级焊缝。

④ 设计文件或合同文件要求复检的焊接材料。

⑤ 需要进行疲劳验算构件的焊缝。

4.2.2 钢结构工程焊接难度等级

钢结构工程焊接难度等级分为 A、B、C、D 四个等级，具体见表 4-2。

表 4-2 钢结构工程焊接难度等级

焊接难度等级	影响因素[1]			
	板厚 /mm	钢材分类	受力状态	钢材碳当量 CEV/%
A（易）	$t \leqslant 30$	Ⅰ	一般静载拉、压	CEV ≤ 0.38
B（一般）	$30 < t \leqslant 60$	Ⅱ	静载且板厚方向受拉或间接动载	0.38 < CEV ≤ 0.45
C（较难）	$60 < t \leqslant 100$	Ⅲ	直接动载、抗震设防烈度等于 7 度	0.45 < CEV ≤ 0. 50
D（难）	$t > 100$	Ⅳ	直接动载、抗震设防烈度大于等于 8 度	CEV > 0.50

① 根据表中影响因素所处最难等级确定整体焊接难度。

其中，钢材碳当量（CEV）计算公式如图 4-8 所示。

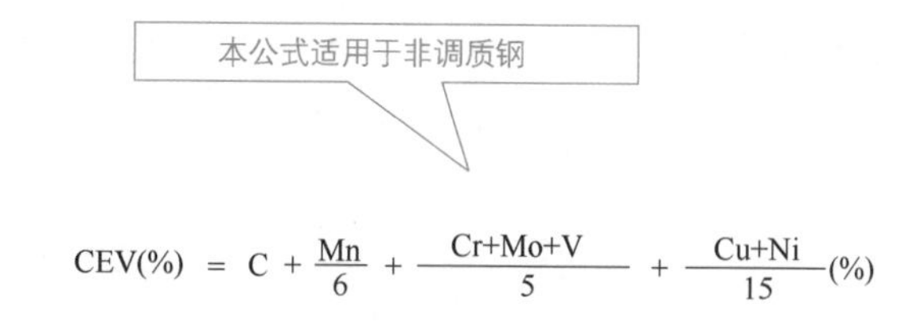

$$CEV(\%) = C + \frac{Mn}{6} + \frac{Cr+Mo+V}{5} + \frac{Cu+Ni}{15}(\%)$$

图 4-8 钢材碳当量（CEV）计算公式

4.2.3 手工焊全焊透坡口尺寸与符号

手工焊全焊透坡口尺寸与符号，如图 4-9 所示。

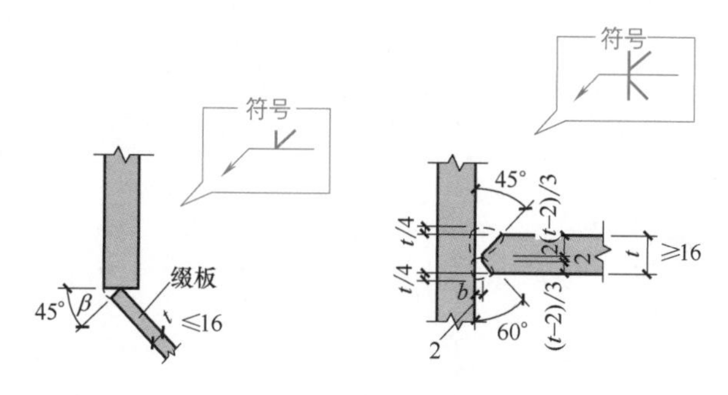

图 4-9

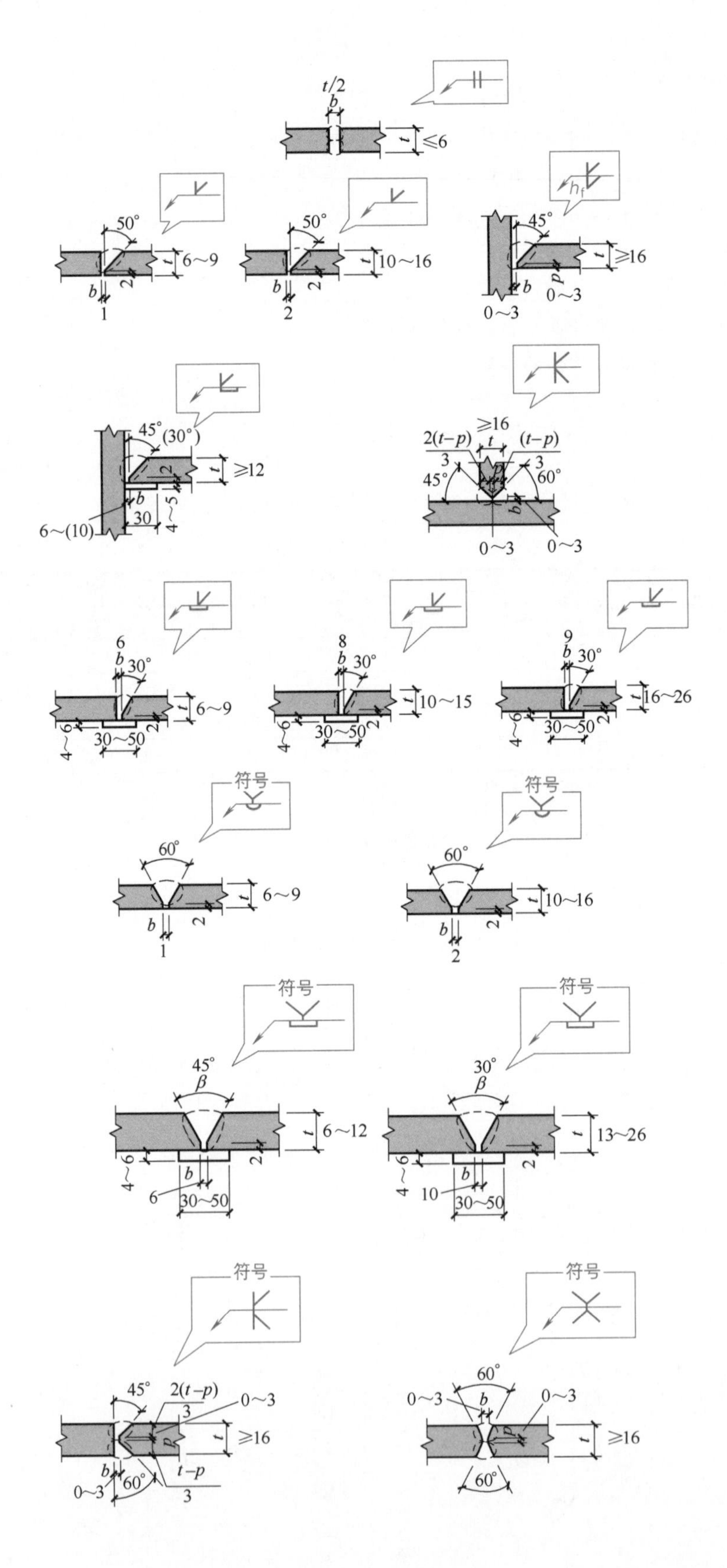
t/2
b
t
≤6
50°
6～9
10～16
45°
≥16
h_f
0～3
45°
(30°)
≥12
6～(10)
30
4～5
≥16
2(t−p)
(t−p)
45°
60°
0～3
6
8
9
30°
6～9
10～15
16～26
4～6
30～50
符号
60°
6～9
10～16
45°
β
6～12
30°
13～26
6
10
30～50
45°
2(t−p)
3
0～3
≥16
t−p
60°
60°
0～3

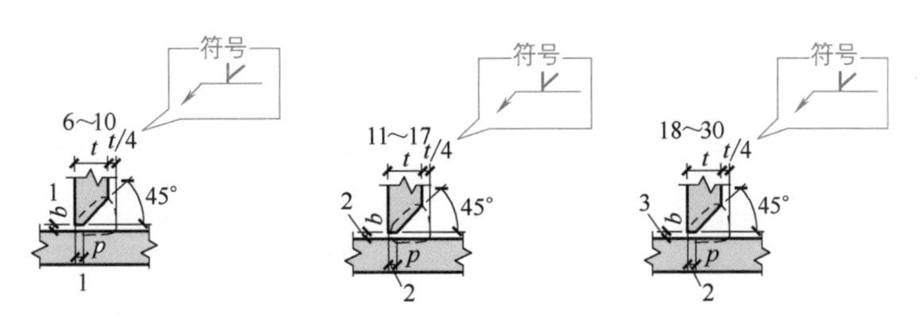

图 4-9 手工焊全焊透坡口尺寸与符号

技能贴士

焊接材料、焊钉、焊接瓷环的规格、尺寸及允许偏差需要符合国家现行标准的有关规定。焊钉的力学性能、焊接性能需要进行复验，复验结果需要符合国家现行标准的规定，并且满足设计要求。焊条外观不得有药皮脱落、焊芯生锈等缺陷。焊剂不得有受潮结块异常现象。

4.2.4 气体保护焊、自动保护焊全焊透坡口尺寸与符号

气体保护焊、自动保护焊全焊透坡口尺寸与符号，如图 4-10 所示。

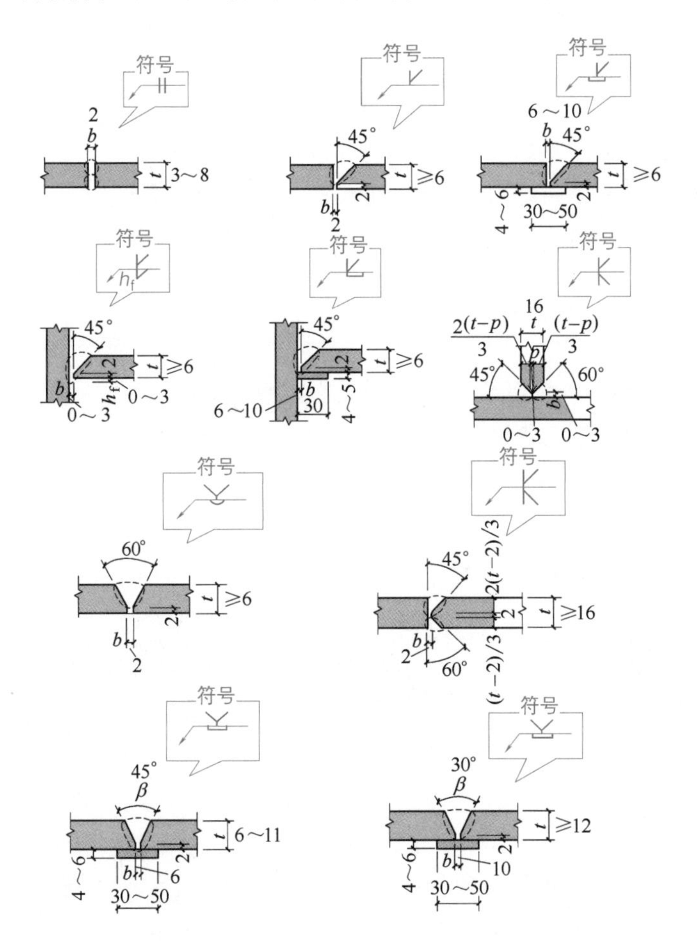

图 4-10

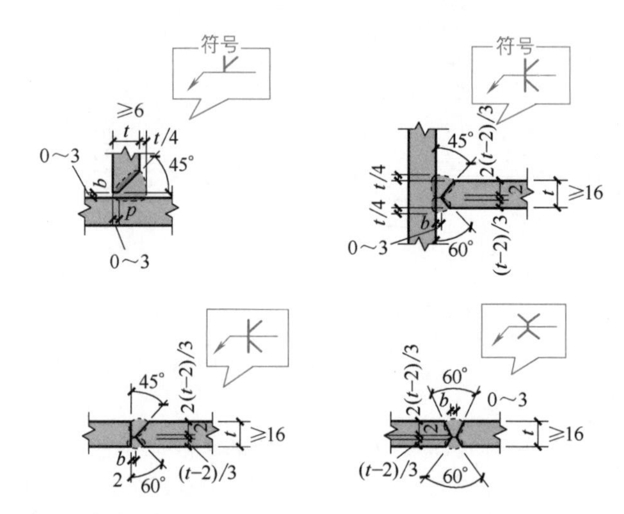

图 4-10 气体保护焊、自动保护焊全焊透坡口尺寸与符号

4.2.5 埋弧焊全焊透坡口尺寸与符号

埋弧焊全焊透坡口尺寸与符号，如图 4-11 所示。

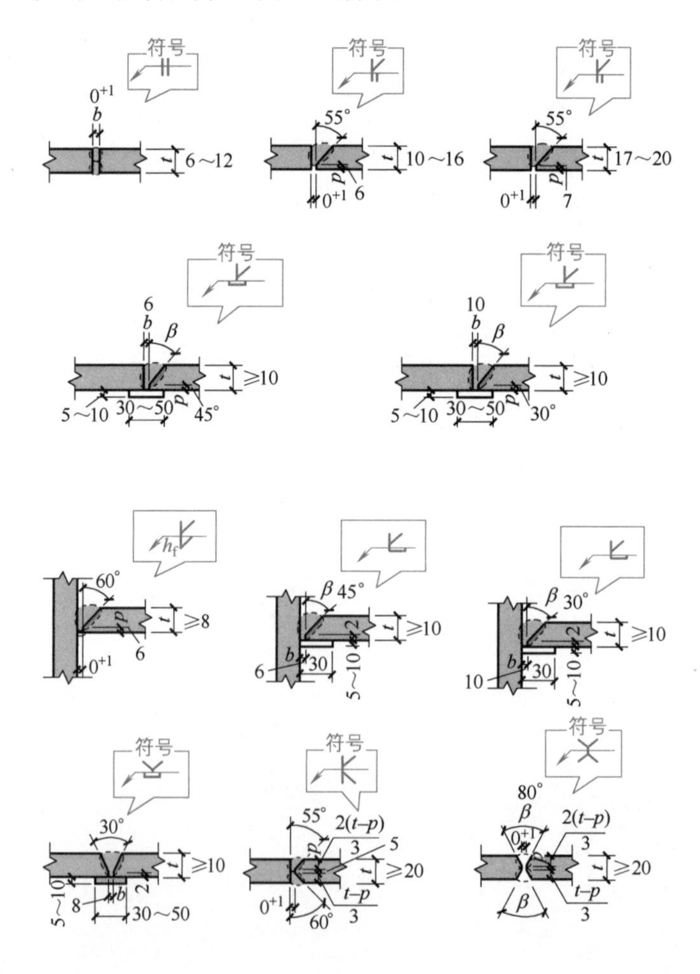

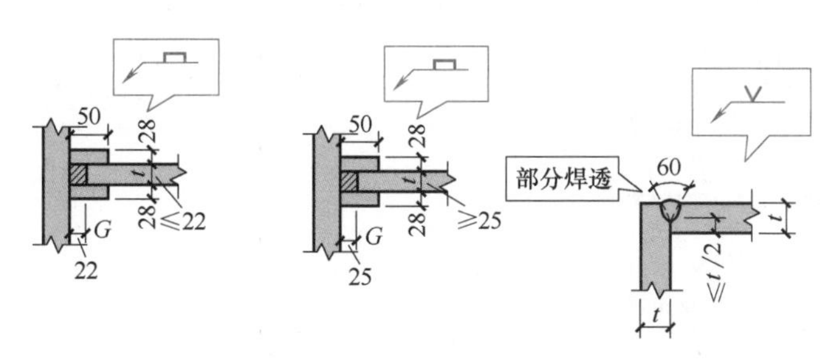

图 4-11 埋弧焊全焊透坡口尺寸与符号

4.2.6 工地焊全焊透坡口尺寸与符号

工地焊全焊透坡口尺寸与符号，如图 4-12 所示。

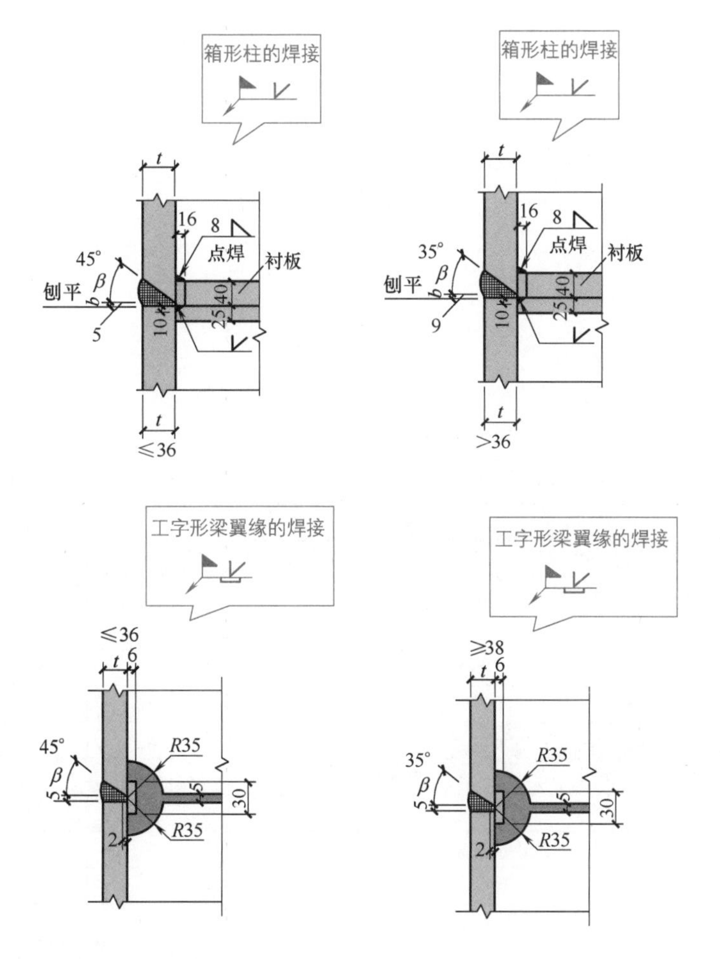

图 4-12 工地焊全焊透坡口尺寸与符号

焊接符号实例，如图 4-13 所示。

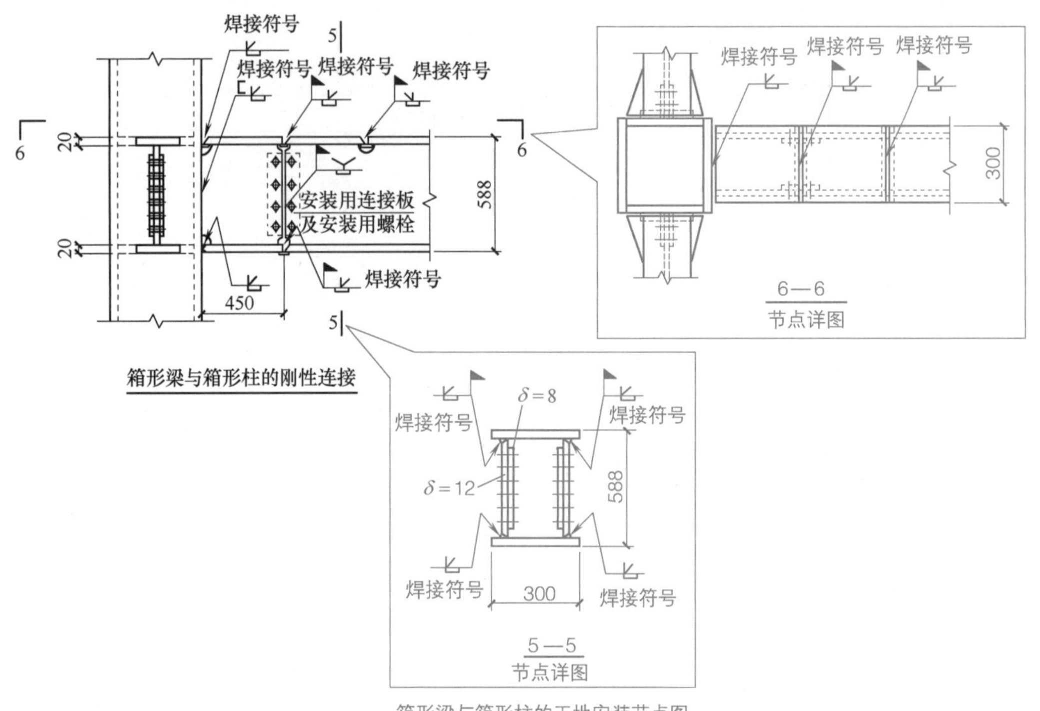

图 4-13 焊接符号实例

4.2.7 焊接位置、接头形式等代号

焊接位置、接头形式、坡口形式、焊缝类型、管结构节点形式代号，见表 4-3。

表 4-3 焊接位置、接头形式、坡口形式、焊缝类型、管结构节点形式代号

焊接位置代号		坡口形式代号	
代号	焊接位置	代号	坡口形式
F	平焊	X	X 形坡口
H	横焊	L	单边 V 形坡口
V	立焊	K	K 形坡口
O	仰焊	U①	U 形坡口
接头形式代号		J①	单边 U 形坡口
代号	接头形式	焊缝类型代号	
B	对接接头	代号	焊缝类型
T	T 形接头	B（G）	板（管）对接焊缝
X	十字接头	C	角接焊缝
C	角接接头	B_C	对接与角接组合焊缝
F	搭接接头	管结构节点形式代号	
坡口形式代号		代号	节点形式
代号	坡口形式	T	T 形节点
I	I 形坡口	K	K 形节点
V	V 形坡口	Y	Y 形节点

① 当钢板厚度不小于 50mm 时，可采用 U 形或 J 形坡口。

4.2.8 管结构节点形式及实例

管结构节点形式如图 4-14 所示。管结构节点实例如图 4-15 所示。

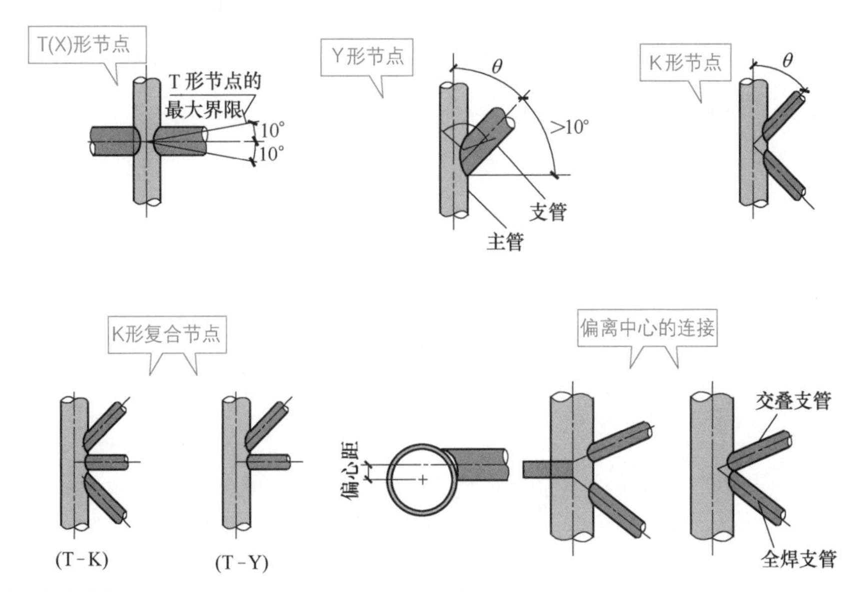

图 4-14 管结构节点形式

图 4-15 管结构节点实例

4.2.9 焊缝计算厚度

全焊透的对接焊缝、对接与角接组合焊缝，采用双面焊时，反面需要清根后焊接，其焊缝计算厚度 h_e 对于对接焊缝应为焊接部位较薄的板厚。对于对接与角接组合焊缝，其焊缝计算厚度 h_e 要为坡口根部到焊缝两侧表面（不计余高）的最短距离之和，如图 4-16 所示。

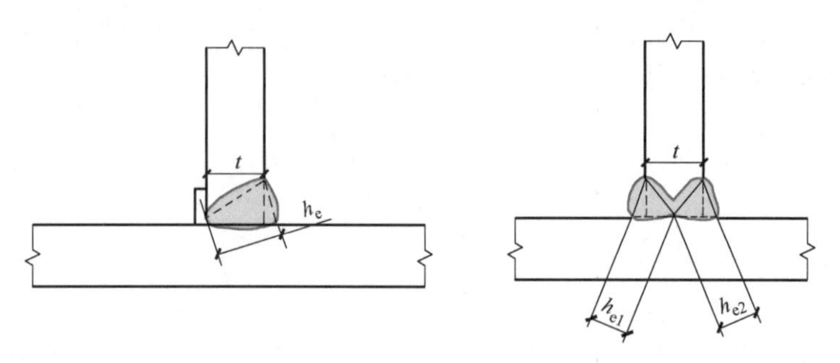

图 4-16 焊缝计算厚度

部分焊透对接焊缝、对接与角接组合焊缝，其焊缝计算厚度 h_e 要根据不同的焊接方法、坡口形式、坡口尺寸、焊接位置对坡口深度 h 进行折减，如图 4-17 所示。

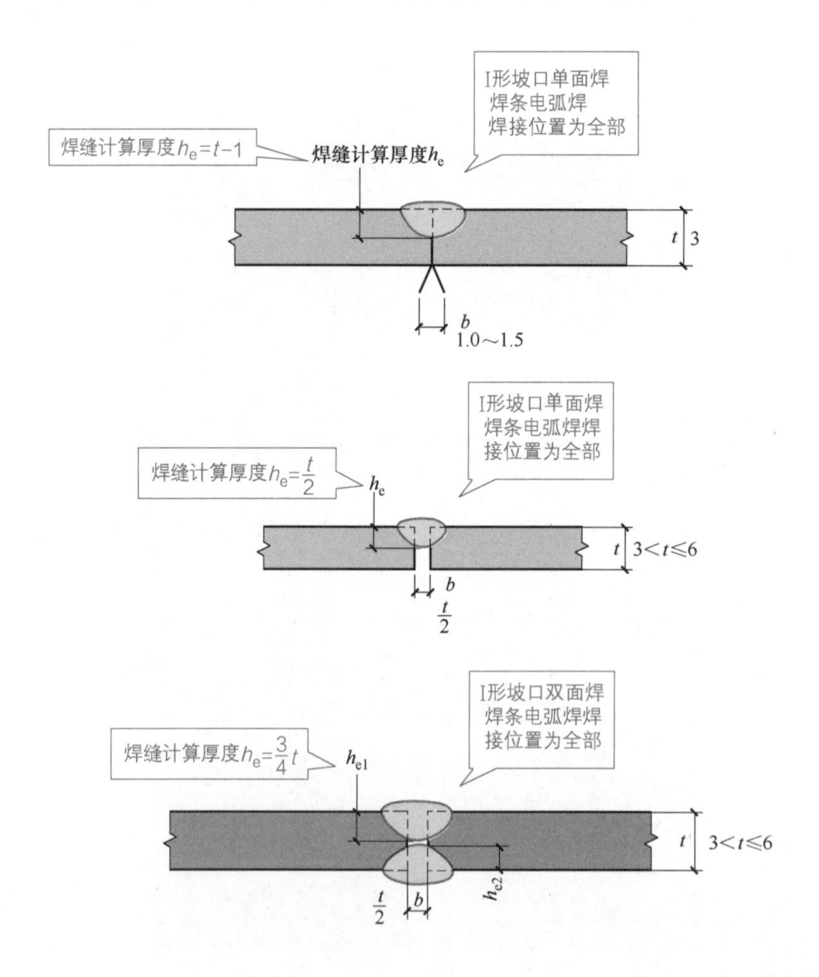

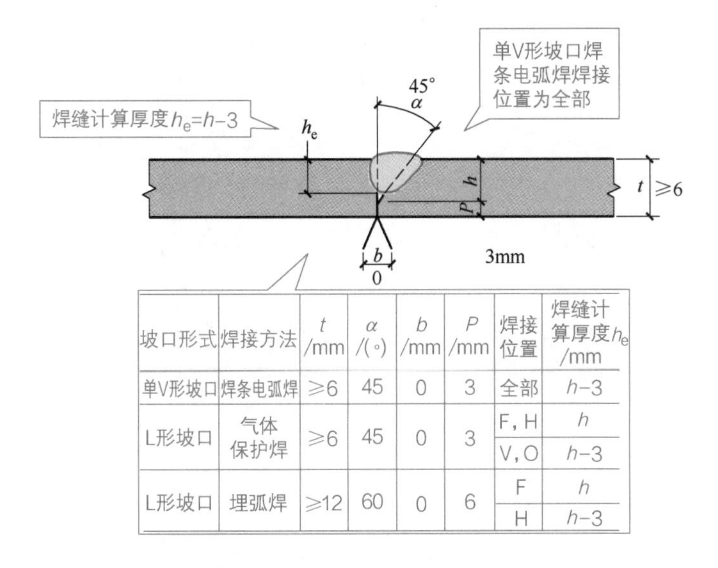

坡口形式	焊接方法	t /mm	α /(°)	b /mm	P /mm	焊接位置	焊缝计算厚度h_e /mm
单V形坡口	焊条电弧焊	≥6	45	0	3	全部	$h-3$
L形坡口	气体保护焊	≥6	45	0	3	F，H	h
						V，O	$h-3$
L形坡口	埋弧焊	≥12	60	0	6	F	h
						H	$h-3$

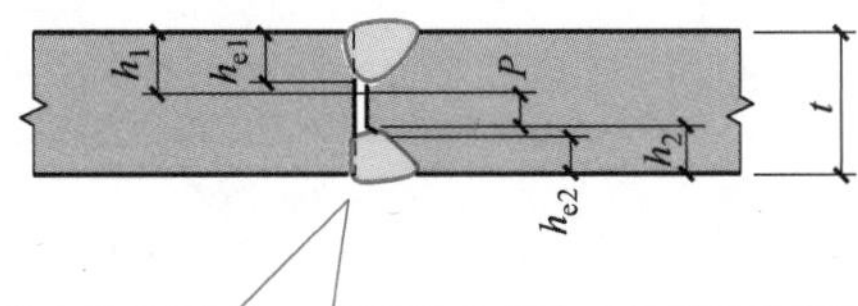

坡口形式	焊接方法	t /mm	α /(°)	b /mm	P /mm	焊接位置	焊缝计算厚度 h_e /mm
K形坡口	焊条电弧焊	≥8	45	0	3	全部	h_1+h_2-6
K形坡口	气体保护焊	≥12	45	0	3	F，H	h_1+h_2
						V，O	h_1+h_2-6
K形坡口	埋弧焊	≥20	60	0	6	F	h_1+h_2

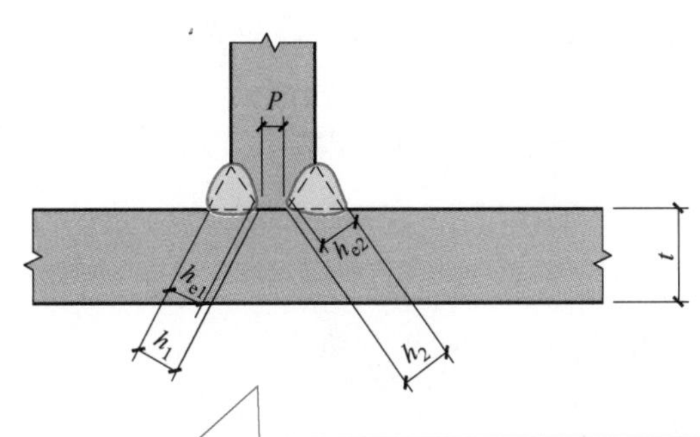

坡口形式	焊接方法	t /mm	α /(°)	b /mm	P /mm	焊接位置	焊缝计算厚度 h_e /mm
K形坡口	焊条电弧焊	≥8	45	0	3	全部	h_1+h_2-6
K形坡口	气体保护焊	≥12	45	0	3	F，H	h_1+h_2
						V，O	h_1+h_2-6
K形坡口	埋弧焊	≥20	60	0	6	F	h_1+h_2

图 4-17　部分焊透对接焊缝、对接与角接组合焊缝的计算厚度

4.2.10 斜角角焊缝计算厚度

斜角角焊缝计算厚度，如图 4-18 所示。

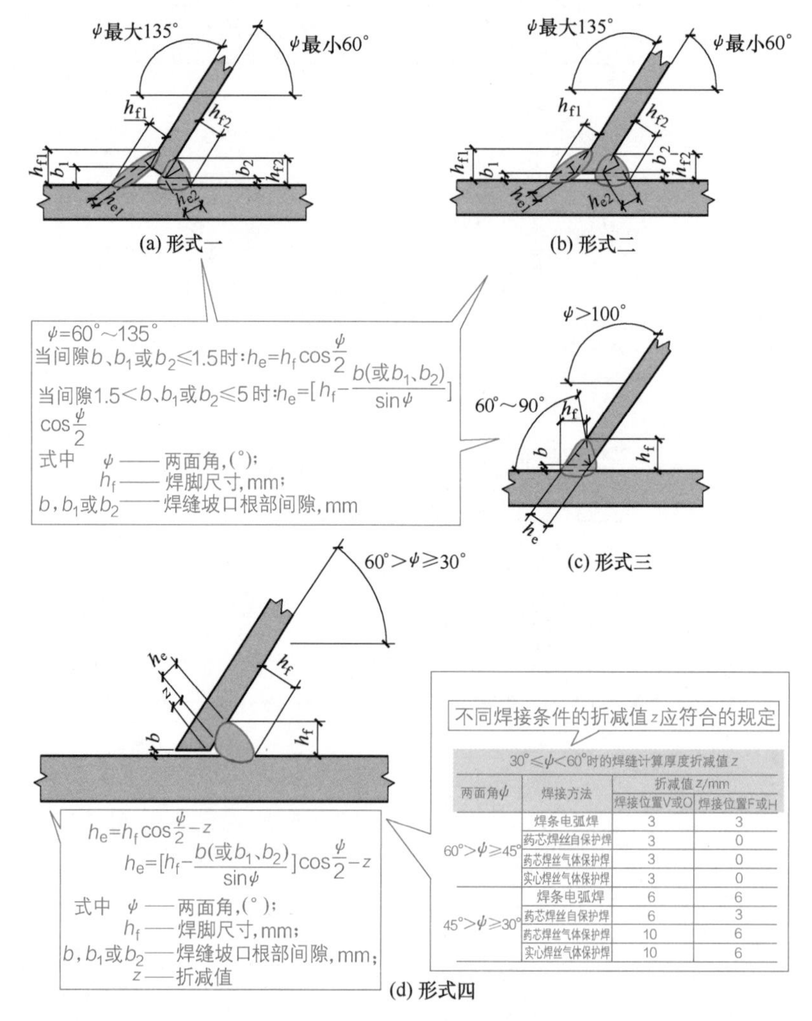

30°≤ψ<60°时的焊缝计算厚度折减值 z

两面角ψ	焊接方法	折减值 z/mm	
		焊接位置V或O	焊接位置F或H
60°>ψ≥45°	焊条电弧焊	3	3
	药芯焊丝自保护焊	3	0
	药芯焊丝气体保护焊	3	0
	实心焊丝气体保护焊	3	0
45°>ψ≥30°	焊条电弧焊	6	6
	药芯焊丝自保护焊	6	3
	药芯焊丝气体保护焊	10	6
	实心焊丝气体保护焊	10	6

(d) 形式四

图 4-18 斜角角焊缝计算厚度

4.2.11 搭接角焊缝、直角角焊缝计算厚度

搭接角焊缝、直角角焊缝计算厚度，如图 4-19 所示。

4.2.12 圆钢与平板、圆钢与圆钢间的焊缝计算厚度

圆钢与平板、圆钢与圆钢间的焊缝计算厚度，如图 4-20 所示。

4.2.13 组焊构件焊接节点

塞焊、槽焊焊缝的尺寸、间距、焊缝高度的要求，如图 4-21 所示。

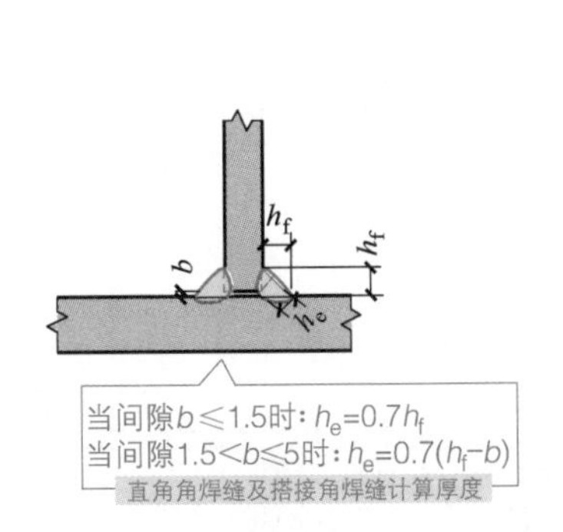

图 4-19 搭接角焊缝、直角角焊缝计算厚度

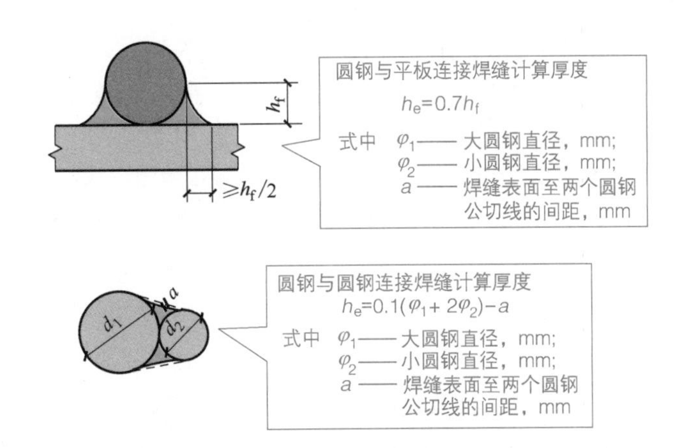

图 4-20 圆钢与平板、圆钢与圆钢间的焊缝计算厚度

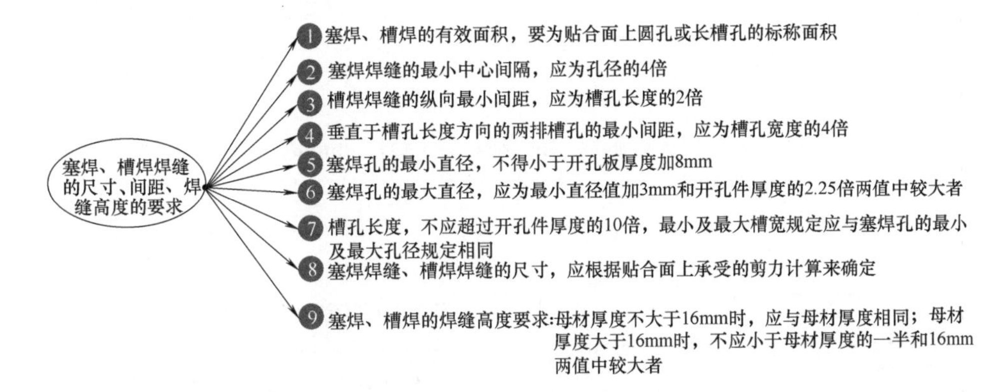

图 4-21 塞焊、槽焊焊缝的尺寸、间距、焊缝高度的要求

角焊缝的尺寸的要求如下。

① 被焊构件中较薄板厚度不小于 25mm 时，宜采用开局部坡口的角焊缝。

② 采用角焊缝焊接接头，不宜将厚板焊接到较薄板上。

③ 断续角焊缝焊段的最小长度，不得小于最小计算长度。

④ 角焊缝的有效面积要为焊缝计算长度与计算厚度的乘积。对任何方向的荷载，角焊缝上的应力要视为作用在这一有效面积上。

⑤ 角焊缝的最小计算长度要为其焊脚尺寸的 8 倍，并且不得小于 40mm。焊缝计算长度要为扣除引弧、收弧长度后的焊缝长度。

⑥ 角焊缝最小焊脚尺寸宜根据表 4-4 取值。

表 4-4 角焊缝的尺寸应符合的规定

母材厚度 t[1]/mm	角焊缝最小焊脚尺寸 h_f[2]/mm	母材厚度 t[1]/mm	角焊缝最小焊脚尺寸 h_f[2]/mm
$t \leqslant 6$	3[3]	$12<t \leqslant 20$	6
$6<t \leqslant 12$	5	$t>20$	8

注：1. 采用不预热的非低氢焊接方法进行焊接时，t 等于焊接接头中较厚件厚度，宜采用单道焊缝；采用预热的非低氢焊接方法或低氢焊接方法进行焊接时，t 等于焊接接头中较薄件厚度。

2. 焊缝尺寸不要求超过焊接接头中较薄件厚度的情况除外。

3. 承受动荷载的角焊缝最小焊脚尺寸为 5mm。

搭接接头角焊缝的尺寸、布置要求如下。

① 传递轴向力的部件，其搭接接头最小搭接长度要为较薄件厚度的 5 倍，并且不应小于 25mm，以及应施焊纵向或横向双角焊缝，如图 4-22 所示。

② 用搭接焊缝传递荷载的套管接头，可以只焊一条角焊缝，其管材搭接长度 L 不应小于 5（t_1+t_2），并且不应小于 25mm。搭接焊缝焊脚尺寸需要符合设计等要求，如图 4-23 所示。

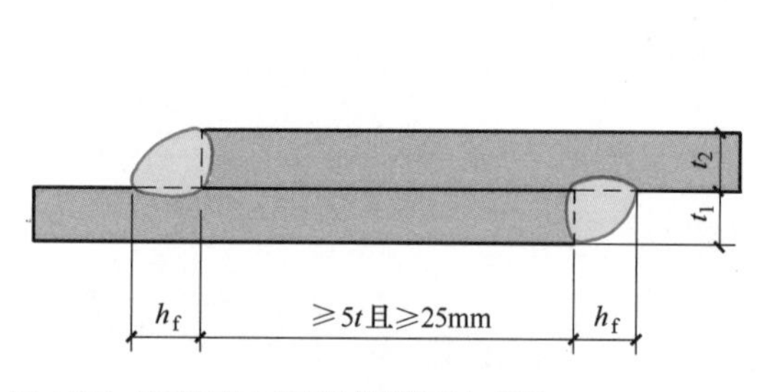

图 4-22 传递轴向力的部件搭接接头与焊缝

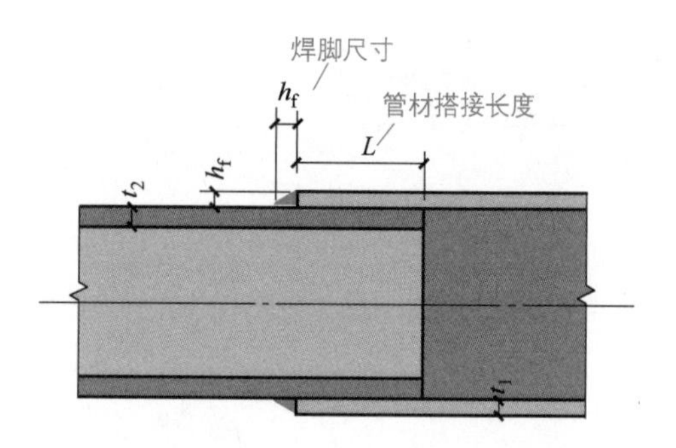

图 4-23 搭接焊缝传递荷载的套管接头焊缝要求

③ 搭接焊缝沿母材棱边的最大焊脚尺寸，当板厚不大于 6mm 时，则为母材厚度；当板厚大于 6mm 时，则为母材厚度减去 1 ～ 2mm，如图 4-24 所示。

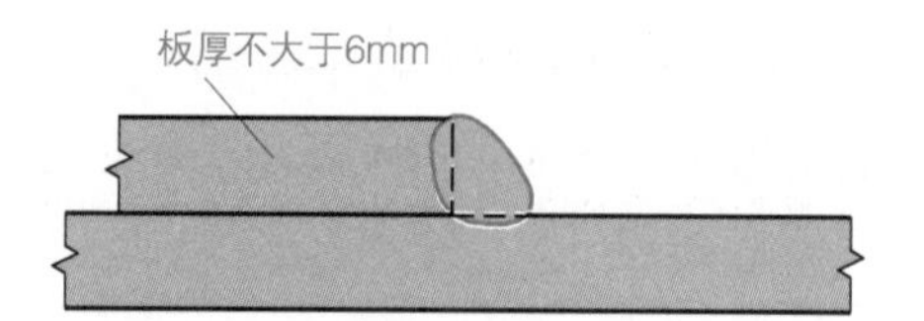

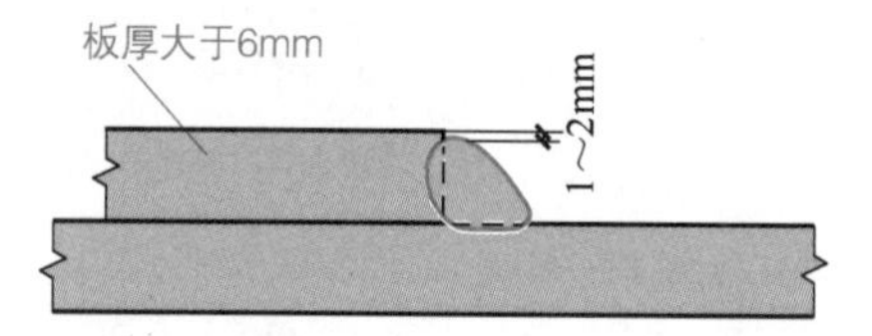

图 4-24 搭接焊缝沿母材棱边的最大焊脚尺寸

④ 只采用纵向角焊缝连接型钢杆件端部时，型钢杆件的宽度 W 不应大于 200mm。宽度 W 大于 200mm 时，应加横向角焊或中间塞焊。型钢杆件每一侧纵向角焊缝的长度 L，都不应小于 W，如图 4-25 所示。

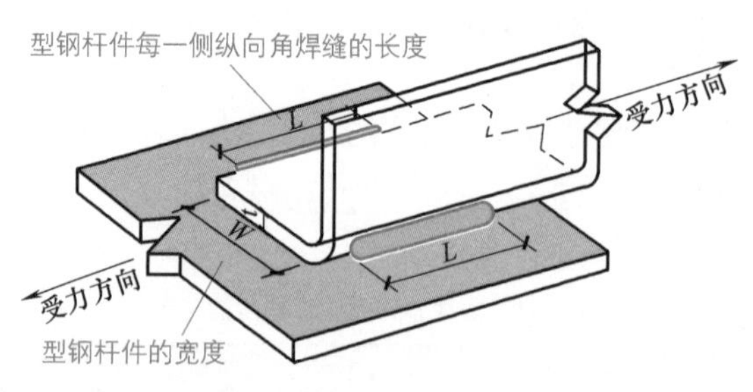

图 4-25 采用纵向角焊缝连接型钢杆件端部焊缝要求

型钢杆件搭接接头采用围焊时，在转角位置需要连续施焊。杆件端部搭接角焊缝做绕焊时，绕焊长度不应小于焊脚尺寸的 2 倍，并且要连续施焊。

4.2.14 不同厚度、宽度材料对接焊缝的要求

不同厚度、宽度材料对接焊缝，最基本的要求就是平缓过渡。不同厚度的板材或管材对接接头受拉时，其允许厚度差值（t_1-t_2），需要符合表 4-5 的规定。如果厚度差值（t_1-t_2）超过表 4-5 的规定时，则要将焊缝焊成斜坡状，并且其坡度最大允许值为 1 ∶ 2.5，或将较厚板的一面或两面及管材的内壁或外壁在焊前加工成斜坡，其坡度最大允许值应为 1 ∶ 2.5。

表 4-5 不同厚度、宽度材料对接的允许厚度差值

较薄钢材厚度 t_2/mm	$5 \leqslant t_2 \leqslant 9$	$9 < t_2 \leqslant 12$	$t_2 > 12$
允许厚度差 t_1-t_2/mm	2	3	4

不同宽度的板材对接时，根据施工条件采用热切割、机械加工、砂轮打磨等方法使之平缓过渡，其连接处最大允许坡度值应为 1 ∶ 2.5，如图 4-26 所示。

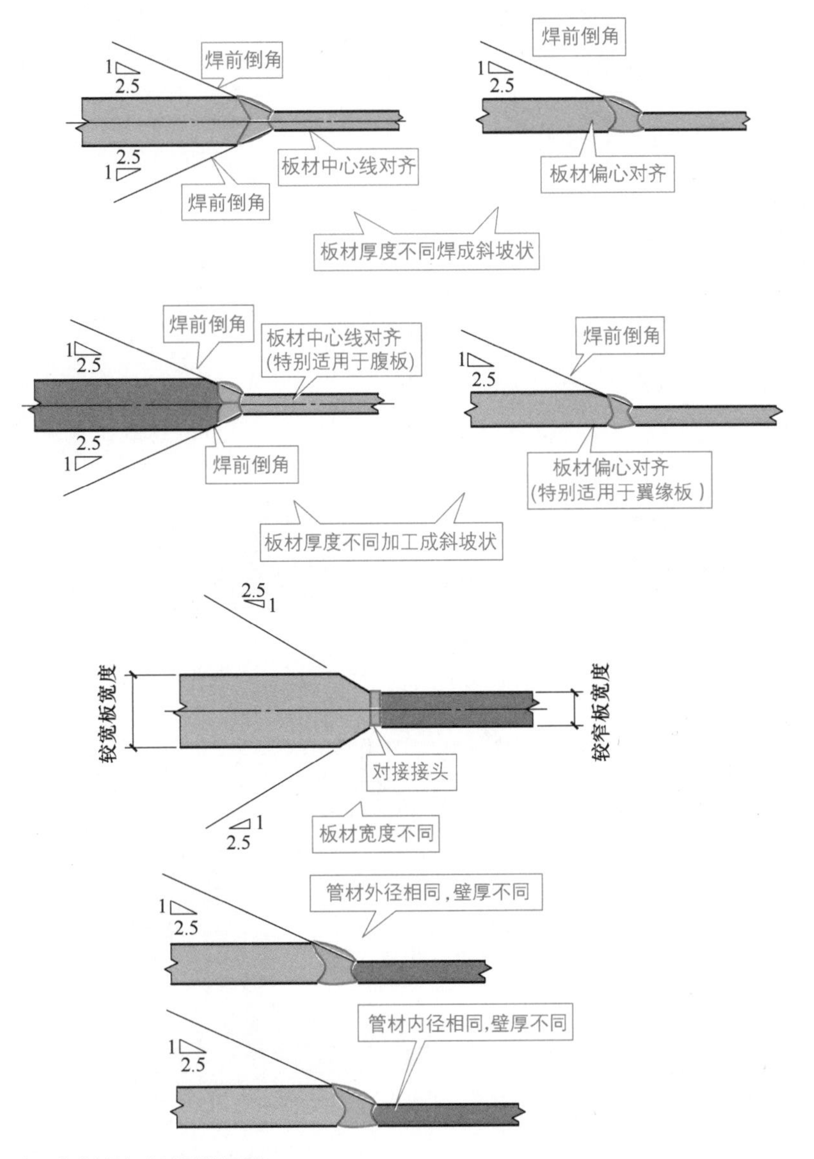

图 4-26 不同厚度、宽度材料对接焊缝的要求

4.2.15 防止板材产生层状撕裂的节点、选材与工艺

十字形、T形、角接接头中，翼缘板厚度不小于20mm时，要避免或减少使母材板厚方向承受较大的焊接收缩应力，宜采取的一些节点构造如图4-27所示。

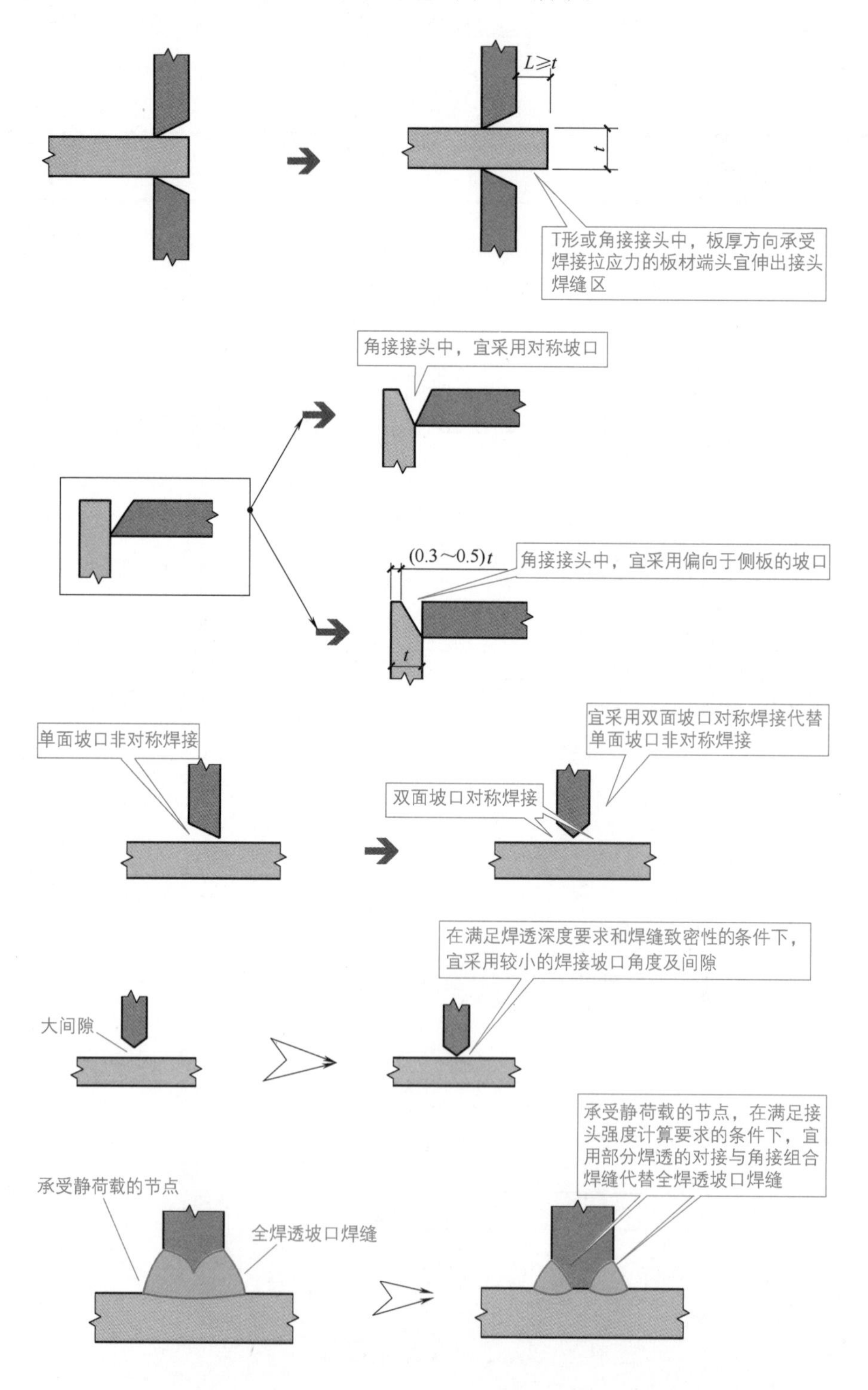

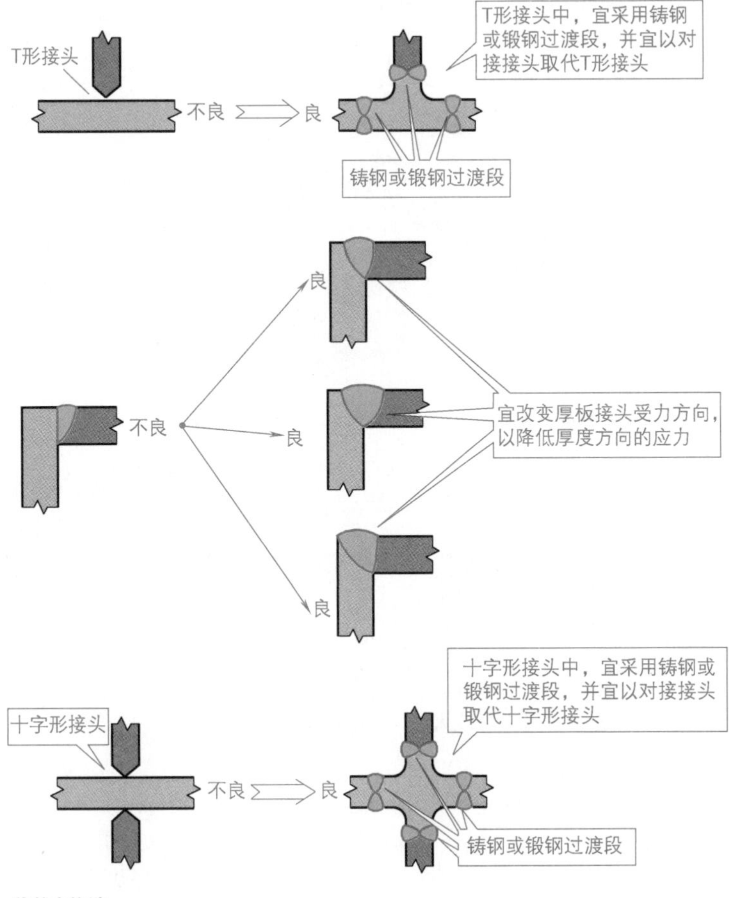

图 4-27 宜采取的一些节点构造

十字接头、T 形接头、角接接头宜采用的焊接工艺、措施如下。

① 在不产生附加应力的前提下，宜提高接头的预热温度。

② 可以采用塑性较好的焊接材料，在坡口内翼缘板表面上先堆焊塑性过渡层。

③ 满足接头强度要求的条件下，宜选用具有较好熔敷金属塑性性能的焊接材料。

④ 满足接头强度要求的条件下，应避免使用熔敷金属强度过高的焊接材料。

⑤ 十字接头的腹板厚度不同时，应先焊具有较大熔敷量与收缩量的接头。

⑥ 宜采用低氢或超低氢焊接材料和焊接方法进行焊接。

⑦ 应采用合理的焊接顺序，减少接头的焊接拘束应力。

技能贴士

焊接结构中母材厚度方向上，需承受较大焊接收缩应力时，则需要选用具有较好厚度方向性能的钢材。

4.2.16 构件制作焊接节点形式的要求

角焊缝作为纵向连接的部件，如果在局部荷载作用区采用一定长度的对接与角接组合焊缝来传递荷载，在此长度以外坡口深度需要逐步过渡到零，并且过渡长度不应小于坡口深度的 4

倍。构件制作焊接节点形式的要求，如图 4-28 所示。

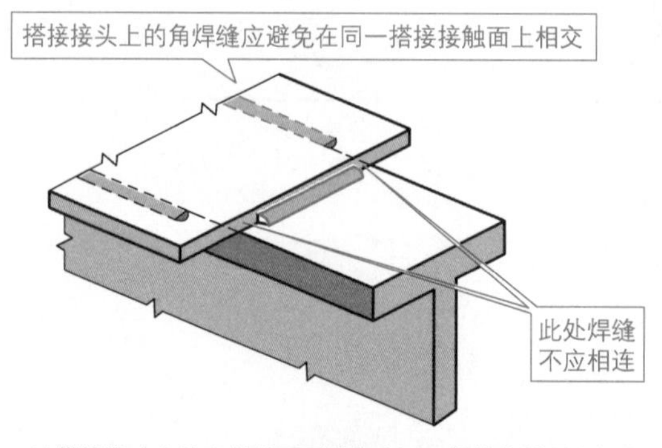

(a) 搭接接头上的角焊缝需要避免在同一搭接接触面上相交

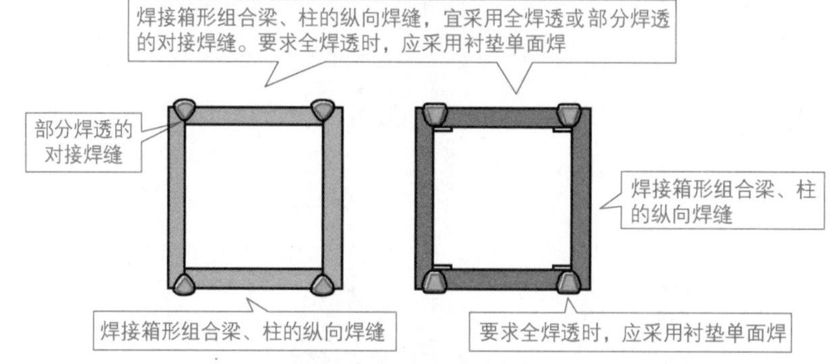

(b) 焊接箱形组合梁、柱的纵向焊缝

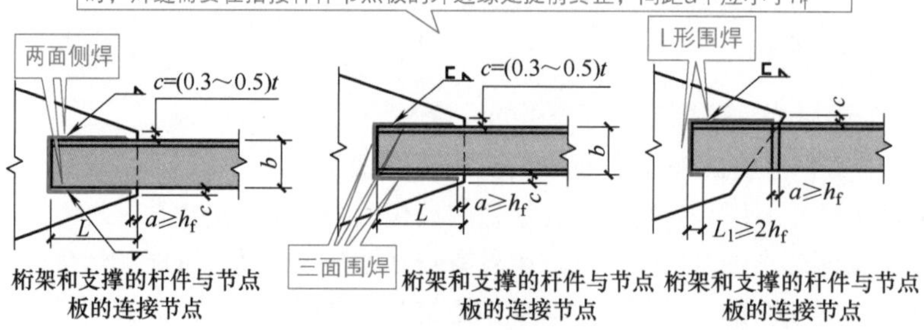

桁架和支撑的杆件与节点板的连接节点　桁架和支撑的杆件与节点板的连接节点　桁架和支撑的杆件与节点板的连接节点

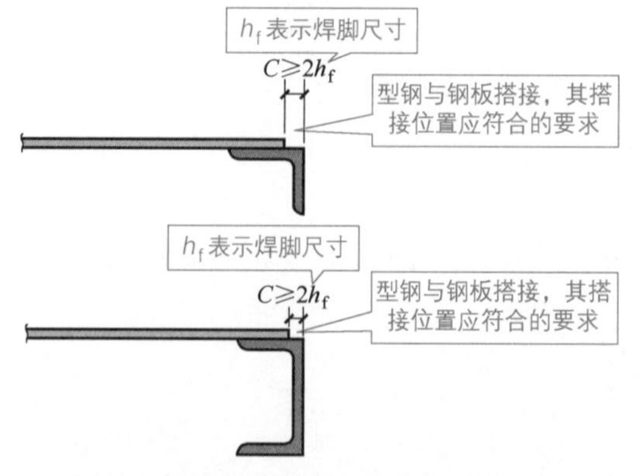

(c) 型钢与钢板搭接，其搭接位置需要符合的要求

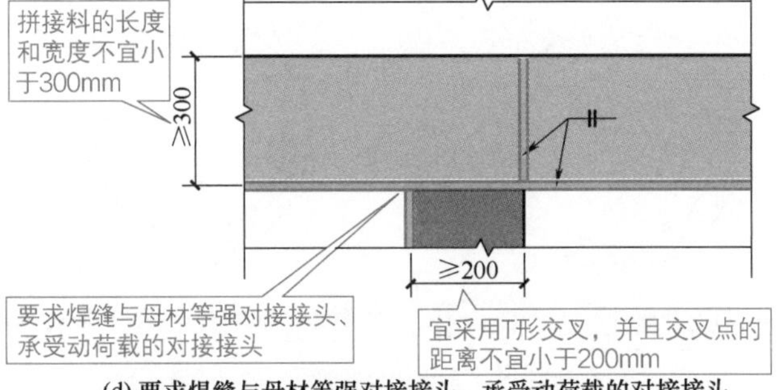

(d) 要求焊缝与母材等强对接接头、承受动荷载的对接接头

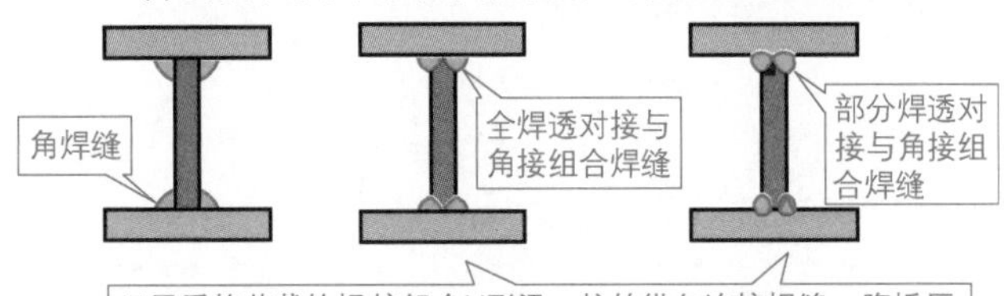

(e) 只承受静荷载的焊接组合H形梁、柱的纵向连接焊缝

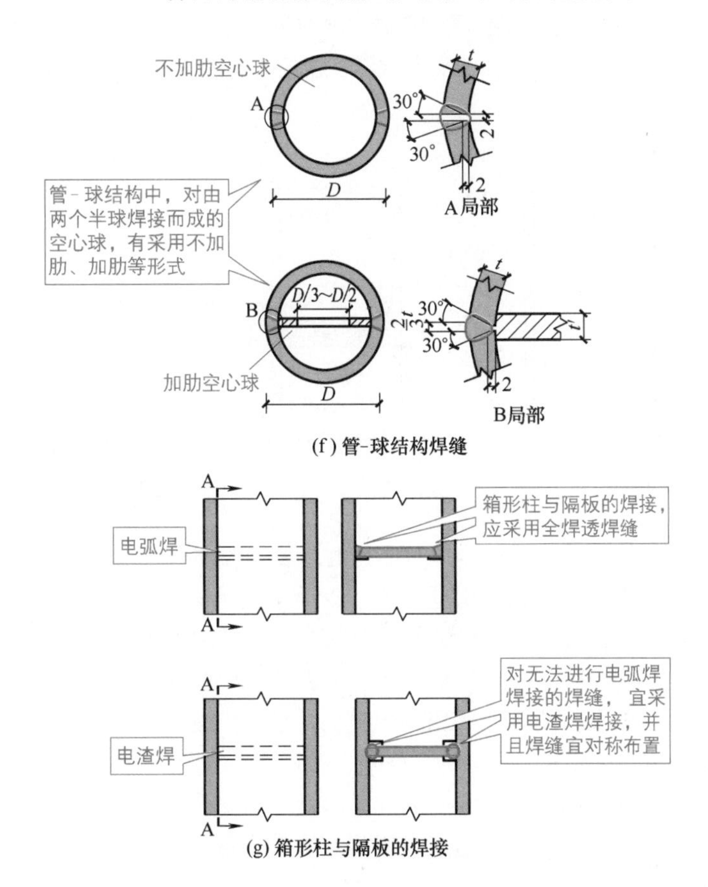

(f) 管-球结构焊缝

(g) 箱形柱与隔板的焊接

图 4-28

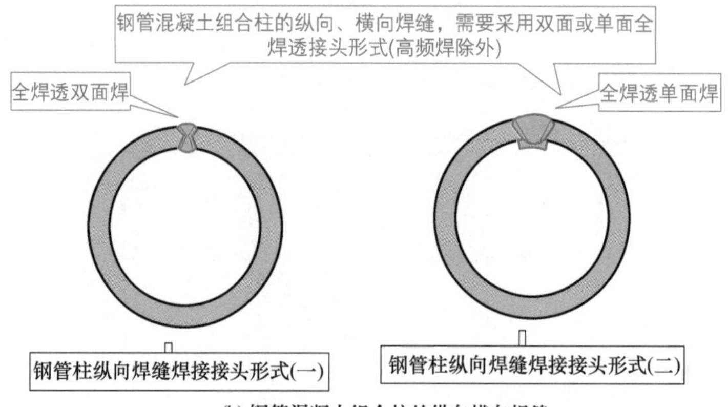

(h) 钢管混凝土组合柱的纵向横向焊缝

图 4-28 构件制作焊接节点形式的要求

4.2.17 工地安装焊接节点形式与要求

H 形框架柱安装拼接接头，宜采用高强度螺栓与焊接组合节点或全焊接节点，如图 4-29 所示。

H 形框架柱安装拼接接头，采用高强度螺栓和焊接组合节点时，腹板需要采用高强度螺栓连接，翼缘板需要采用单 V 形坡口加衬垫全焊透焊缝连接，如图 4-30 所示。

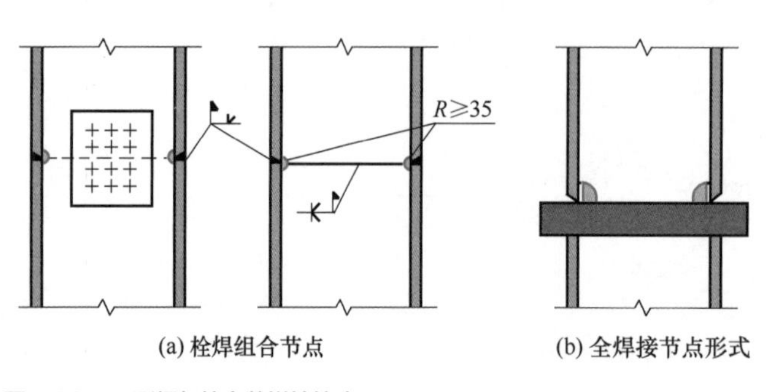

(a) 栓焊组合节点　(b) 全焊接节点形式

图 4-29 H 形框架柱安装拼接接头

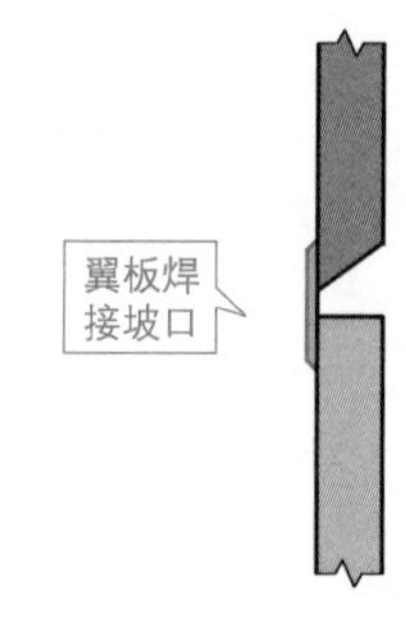

图 4-30 H 形框架柱安装拼接接头采用高强度螺栓和焊接组合节点

H 形框架柱安装拼接接头，采用全焊接节点时，翼缘板需要采用单 V 形坡口加衬垫全焊透焊缝，腹板宜采用 K 形坡口双面部分焊透焊缝，反面不应清根。设计要求腹板全焊透时，如果腹板厚度不大于 20mm，宜采用单 V 形坡口加衬垫焊接。如果腹板厚度大于 20mm，宜采用 K 形坡口，应反面清根后焊接如图 4-31 所示。

钢管、箱形框架柱安装拼接需要采用全焊接头，以及根据设计要求采用全焊透焊缝或部分焊透焊缝。全焊透焊缝坡口形式应采用单 V 形坡口加衬垫，如图 4-32 所示。

桁架或框架梁中，焊接组合 H 形、T 形或箱形钢梁的安装拼接采用全焊连接时，翼缘板与腹板拼接截面形式如图 4-33 所示。工地安装纵焊缝焊接质量要求需要与两侧工厂制作焊缝质量要求相同。

框架柱与梁刚性连接时采用的连接节点形式和要求，如图 4-34 所示。

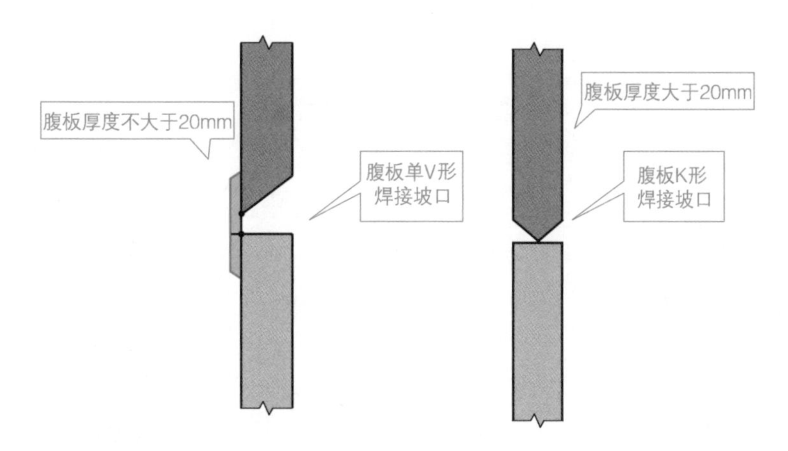

图 4-31　H 形框架柱安装拼接接头采用全焊接节点时，翼缘板采用的焊缝

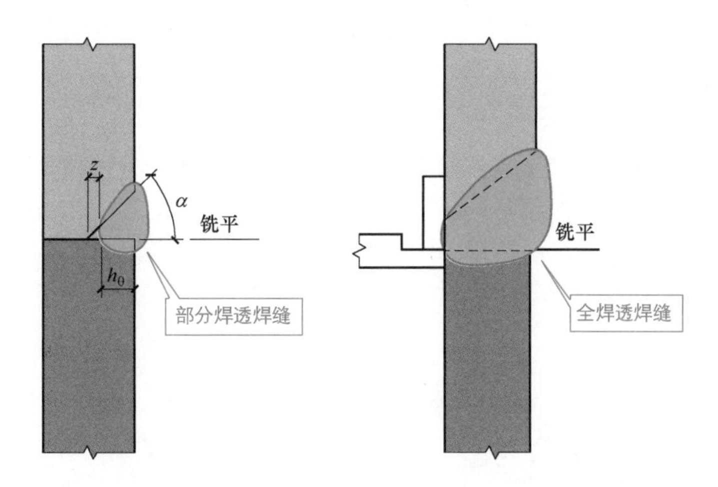

图 4-32　钢管、箱形框架柱安装拼接接头坡口形式

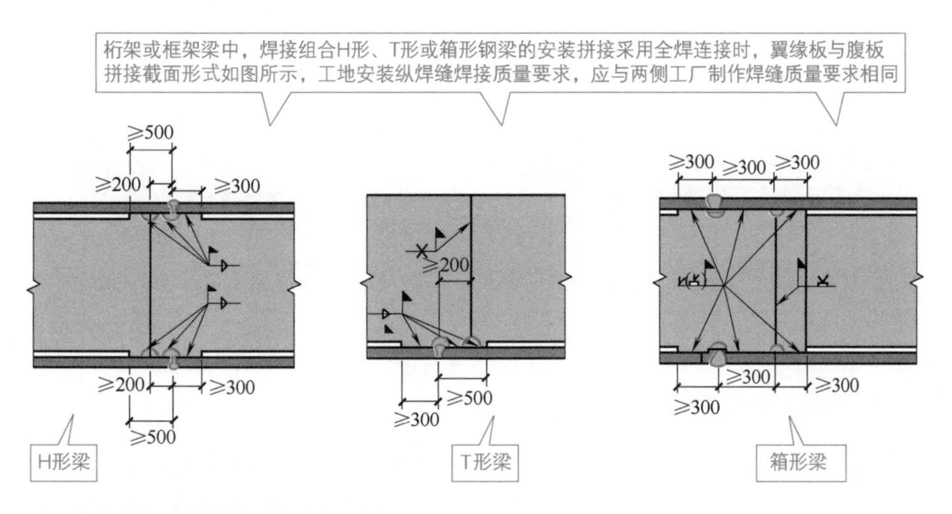

图 4-33　桁架或框架梁中翼缘板与腹板拼接截面形式

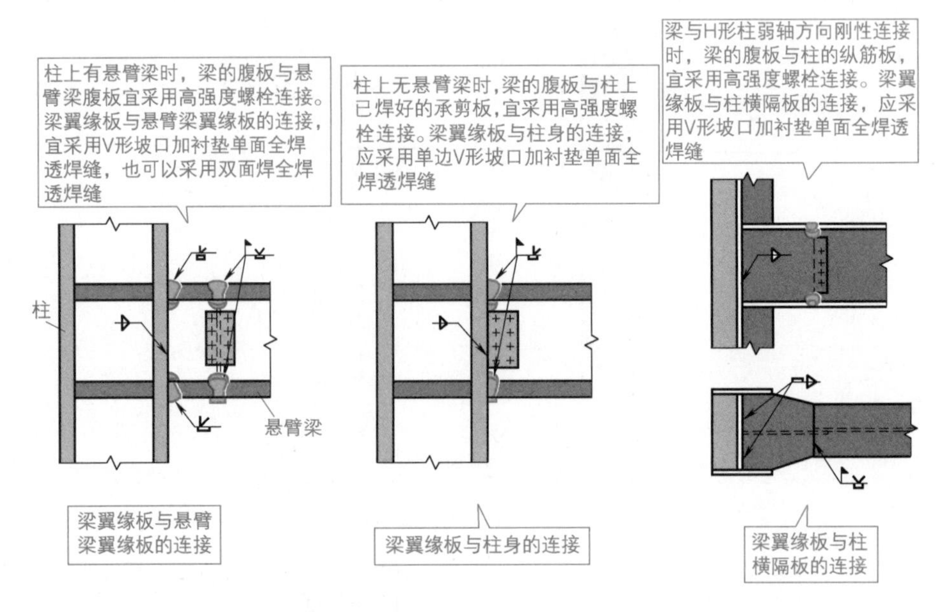

图 4-34　框架柱与梁刚性连接时采用的连接节点形式和要求

管材与空心球工地安装焊接节点，钢管内壁加套管作为单面焊接坡口的衬垫时，坡口角度、根部间隙、焊缝加强，需要符合要求。钢管内壁不用套管时，宜将管端加工成 30° ～ 60° 折线形坡口，预装配后需要根据间隙尺寸要求，进行管端二次加工。要求全焊透时，需要进行焊接工艺评定试验、接头的宏观切片检验，以确认坡口尺寸与焊接工艺参数，如图 4-35 所示。

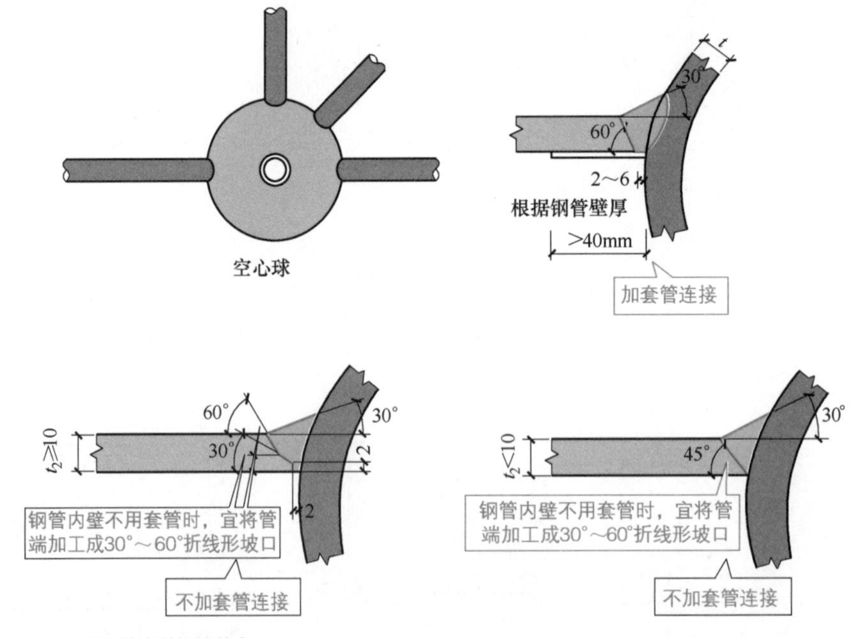

图 4-35　管材与空心球工地安装焊接节点

管 - 管连接的工地安装焊接节点形式中，管 - 管对接：在壁厚不大于 6mm 时，则可以采用 I 形坡口加衬垫单面全焊透焊缝。如果壁厚大于 6mm 时，则可以采用 V 形坡口加衬垫单面全焊透焊缝，如图 4-36 所示。

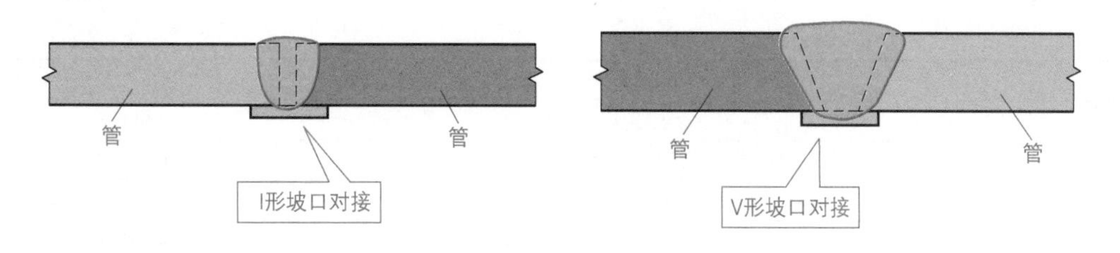

图 4-36 管 - 管连接的工地安装焊接节点形式管 - 管对接

技能贴士

管 - 管连接的工地安装焊接节点形式中，对于管 - 管 T、Y、K 形相贯接头，需要根据规范要求在节点各区分别采用全焊透焊缝和部分焊透焊缝，其坡口形式、尺寸要符合规范要求。设计要求采用角焊缝时，则坡口形式、尺寸也要符合规范要求。

4.3 焊接工艺评定

4.3.1 焊接工艺评定一般规定

焊接工艺评定一般规定如下。

① 焊接工艺评定文件包括焊接工艺评定报告、焊接工艺评定指导书、焊接工艺评定记录表、焊接工艺评定检验结果表、焊接工艺检验报告，并且需要报相关单位审查备案。

② 焊接工艺评定所用设备、仪表的性能要处于正常工作状态。

③ 焊接工艺评定试件应由持证的焊接人员施焊。

④ 施工首次采用的钢材、焊接材料、焊接方法、焊接位置、接头形式、焊后热处理制度、焊接工艺参数、预热、后热措施等各种参数的组合条件，需要在钢结构构件制作、安装施工前进行焊接工艺评定。

⑤ 规定钢结构施焊试件、切取试样具有相应资质的检测单位进行检测试验，测定焊接接头是否具有所要求的使用性能，并且出具检测报告。

⑥ 钢结构的节点形式、钢材类型规格、采用焊接方法、焊接位置等，制定焊接工艺评定方案，拟定相应的焊接工艺评定指导书。

⑦ 焊接工艺评定的环境需要反映工程施工现场的条件。

⑧ 由相关机构对施工的焊接工艺评定施焊过程进行见证，并且具有相应资质的检查单位根据检测结果、规范的相关规定，对拟定的焊接工艺进行评定，以及出具焊接工艺评定报告。

⑨ 焊接工艺评定中的焊接热输入、预热、后热制度等施焊参数，需要根据被焊材料的焊接性制定。

⑩ 焊接工艺评定所用的焊接方法、施焊位置分类代号，见表 4-6 和表 4-7。

⑪ 焊接工艺评定结果不合格时，可以在原焊件上就不合格项目重新加倍取样进行检验。如果还不能达到合格标准，则分析原因，制定新的焊接工艺评定方案，根据原步骤重新评定，直到合格为止。

表 4-6 焊接方法分类

焊接法类别号	焊接法	代号
1	焊条电弧焊	SMAW
2-1	半自动实心焊丝二氧化碳气体保护焊	GMAW-CO_2
2-2	半自动实心焊丝富氩＋二氧化碳气体保护焊	GMAW-Ar
2-3	半自动药芯焊丝二氧化碳气体保护焊	FCAW-G
3	半自动药芯焊丝自保护焊	FCAW-SS
4	非熔化极气体保护焊	GTAW
5-1	单丝自动埋弧焊	SAW-S
5-2	多丝自动埋弧焊	SAW-M
6-1	熔嘴电渣焊	ESW-N
6-2	丝极电渣焊	ESW-W
6-3	板极电渣焊	ESW-P
7-1	单丝气电立焊	EGW-S
7-2	多丝气电立焊	EGW-M
8-1	自动实心焊丝二氧化碳气体保护焊	GMAW-CO_2A
8-2	自动实心焊丝富氩＋二氧化碳气体保护焊	GMAW-ArA
8-3	自动药芯焊丝二氧化碳气体保护焊	FCAW-GA
8-4	自动药芯焊丝自保护焊	FCAW-SA
9-1	非穿透栓钉焊	SW
9-2	穿透栓钉焊	SW-P

表 4-7 施焊位置分类

<table>
<tr><th colspan="2">焊接位置</th><th>代号</th><th colspan="2">焊接位置</th><th>代号</th></tr>
<tr><td rowspan="5">板材</td><td rowspan="2">平</td><td rowspan="2">F</td><td rowspan="5">管材</td><td>水平转动平焊</td><td>1G</td></tr>
<tr><td>竖立固定横焊</td><td>2G</td></tr>
<tr><td>横</td><td>H</td><td>水平固定全位置焊</td><td>5G</td></tr>
<tr><td>立</td><td>V</td><td>倾斜固定全位置焊</td><td>6G</td></tr>
<tr><td>仰</td><td>O</td><td>倾斜固定加挡板全位置焊</td><td>6GR</td></tr>
</table>

板材对接试件焊接位置如图 4-37 所示。板材角接试件焊接位置如图 4-38 所示。

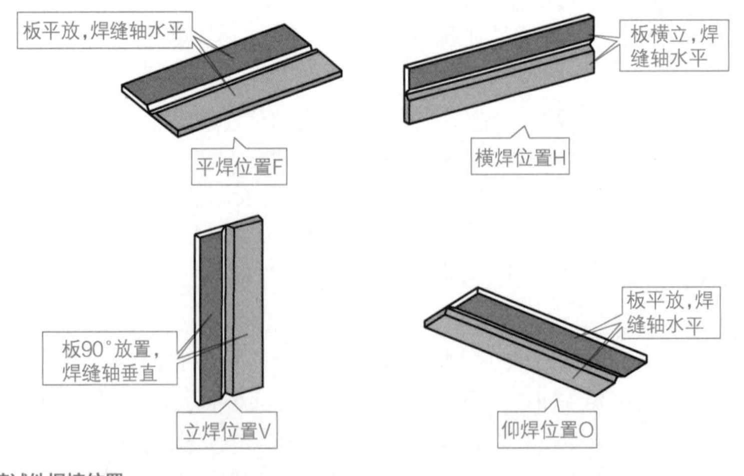

图 4-37 板材对接试件焊接位置

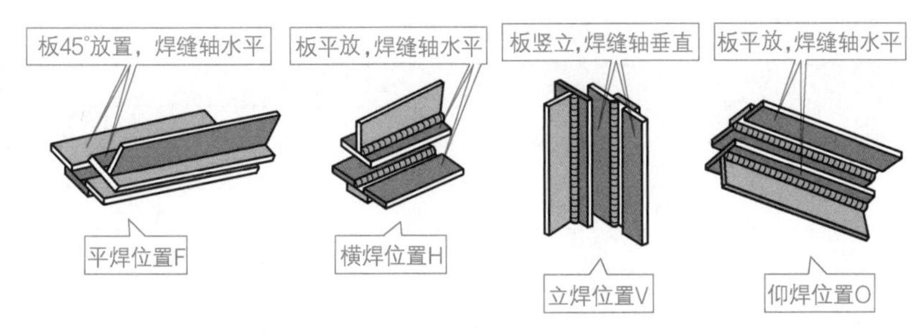

图 4-38 板材角接试件焊接位置

技能贴士

焊接工艺评定所用的钢材、栓钉、焊接材料，必须能够覆盖实际工程所用材料，并且符合相关标准要求，以及具有生产厂出具的质量证明文件。

4.3.2 焊接工艺评定替代规则

焊接工艺评定替代规则如下。

① 不同焊接方法的评定结果不得互相替代。不同焊接方法组合焊接可以用相应板厚的单种焊接方法评定结果替代，也可以用不同焊接方法组合焊接评定，但是弯曲、冲击试样切取位置需要包含不同的焊接方法。同种牌号钢材中，质量等级低的钢材不可以替代质量等级高的钢材。质量等级高的钢材可以替代质量等级低的钢材。

② 板材对接与外径不小于 600mm 的相应位置管材对接的焊接工艺评定，可以互相替代。

③ 不同材质的衬垫不可以互相替代。

④ 平焊位置评定结果不可以替代横焊位置。立、仰焊接位置与其他焊接位置间不可以互相替代。除栓钉焊外，横焊位置评定结果可以替代平焊位置。

⑤ 有衬垫单面焊全焊透接头和反面清根的双面焊全焊透接头，可以互相替代。

⑥ 有衬垫与无衬垫的单面焊全焊透接头，不可以互相替代。

⑦ 除栓钉焊外不同钢材焊接工艺评定的替代规则需要符合规定，如图 4-39 所示。

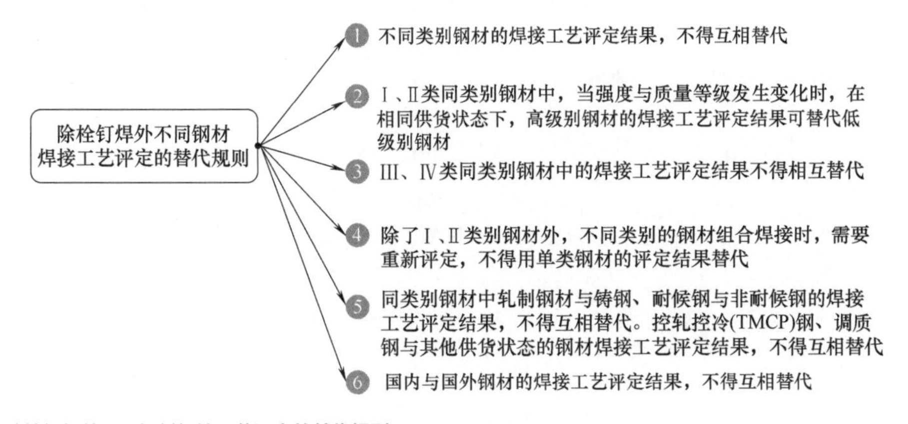

图 4-39 除栓钉焊外不同钢材焊接工艺评定的替代规则

⑧ 评定合格的试件厚度在工程中适用的厚度范围要求，见表 4-8。

表 4-8 评定合格的试件厚度在工程中适用的厚度范围要求

焊接方法类别号	评定合格试件厚度（t）/mm	工程适用厚度范围	
		板厚最小值	板厚最大值
1、2、3、4、5、8	≤ 25	3mm	$2t$
	$25 < t \leq 70$	$0.75t$	$2t$
	> 70	$0.75t$	不限
6	≥ 18	$0.75t$ 最小 18mm	$1.1t$
7	≥ 10	$0.75t$ 最小 10mm	$1.1t$
9	$1/3\phi \leq t < 12$	t	$2t$，且不大于 16mm
	$12 \leq t < 25$	$0.75t$	$2t$
	$t \geq 25$	$0.75t$	$1.5t$

注：ϕ 为栓钉直径。

⑨ 评定合格的管材接头时直径的覆盖原则需要符合的规定如图 4-40 所示。

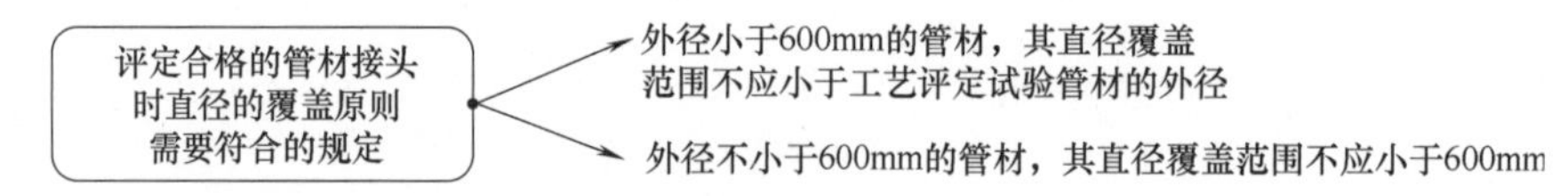

图 4-40 评定合格的管材接头时直径的覆盖原则需要符合的规定

⑩ 当栓钉材质不变时栓钉焊被焊钢材替代规则如图 4-41 所示。

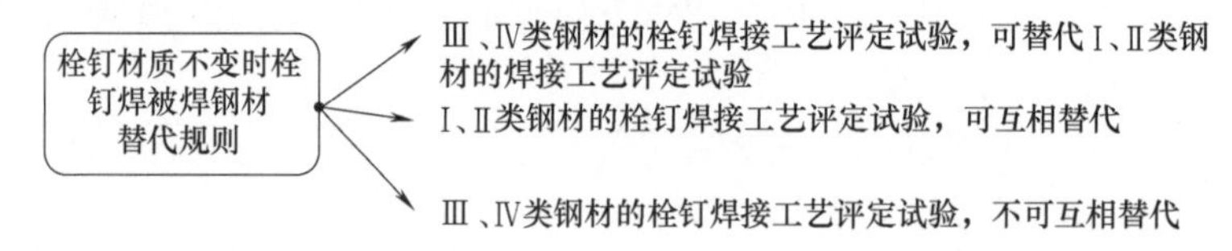

图 4-41 栓钉材质不变时栓钉焊被焊钢材替代规则

接头形式变化时，需要重新评定。但是，全焊透或部分焊透的 T 形或十字形接头对接与角接组合焊缝评定结果，可以替代角焊缝评定结果。十字形接头评定结果可以替代 T 形接头评定结果。

4.3.3 重新进行工艺评定的规定

焊条电弧焊重新进行工艺评定的情况，如图 4-42 所示。

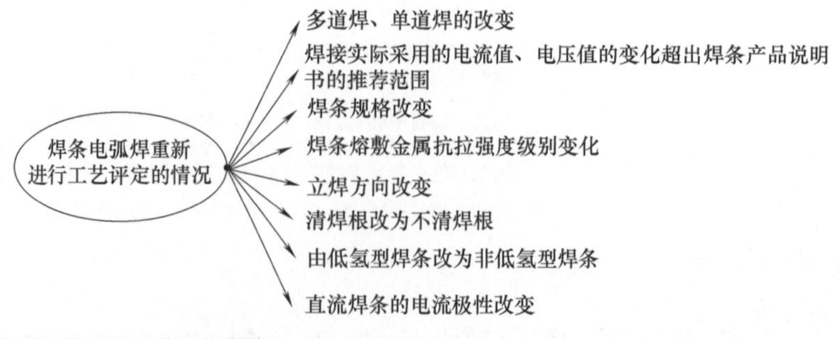

图 4-42 焊条电弧焊重新进行工艺评定的情况

其他重新进行工艺评定的规定，见表 4-9。

表 4-9 其他重新进行工艺评定的规定

类型	条件
埋弧焊，应重新进行工艺评定的条件之一发生变化时的情况	（1）多丝焊与单丝焊的改变 （2）焊接电流种类、极性的改变情况 （3）焊接实际采用的电流值、电压值、焊接速度变化，分别超过评定合格值的 10%、7%、15% （4）焊丝规格的改变情况 （5）焊丝与焊剂型号的改变情况 （6）清焊根改为不清焊根 （7）添加与不添加冷丝的改变情况
电渣焊，应重新进行工艺评定的条件之一发生变化时的情况	（1）板极与丝极的改变情况 （2）成形水冷滑块与挡板的改变情况 （3）单、多熔嘴的改变情况 （4）单侧坡口与双侧坡口的改变情况 （5）单丝与多丝的改变情况 （6）焊剂型号的改变情况 （7）焊剂装入量变化超过 30% 的情况 （8）焊接电流种类、极性的改变情况 （9）焊接电源伏安特性为恒压或恒流的改变情况 （10）焊接实际采用的电流值、电压值、送丝速度、垂直提升速度变化分别超过评定合格值的 20%、10%、40%、20% （11）焊丝直径的改变情况 （12）偏离垂直位置超过 10° 的情况 （13）熔嘴截面积变化大于 30%，熔嘴牌号改变情况 （14）有、无熔嘴的改变情况
非熔化极气体保护焊，应重新进行工艺评定的条件之一发生变化时的情况	（1）保护气体流量增加 25% 以上，或减少 10% 以上的情况 （2）保护气体种类的改变情况 （3）焊接电流极性的改变情况 （4）焊接实际采用的电流值和焊接速度的变化分别超过评定合格值的 25%、50% （5）焊炬摆动幅度超过评定合格值的 ±20% （6）添加焊丝或不添加焊丝的改变；冷态送丝和热态送丝的改变；焊丝类型、强度级别型号的改变
气电立焊，应重新进行工艺评定的条件之一发生变化时的情况	（1）保护气流量增加 25% 以上，或者减少 10% 以上的情况 （2）保护气种类或混合比例的改变情况 （3）成形水冷滑块与挡板的改变情况 （4）焊接电流极性改变情况 （5）焊接实际采用的电流值、送丝速度、电压值的变化，分别超过评定合格值的 15%、30%、10% （6）焊丝型号、直径的改变情况 （7）偏离垂直位置变化超过 10°
熔化极气体保护焊，应重新进行工艺评定的条件之一发生变化时的情况	（1）保护气体流量增加 25% 以上，或者减少 10% 以上的情况 （2）单一保护气体种类的变化情况 （3）多道焊与单道焊的改变情况 （4）焊接实际采用的电流值、电压值、焊接速度的变化，分别超过评定合格值的 10%、7%、10% （5）焊炬摆动幅度超过评定合格值的 ±20% 的情况 （6）焊丝型号的改变情况 （7）焊丝直径的改变情况 （8）混合保护气体的气体种类和混合比例的变化情况

续表

类型	条件
熔化极气体保护焊，应重新进行工艺评定的条件之一发生变化时的情况	（9）清焊根改为不清焊根的情况 （10）实心焊丝气体保护焊时，熔滴颗粒过渡与短路过渡的变化 （11）实心焊丝与药芯焊丝的变换情况
栓钉焊，应重新进行工艺评定的条件之一发生变化时的情况	（1）采用电弧焊时焊接材料的改变情况 （2）穿透焊中被穿透板材厚度、镀层量增加与种类的改变情况 （3）瓷环材料的改变情况 （4）非穿透焊与穿透焊的改变情况 （5）焊接实际采用的提升高度、伸出长度、焊接时间、电流值、电压值的变化超过评定合格值的 ±5% （6）栓钉标称直径的改变情况 （7）栓钉材质的改变情况 （8）栓钉焊接方法的改变情况 （9）栓钉焊接位置偏离平焊位置 25° 以上的变化或平焊、横焊、仰焊位置的改变情况 （10）预热温度比评定合格的焊接工艺降低 20℃或高出 50℃以上

4.3.4 免于焊接工艺的评定

① 免于评定的焊接方法、施焊位置的规定要求，见表 4-10。

表 4-10 免于评定的焊接方法、施焊位置的规定要求

焊接方法类别号	焊接法	代号	施焊位置
1	焊条电弧焊	SMAW	平、横、立
2-1	半自动实心焊丝二氧化碳气体保护焊（短路过渡除外）	GMAW-CO_2	平、横、立
2-2	半自动实心焊丝富氩＋二氧化碳气体保护焊	GMAW-Ar	平、横、立
2-3	半自动药芯焊丝二氧化碳气体保护焊	FCAW-G	平、横、立
5-1	单丝自动埋弧焊	SAW（单丝）	平、平角
9-2	非穿透栓钉焊	SW	平

② 免于评定的母材、焊缝金属组合的规定要求见表 4-11。钢材厚度不应大于 40mm，质量等级应为 A、B 级。

表 4-11 免于评定的母材、焊缝金属组合的规定要求

母材			焊条（丝）和焊剂－焊丝组合分类等级			
钢材类别	母材最小标称屈服强度 / MPa	钢材牌号	焊条电弧焊 SMAW	实心焊丝气体保护焊 GMAW	药芯焊丝气体保护焊 FCAW-G	埋弧焊 SAW（单丝）
I	＜235	Q195 Q215	GB/T 5117： E43XX	GB/T 8110： ER49-X	GB/T 10045： E43XT-X	GB/T 5293： F4AX-H08A
I	≥235 且＜300	Q235 Q275 Q235GJ	GB/T 5117： E43XX E50XX	GB/T 8110： ER49-X ER50-X	GB/T 10045： E43XT-X E50XT-X	GB/T 5293： F4AX-H08A GB/T 12470： F48AX-H08MnA

续表

母材			焊条（丝）和焊剂 - 焊丝组合分类等级			
钢材类别	母材最小标称屈服强度 / MPa	钢材牌号	焊条电弧焊 SMAW	实心焊丝气体保护焊 GMAW	药芯焊丝气体保护焊 FCAW-G	埋弧焊 SAW（单丝）
Ⅱ	≥ 300 且≤ 355	Q345 Q345GJ	GB/T 5117： E50XX GB/T 5118： E5015 E5016-X	GB/T 8110： ER50-X	GB/T 17493： E50XT-X	GB/T 5293： F5AX-H08MnA GB/T 12470： F48AX-H08MnA F48AX-H10Mn2 F48AX-H10Mn2A

③ 各种焊接方法免于评定的焊接工艺参数范围见表 4-12。如果焊接工艺参数根据表 4-12 的规定值变化范围超过有关规定时，不得免于评定。

表 4-12　各种焊接方法免于评定的焊接工艺参数范围

焊接方法代号	焊条或焊丝型号	焊条或焊丝直径 /mm	电流 /A	电流极性	电压 /V	焊接速度 /（cm/min）
SMAW	EXX15	3.2	80 ～ 140	EXX15：直流反接	18 ～ 26	8 ～ 18
	EXX16	4.0	110 ～ 210	EXX16：交、直流	20 ～ 27	10 ～ 20
	EXX03	5.0	160 ～ 230	EXX03：交流	20 ～ 27	10 ～ 20
GMAW	ER-XX	1.2	打底 180 ～ 260 填充 220 ～ 320 盖面 220 ～ 280	直流反接	25 ～ 38	25 ～ 45
FCAW	EXX1T1	1.2	打底 160 ～ 260 填充 220 ～ 320 盖面 220 ～ 280	直流反接	25 ～ 38	30 ～ 55
SAW	HXXX	3.2 4.0 5.0	400 ～ 600 450 ～ 700 500 ～ 800	直流反接或交流	24 ～ 40 24 ～ 40 34 ～ 40	25 ～ 65

注：表中参数为平、横焊位置。立焊电流应比平、横焊减小 10% ～ 15%。

④ 拉弧式栓钉焊免于评定的焊接工艺参数范围见表 4-13。

表 4-13　拉弧式栓钉焊免于评定的焊接工艺参数范围

焊接方法代号	栓钉直径 /mm	电流 /A	电流极性	焊接时间 /s	提升高度 /mm	伸出长度 /mm
SW	13	900 ～ 1000	直流正接	0.7	1 ～ 3	3 ～ 4
	16	1200 ～ 1300		0.8		4 ～ 5

技能贴士

免于评定的结构荷载特性应为静载。一些免于焊接工艺评定的焊接工艺参数要求如下。

① 保护气流量：20 ～ 50L/min。

② 保护气种类：二氧化碳和富氩气体，混合比例为氩气 80%+ 二氧化碳 20%。

③ 导电嘴与工件距离：埋弧自动焊为（40 ± 10）mm；气体保护焊为（20 ± 7）mm。

④ 焊条电弧焊焊接时，焊道最大宽度不应超过焊条标称直径的 4 倍。

⑤ 实心焊丝气体保护焊、药芯焊丝气体保护焊焊接时，焊道最大宽度不应超过 20mm。

4.4 试件、试样的试验与检验

4.4.1 试件的外观检验规定与要求

① 对接、角接、T 形等接头外观检验的规定和要求，如图 4-43 所示。

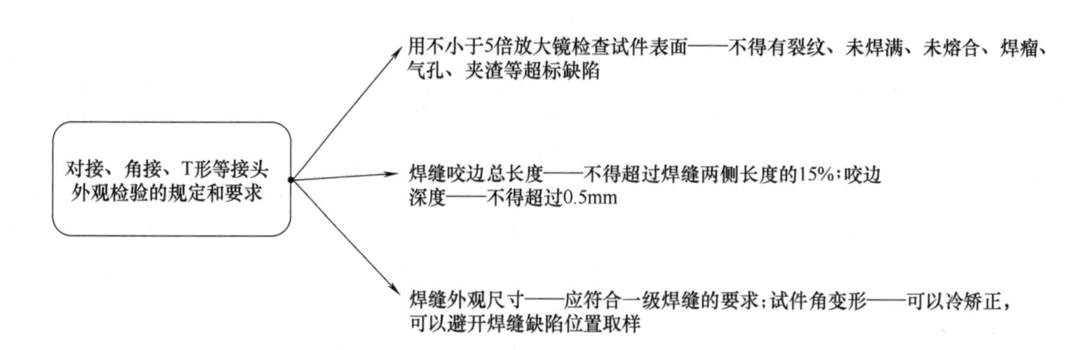

图 4-43 对接、角接、T 形等接头外观检验的规定和要求

② 栓钉焊接接头外观检验需要符合的要求，见表 4-14。

表 4-14 栓钉焊接接头外观检验需要符合的要求

外观检验项目	合格标准	检验法
焊缝外形尺寸	360°范围内焊缝饱满 拉弧式栓钉焊：焊缝高 $K_1 \geqslant$ 1mm；焊缝宽 $K_2 \geqslant$ 0.5mm	目测、钢尺、焊缝量规
栓钉焊后高度	高度偏差≤ ±2mm	钢尺
栓钉焊后倾斜角度	倾斜角度偏差 $\theta \leqslant 5°$	钢尺、量角器
焊缝缺欠	无气孔、夹渣、裂纹等缺欠	目测、放大镜（5 倍）
焊缝咬边	咬边深度≤ 0.5mm，且最大长度不得大于 1 倍的栓钉直径	钢尺、焊缝量规

③ 采用电弧焊方法进行栓钉焊接时其焊缝最小焊脚尺寸要求，见表 4-15。

表 4-15 采用电弧焊方法进行栓钉焊接时其焊缝最小焊脚尺寸要求 单位：mm

栓钉直径	角焊缝最小焊脚尺寸
10，13	6
16，19，22	8
25	10

4.4.2 试件的其他检验规定与要求

试件的其他检验规定与要求，包括试件的无损检测、接头弯曲试验、冲击试验、试样的力学性能、试样的硬度、试样的宏观酸蚀试验方法、接头拉伸试验、宏观酸蚀试验、硬度试验等。其中，硬度试验需要符合的规定如下。

① Ⅰ类钢材焊缝、母材热影响区维氏硬度值，不得超过 280HV。

② Ⅱ类钢材焊缝、母材热影响区维氏硬度值，不得超过 350HV。

③ Ⅲ、Ⅳ类钢材焊缝、热影响区硬度，应根据工程要求进行评定。

4.5 焊接工艺

4.5.1 母材的准备

母材的准备要点如下。

① 采用热切割方法加工的坡口表面质量，钢材厚度不大于 100mm 时，割纹深度不应大于 0.2mm。

② 采用热切割方法加工的坡口表面质量，钢材厚度大于 100mm 时，割纹深度不应大于 0.3mm。

③ 采用热切割方法加工的坡口表面质量，要符合现行行业标准《热切割、气割质量和尺寸偏差》(JB/T 10045.3) 等有关规定。

④ 待焊接的表面、距焊缝坡口边缘位置 30mm 范围内，不得有影响正常焊接与焊缝质量的氧化皮、油脂、锈蚀、水等杂质。

⑤ 钢材轧制过程中夹层是裂纹时，裂纹长度、深度均不大于 50mm 时要进行焊接修补。裂纹深度大于 50mm 或累计长度超过板宽的 20% 时，不应使用。

⑥ 割纹坡口表面上的缺口、凹槽，要采用机械加工或打磨清除。

⑦ 焊接接头坡口的加工或缺陷的清除，可以采用机加工、碳弧气刨、热切割、铲凿、打磨等方法。

⑧ 母材坡口表面切割缺陷需要进行焊接修补时，要根据有关规范规定制定修补焊接工艺，并且记录存档。调质钢、承受动荷载需经疲劳验算的结构，母材坡口表面切割缺陷的修补，还需要报监理工程师批准后方可进行。

⑨ 母材上待焊接的表面、两侧，要无毛刺、无裂纹、均匀、光洁、无其他对焊缝质量有不利影响的缺陷。

技能贴士

钢材轧制时，若焊接坡口边缘上钢材的夹层缺欠长度超过 25mm，需要采用无损检测方法检测其深度。缺欠深度大于 25mm 时，要采用超声波测定其尺寸，如果单个缺欠面积或者聚集缺欠的总面积不超过被切割钢材总面积的 4% 时为合格，否则不应使用。缺欠深度大于 6mm 且不超过 25mm 时，要用机械方法清除后焊接修补填满。缺欠深度不大于 6mm 时，要用机械方法清除。

4.5.2 焊接材料的要求

焊接材料的要求如下。

① 焊接材料熔敷金属的力学性能，不应低于相应母材标准的下限值或低于满足设计文件的要求。

② 焊接材料储存场所，需要干燥、通风良好，由专人保管、烘干、发放、回收，并且要有详细记录。

③ 钢构件焊接工程，焊接材料与母材的匹配，需要符合设计文件的要求及国家现行标准的规定。焊接材料在使用前，需要根据产品说明书、焊接工艺文件的规定进行烘焙、存放。

④ 焊丝、电渣焊的熔化或非熔化导管表面、栓钉焊接端面，要无油污、无锈蚀。

⑤ 焊条、焊剂的保存和烘干要求，见表 4-16。

表 4-16 焊条、焊剂的保存和烘干要求

项目	解释
焊剂的烘干要求	（1）使用前，要根据制造厂家推荐的温度进行烘焙，已受潮或结块的焊剂严禁使用 （2）用于焊接Ⅲ、Ⅳ类钢材的焊剂，烘干后在大气中放置时间不得超过 4h
焊条保存、烘干的要求	（1）低氢型焊条烘干时，烘箱的温度不应超过规定最高烘焙温度的一半。烘焙时间，以烘箱达到规定最高烘焙温度后开始计算 （2）低氢型焊条烘干后，要放置于温度不低于 120℃的保温箱中存放、待用。使用低氢型焊条时，要置于保温筒中，随用随取 （3）低氢型焊条使用前，要在 300 ～ 430℃烘焙 1 ～ 2h，或者根据厂家提供的焊条使用说明书进行烘干 （4）低氢型焊条重新烘干次数不得超过 1 次 （5）酸性焊条保存时，要有防潮措施。受潮的焊条，使用前要在 100 ～ 150℃烘焙 1 ～ 2h （6）用于焊接Ⅲ、Ⅳ类钢材的低氢型焊条，烘干后在大气中放置时间不应超过 2h。低氢型焊条烘干后，在大气中放置时间不应超过 4h

常用钢材的焊接材料，可以根据表 4-17 的规定来选用。

表 4-17 常用钢材的焊接材料参考

母材					焊接材料			
GB/T 700 和 GB/T 1591 标准钢材	GB/T 19879 标准钢材	GB/T 714 标准钢材	GB/T 4171 标准钢材	GB/T 7659 标准钢材	焊条电弧焊 SMAW	实心焊丝气体保护焊 GMAW	药芯焊丝气体保护焊 FCAW	埋弧焊 SAW
Q215	—	—	—	ZG200-400H ZG230-450H	GB/T 5117： E43XX	GB/T 8110： ER49-X	GB/T 10045： E43XTX-X GB/T 17493： E43XTX-X	GB/T 5293： F4XX-H08A
Q235 Q275	Q235GJ	Q235q	Q235NH Q265GNH Q295NH Q295GNH	ZG275-485H	GB/T 5117： E43XX E50XX GB/T 5118： E50XX-X	GB/T 8110： ER49-X ER50-X	GB/T 10045： E43XTX-X E50XTX-X GB/T 17493： E43XTX-X E49XTX-X	GB/T 5293： F4XX-H08A GB/T 12470： F48XX-H08MnA
Q345 Q390	Q345GJ Q390GJ	Q345q Q370q	Q310GNH Q355NH Q355GNH	—	GB/T 5117： E50XX GB/T 5118： E5015、16-X E5515、16-X①	GB/T 8110： ER50-X ER55-X	GB/T 10045： E50XTX-X GB/T 17493： E50XTX-X	GB/T 5293： F5XX-H08MnA F5XX-H10Mn2 GB/T 12470： F48XX-H08MnA F48XX-H10Mn2 F48XX-H10Mn2A
Q420	Q420GJ	Q420q	Q415NH	—	GB/T 5118： E5515、16-X E6015、16-X②	GB/T 8110 ER55-X ER62-X②	GB/T 17493： E55XTX-X	GB/T 12470： F55XX-H10Mn2A F55XX-H08MnMoA

续表

母材					焊接材料			
GB/T 700 和 GB/T 1591 标准钢材	GB/T 19879 标准钢材	GB/T 714 标准钢材	GB/T 4171 标准钢材	GB/T 7659 标准钢材	焊条电弧焊 SMAW	实心焊丝气体保护焊 GMAW	药芯焊丝气体保护焊 FCAW	埋弧焊 SAW
Q460	Q460GJ	—	Q460NH	—	GB/T 5118：E5515、16-X E6015、16-X	GB/T 8110 ER55-X	GB/T 17493：E55XTX-X E60XTX-X	GB/T 12470：F55XX-H08MnMoA F55XX-H08Mn2MoVA

① 仅适用于厚度不大于 35mm 的 Q3459 钢及厚度不大于 16mm 的 Q3709 钢。

② 仅适用于厚度不大于 16mm 的 Q4209 钢。

注：1. 焊接接头板厚不小于 25mm 时，宜采用低氢型焊接材料。

2. 被焊母材有冲击要求时，熔敷金属的冲击功不应低于母材规定。

3. 表中 X 对应焊材标准中的相应规定。

栓钉焊瓷环保存时要有防潮措施。受潮的焊接瓷环使用前要在 120 ～ 150℃烘焙 1 ～ 2h。

4.5.3 焊接接头的装配要求

焊接接头的装配要求如下。

① T 形接头的角焊缝连接部件的根部间隙大于 1.5mm 且小于 5mm 时，角焊缝的焊脚尺寸需要根据根部间隙值予以增加。

② 不等厚部件对接接头的错边量超过 3mm 时，较厚部件需要根据不大于 1 ∶ 2.5 坡度平缓过渡。

③ 搭接接头、槽焊、塞焊、钢衬垫与母材间的连接接头，接触面间的间隙不得超过 1.5mm。

④ 焊接接头间隙中，严禁填塞铁块、焊条头等杂物。

⑤ 坡口组装间隙偏差，不大于较薄板厚度 2 倍或 20mm 两值中较小值时，可以在坡口单侧或两侧堆焊。坡口组装间隙偏差允许值见表 4-18。

表 4-18 坡口组装间隙偏差允许值

项目	背面不清根	背面清根
接头钝边 /mm	±2	—
接头坡口角度 /（°）	+10 −5	+10 −5
U 形和 J 形坡口根部半径 /mm	+3 0	—
无衬垫接头根部间隙 /mm	±2	+2 −3
带衬垫接头根部间隙 /mm	+6 −2	—

技能贴士

采用角焊缝、部分焊透焊缝连接的 T 形接头，两部件要密贴。根部间隙不得超过 5mm。如果间隙超过 5mm，则需要在等焊板端表面堆焊，并且修磨平整使其间隙符合有关要求。

4.5.4 定位焊的要求

定位焊的要求如下。

① 采用钢衬垫的焊接接头，定位焊宜在接头坡口内进行。

② 定位焊，必须由持相应资格证书的焊工施焊，严禁无证焊工施焊。

③ 定位焊缝长度不应小于 40mm。

④ 定位焊缝厚度不应小于 3mm。

⑤ 定位焊缝间距宜为 300 ～ 600mm。

⑥ 定位焊缝与正式焊缝，需要具有相同的焊接工艺和焊接质量要求。

⑦ 定位焊焊缝存在裂纹、气孔、夹渣等缺陷时，需要完全清除。

⑧ 定位焊所用焊接材料，需要与正式焊缝的焊接材料相当。

⑨ 要求疲劳验算的动荷载结构，需要根据结构特点和要求，制定定位焊工艺文件。

技能贴士

定位焊焊接时的预热温度，宜高于正式施焊预热温度 20 ～ 50℃。

4.5.5 焊接环境的要求

焊接环境的要求如下。

① 焊接环境温度低于 0℃，但不低于 -10℃时，则需要采取加热或防护措施，以确保接头焊接处各方向不小于 2 倍板厚且不低于 100mm 范围内的母材温度。不低于 20℃或规定的最低预热温度两者的较高值，并且在焊接过程中不应低于这一温度。

② 焊接环境温度低于 -10℃时，必须进行相应焊接环境下的工艺评定试验，并且在评定合格后再进行焊接。如果不符合规定，则严禁焊接。

③ 气体保护电弧焊不宜超过 2m/s。如果超过该值，则需要采取有效措施以保障焊接电弧区域不受影响。

④ 焊条电弧焊、自保护药芯焊丝电弧焊，其焊接作业区最大风速不宜超过 8m/s。

技能贴士

焊接作业处于下列情况之一时严禁进行。

① 焊件表面潮湿，或者焊件暴露于雨、冰、雪中。

② 焊接作业区的相对湿度大于 90%。

③ 焊接作业条件不符合现行国家标准《焊接与切割安全》(GB 9448) 等有关规定的情况。

4.5.6 预热、道间温度的控制要求

预热、道间温度的控制要求如下。

① Ⅲ、Ⅳ类钢材，调质钢的预热温度、道间温度的确定，需要符合钢厂提供的指导性参数要求。

② 采用火焰加热器预热时，正面测温需要在火焰离开后进行。

③ 焊接过程中，最低道间温度不得低于预热温度。

④ 焊前预热、道间温度的保持宜采用火焰加热法、电加热法，并且采用专用的测温仪器进行测量。

⑤ 静载结构焊接时，最大道间温度不宜超过 250℃。

⑥ 需进行疲劳验算的动荷载结构、调质钢焊接时，最大道间温度不宜超过 230℃。

⑦ 预热的加热区域应在焊缝坡口两侧，并且宽度应大于焊件施焊处板厚的 1.5 倍，以及不得小于 100mm。

⑧ 预热温度宜在焊件受热面的背面测量，并且测量点需要在离电弧经过前的焊接点各方向不小于 75mm 的位置。

⑨ 预热温度、道间温度，需要根据钢材的化学成分、热输入大小、接头的拘束状态、熔敷金属含氢量水平、所采用的焊接方法等综合因素确定或进行焊接试验。

⑩ 常用钢材采用中等热输入焊接时最低预热温度需要符合的要求，见表 4-19。

表 4-19　常用钢材采用中等热输入焊接时最低预热温度需要符合的要求　　单位：℃

钢材类别	接头最厚部件的板厚 t/mm				
	$t \leq 20$	$20<t \leq 40$	$40<t \leq 60$	$60<t \leq 80$	$t>80$
Ⅰ①	—	—	40	50	80
Ⅱ	—	20	60	80	100
Ⅲ	20	60	80	100	120
Ⅳ②	20	80	100	120	150

① 铸钢除外，Ⅰ类钢材中的铸钢预热温度宜参照Ⅱ类钢材的要求确定。

② 仅限于Ⅳ类钢材中的 Q460、Q460GJ 钢。

注：1. 本表不适用于供货状态为调质处理的钢材；控轧控冷（TMCP）钢最低预热温度可由试验确定。

2. 焊接热输入为 15 ～ 25kJ/cm，当热输入每增大 5kJ/cm 时，预热温度可比表中温度降低 20℃。

3. 焊接接头材质不同时，应按接头中较高强度、较高碳当量的钢材选择最低预热温度。

4. 焊接接头板厚不同时，应按接头中较厚板的板厚选择最低预热温度和道间温度。

5. “-” 表示焊接环境在 0℃以上时，可不采取预热措施。

6. 当采用非低氢焊接材料或焊接方法焊接时，预热温度应比表中规定的温度提高 20℃。

7. 当母材施焊处温度低于 0℃时，应根据焊接作业环境、钢材牌号及板厚的具体情况将表中预热温度适当增加，且应在焊接过程中保持这一最低道间温度。

技能贴士

电渣焊、气电立焊在环境温度为 0℃以上施焊时，可以不进行预热。但是，板厚大于 60mm 时，宜对引弧区域的母材预热且预热温度不得低于 50℃。

4.5.7　引弧板、引出板与衬垫的要求

引弧板、引出板与衬垫的要求如下。

① 衬垫材质，可以采用金属、纤维、焊剂、陶瓷等。

② 焊接接头的端部，需要设置焊缝引弧板、引出板，应使焊缝在提供的延长段上引弧、终止。

③ 焊条电弧焊、气体保护电弧焊焊缝引弧板、引出板长度，应大于 25mm。

④ 埋弧焊引弧板、引出板长度，应大于 80mm。

⑤ 引弧板、引出板，严禁使用锤击去除。

⑥ 引弧板、引出板，宜采用火焰切割、碳弧气刨、机械等方法去除。去除时，不得伤及母材，并且需要将割口处修磨到与焊缝端部平整。

⑦ 使用钢衬垫时需要符合的要求，如图 4-44 所示。

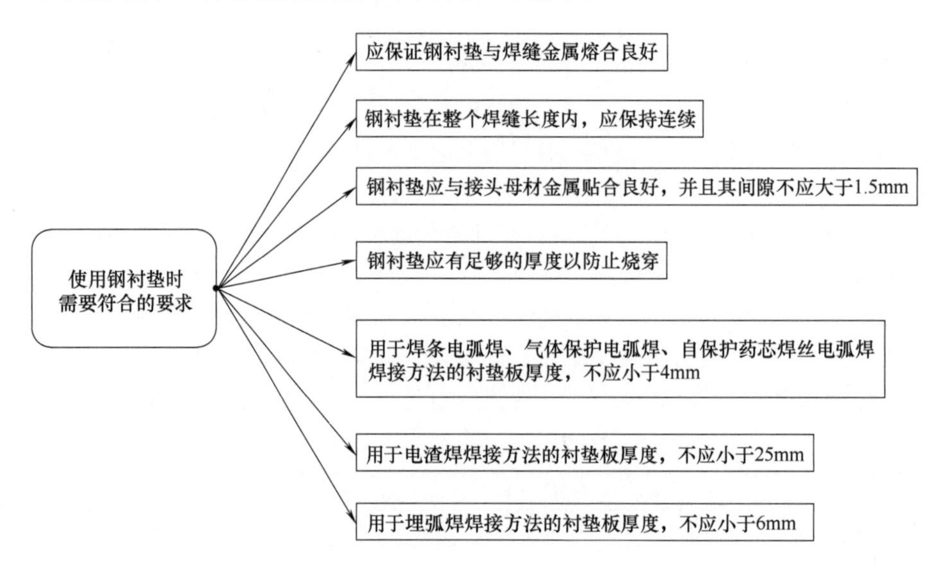

图 4-44 使用钢衬垫时需要符合的要求

技能贴士

引弧板、引出板、钢衬垫板的钢材强度，不得大于被焊钢材强度，并且需要具有与被焊钢材相近的焊接性。

4.5.8 焊后消氢的热处理要求

焊后消氢的热处理要求，如图 4-45 所示。

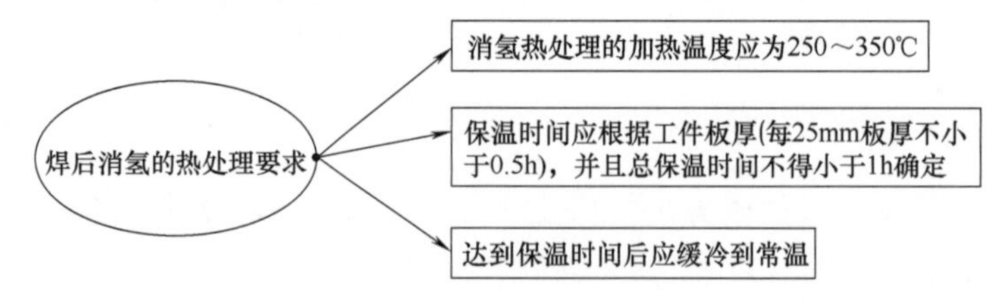

图 4-45 焊后消氢的热处理要求

4.5.9 焊后消应力的处理要求

焊后消应力的处理要求如下。

① 焊后热处理，需要符合现行行业标准《碳钢、低合金钢焊接构件焊后热处理方法》(JB/T 6046) 等有关规定。

② 设计、合同文件对焊后消除应力有要求时，需要经疲劳验算的动荷载结构中承受拉应力

的对接接头或焊缝密集的节点或构件，宜采用电加热器局部退火和加热炉整体退火等方法进行消除应力处理。如果仅为稳定结构尺寸，则可以采用振动法消除应力。

③ 用振动法消除应力时，需要符合现行标准《焊接构件振动时效工艺参数选择及技术要求》（JB/T 10375）等有关规定。

④ 采用电加热器对焊接构件进行局部消除应力热处理时需要符合的要求，如图 4-46 所示。

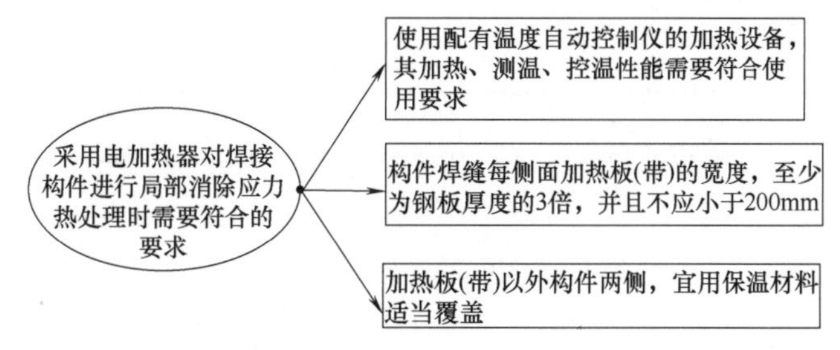

图 4-46 采用电加热器对焊接构件进行局部消除应力热处理时需要符合的要求

用锤击法消除中间焊层应力时，应使用圆头手锤或小型振动工具进行，不应对根部焊缝、盖面焊缝、焊缝坡口边缘的母材进行锤击。

4.5.10 焊接工艺技术的要求

焊接工艺技术的要求如下。

① 除了用于坡口焊缝的加强角焊缝外，如果满足设计要求，则应采用最小角焊缝尺寸。

② 调质钢上严禁采用塞焊、槽焊焊缝。

③ 多层焊时应连续施焊，每一焊道焊接完成后需要及时清理焊渣及表面飞溅物，遇有中断施焊的情况，则采取适当的保温措施，必要时应进行后热处理，再次焊接时重新预热温度应高于初始预热温度。

④ 立焊、仰焊时，每道焊缝焊完后需要等熔渣冷却并且清除后，再施焊后续焊道。

⑤ 塞焊、槽焊可以采用气体保护电弧焊、焊条电弧焊、药芯焊丝自保护焊等焊接方法。

⑥ 平焊时，需要分层焊接，每层熔渣冷却凝固后必须清除再重新焊接。

⑦ 半自动实心焊丝气体保护焊、半自动药芯焊丝气体保护焊、焊条电弧焊、药芯焊丝自保护焊、自动埋弧焊焊接方法，其单道焊最大焊缝尺寸宜符合的规定见表 4-20。

表 4-20 单道焊最大焊缝尺寸宜符合的规定 单位：mm

焊道类型	焊接位置	焊缝类型	焊接法		
			焊条电弧焊	气体保护焊和药芯焊丝自保护焊	单丝埋弧焊
填充焊道最大厚度	全部	全部	5	6	6
单道角焊缝最大焊脚尺寸	平焊	角焊缝	10	12	12
	横焊		8	10	8
	立焊		12	12	—
	仰焊		8	8	

续表

焊道类型	焊接位置	焊缝类型	焊接法		
			焊条电弧焊	气体保护焊和药芯焊丝自保护焊	单丝埋弧焊
根部焊道最大厚度	平焊	全部	10	10	—
	横焊		8	8	
	立焊		12	12	—
	仰焊		8	8	

⑧ 焊接施工前，需要制定焊接工艺文件用于指导焊接施工。焊接工艺文件的内容如图 4-47 所示。

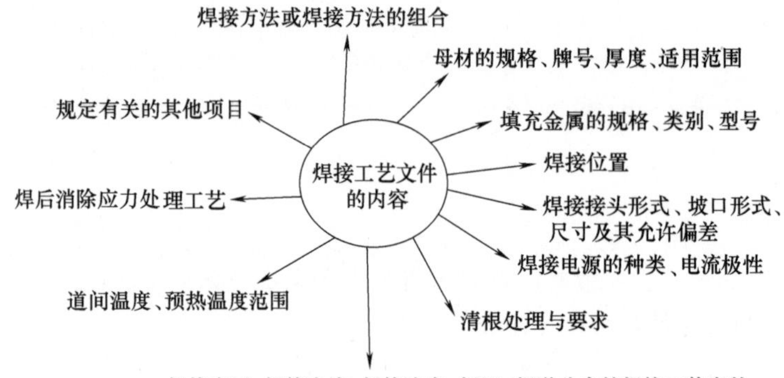

图 4-47 焊接工艺文件的内容

技能贴士

焊条电弧焊、药芯焊丝气体保护焊、实心焊丝气体保护焊、埋弧焊（SAW）焊接方法，每一道焊缝的宽深比都不应小于 1.1。

4.5.11 焊接变形控制的要求

焊接变形控制的要求如下。

① 多组件构成的组合构件要采取分部组装焊接，矫正变形后再进行总装焊接。

② 钢结构焊接时，采用的焊接工艺、焊接顺序需要能够使最终构件的变形最小、收缩最小。

③ 焊缝分布相对于构件的中性轴明显不对称的异形截面的构件，在满足设计要求的条件下可以采用调整填充焊缝熔敷量或补偿加热的方法。

④ 有较大收缩或角变形的接头，正式焊接前需要采用预留焊接收缩裕量或反变形方法控制收缩和变形。

⑤ 根据构件上焊缝的布置可以采用合理的焊接顺序控制变形，如图 4-48 所示。

技能贴士

构件装配焊接时，先焊收缩量较大的接头，后焊收缩量较小的接头，并且接头要在小的拘束状态下焊接。

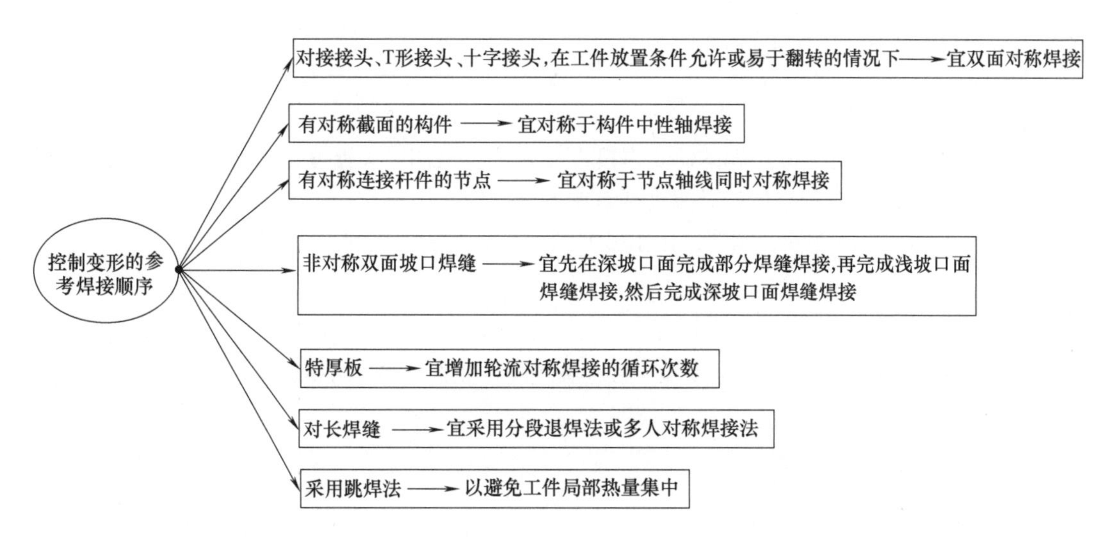

图 4-48 控制变形的参考焊接顺序

4.5.12 返修焊的要求

对焊缝进行返修需要符合的有关要求如下。

① 返修前，需要清洁修复区域的表面。

② 焊瘤、凸起、余高过大时，需要采用砂轮或碳弧气刨清除过量的焊缝金属。

③ 未熔合、咬边、焊缝气孔、焊缝凹陷、弧坑、焊缝尺寸不足、焊缝夹渣等，需要在完全清除缺陷后进行焊补。

④ 焊缝、母材的裂纹要采用磁粉、渗透或其他无损检测方法确定裂纹的范围、深度，然后用砂轮打磨或碳弧气刨清除裂纹及其两端各 50mm 长的完好焊缝或母材，修整表面或磨除气刨渗碳层后，再采用渗透或磁粉探伤方法确定裂纹是否彻底清除，然后重新进行焊补。

⑤ 对于拘束度较大的焊接接头的裂纹用碳弧气刨清除前，宜在裂纹两端钻止裂孔。

⑥ 焊接返修的预热温度，需要比相同条件下正常焊接的预热温度提高 30% ～ 50%，并且采用低氢焊接材料、焊接方法进行焊接。

⑦ 返修部位要连续焊接。如果中断焊接时，则采取后热、保温措施，以防止产生裂纹。厚板返修焊宜采用消氢处理。

⑧ 焊接裂纹的返修，由焊接技术人员对裂纹产生的原因进行调查、分析，并且制定专门的返修工艺方案后进行。

⑨ 同一部位两次返修后仍不合格时，则需要重新制定返修方案，并且经有关人员认可后才可以实施。

技能贴士

焊缝金属、母材的缺欠超过相应的质量验收标准时，可以采用砂轮打磨、碳弧气刨、铲凿或机械加工等方法彻底清除，然后进行返修；返修焊的焊缝需要根据原检测方法、质量标准进行检测验收，并且填报返修施工记录、返修前后的无损检测报告。这些将作为工程验收资料、存档资料。

4.5.13 焊件矫正的要求

焊件矫正的有关要求如下。

① 采用加热矫正时，调质钢的矫正温度严禁超过其最高回火温度，其他供货状态的钢材的矫正温度不得超过 800℃或钢厂推荐温度两者中的较低值。

② 焊接变形超标的构件，需要采用机械方法，或者局部加热的方法进行矫正。

技能贴士

构件加热矫正后，宜采用自然冷却。低合金钢在矫正温度高于 650℃时，严禁急冷。

4.5.14 焊缝清根的要求

焊缝清根的要求如下。

① 全焊透焊缝的清根需要从反面进行。清根后的凹槽需要形成不小于 10° 的 U 形坡口。

② 碳弧气刨清根需要符合的规定，如图 4-49 所示。

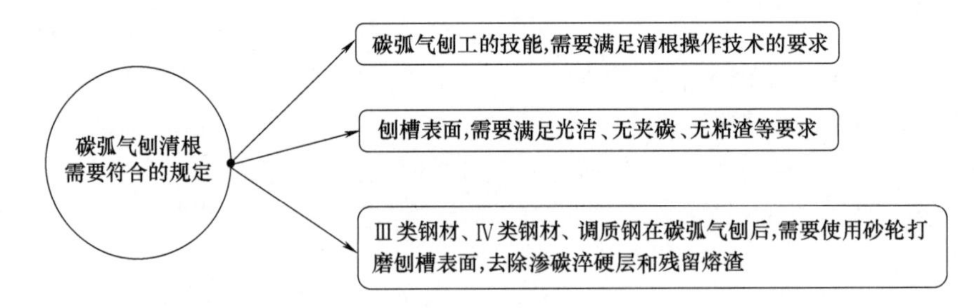

图 4-49 碳弧气刨清根需要符合的规定

4.5.15 电渣焊、气电立焊的要求

电渣焊、气电立焊的要求如下。

① 电渣焊、气电立焊的冷却块或衬垫块以及导管，需要满足焊接质量要求。

② 电渣焊、气电立焊在引弧和熄弧时，可以使用钢制或铜制引熄弧块。

③ 电渣焊使用的铜制引弧槽的截面积，应与正式电渣焊接头的截面积一致，可在引弧块的底部加入适当的碎焊丝（ϕ1mm × 1mm）便于起弧。

④ 电渣焊使用的铜制引弧槽的深度不应小于 50mm。

⑤ 电渣焊使用的铜制引熄弧块长度不应小于 100mm。

⑥ 电渣焊用焊丝应控制 S、P 含量，同时应具有较高的脱氧元素含量。电渣焊焊接过程中，可以采用添加焊剂和改变焊接电压的方法，调整渣池深度、宽度。

⑦ 焊接过程中出现电弧中断或焊缝中间存在缺陷，可钻孔清除已焊焊缝，重新进行焊接。必要时，需要刨开面板，采用其他焊接方法进行局部焊补。返修后，需要重新根据检测要求进行无损检测。

⑧ 熔嘴上的药皮锈蚀、脱落、带有油污的熔嘴，不得使用。

⑨ 电渣焊采用 I 形坡口时坡口间隙 b 与板厚 t 的关系，如图 4-50 所示。

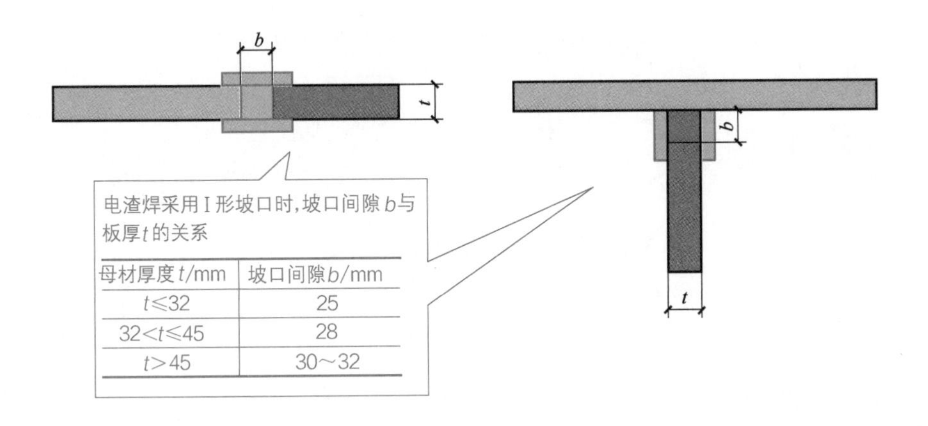

母材厚度 t/mm	坡口间隙 b/mm
t≤32	25
32<t≤45	28
t>45	30～32

图 4-50　电渣焊采用 I 形坡口时坡口间隙 b 与板厚 t 的关系

技能贴士

采用熔嘴电渣焊时，需要防止熔嘴上的药皮脱落、受潮。受潮的熔嘴需要经过 120℃约 1.5h 的烘焙后方可使用。

4.5.16　临时焊缝、引弧熄弧的要求

临时焊缝的要求如下。

① Ⅲ、Ⅳ类钢材，板厚大于 60mm 的 Ⅰ、Ⅱ类钢材，需经疲劳验算的结构，临时焊缝清除后，需要采用磁粉或渗透探伤方法对母材进行检测，不允许存在裂纹等缺陷。

② 临时焊缝的焊接工艺、质量要求，需要与正式焊缝相同。

③ 临时焊缝清除时，需要不伤及母材，并且需要将临时焊缝区域修磨平整。

④ 需经疲劳验算结构中受拉部件或受拉区域，严禁设置临时焊缝。

引弧熄弧的要求如下。

① 不得在焊缝区域外的母材上引弧、熄弧。

② 母材的电弧擦伤需要打磨光滑。

技能贴士

承受动载以及Ⅲ类钢材、Ⅳ类钢材的擦伤位置，还需要进行磁粉或渗透探伤检测，不得存在裂纹等缺陷。

4.6　钢结构焊接补强、加固的要求

4.6.1　编制补强加固设计方案的技术资料

编制补强、加固设计方案时需要具备的技术资料，如图 4-51 所示。

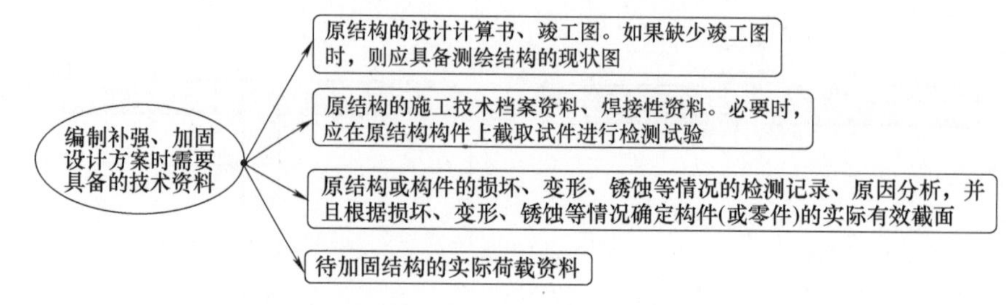

图 4-51 编制补强、加固设计方案时需要具备的技术资料

4.6.2 缺损构件的评估与处理

对有缺损的构件需要进行承载力评估。如果缺损严重，影响结构安全时，则需要立即采取卸载、加固措施，对损坏构件及时进行更换等处理。如果为一般缺损，则可以进行焊接修复、补强，具体参考图 4-52。

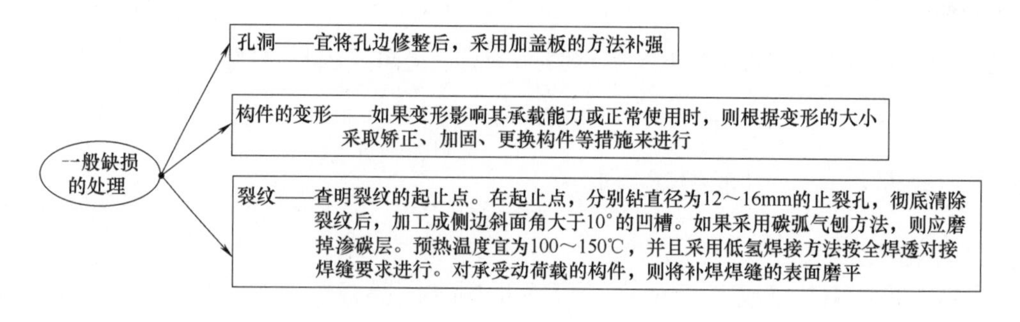

图 4-52 一般缺损的处理

4.6.3 焊接补强、加固的方式

钢结构的焊接补强、加固的方式，有卸载补强或加固、负荷或部分卸载状态下进行补强或加固等，如图 4-53 所示。

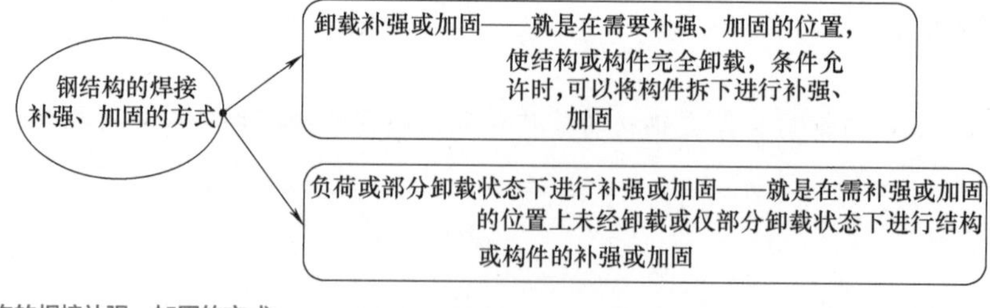

图 4-53 钢结构的焊接补强、加固的方式

4.6.4 负荷状态下焊接补强、加固施工的要求

负荷状态下焊接补强、加固施工的要求，如图 4-54 所示。

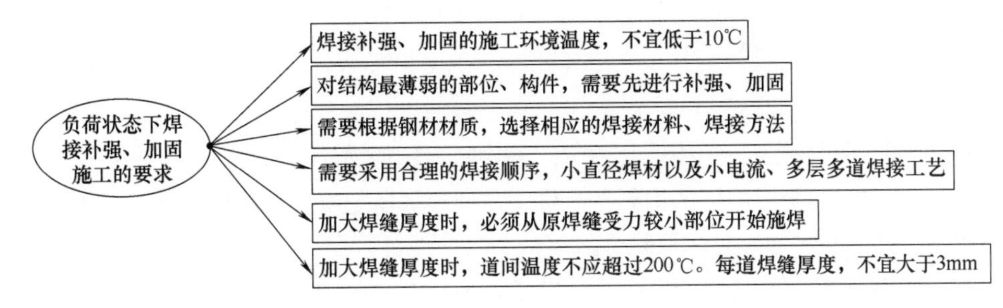

图 4-54　负荷状态下焊接补强、加固施工的要求

4.6.5　角焊缝的补强加固

角焊缝补强宜采用增加原有焊缝长度（包括增加端焊缝）或者增加焊缝有效厚度的方法来进行。

当负荷状态下采用加大焊缝厚度的方法补强时，则被补强焊缝的长度不应小于 50mm。加固后的焊缝应力需要符合计算要求，具体参考计算式如图 4-55 所示。

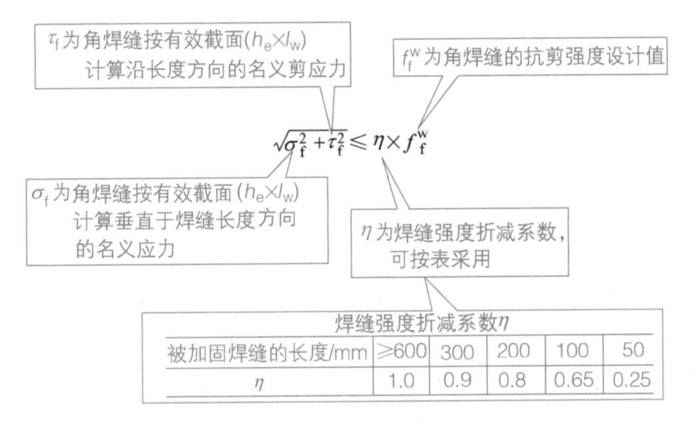

焊缝强度折减系数η

被加固焊缝的长度/mm	≥600	300	200	100	50
η	1.0	0.9	0.8	0.65	0.25

图 4-55　角焊缝加固后的焊缝应力要求参考计算式

4.6.6　负荷状态下补强加固的要求

负荷状态下进行补强、加固工作的要求和规定，如图 4-56 所示。在负荷状态下进行焊接补强或加固时，可以根据具体情况采取措施：必要的临时支护、合理的焊接工艺等。

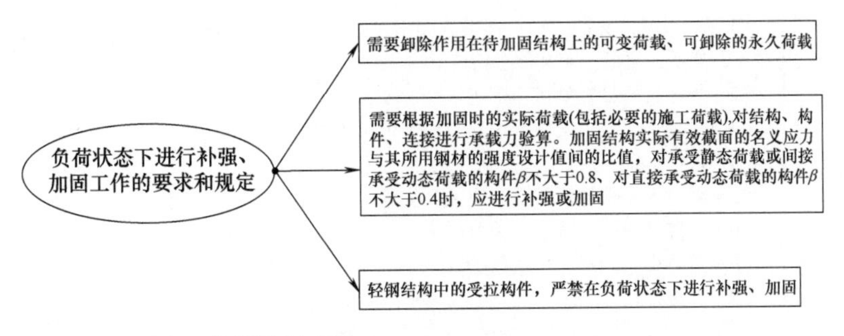

图 4-56　负荷状态下进行补强、加固工作的要求和规定

4.6.7 焊接补强加固的其他要求

焊接补强加固的其他要求如下。

① 补强、加固的方案，一般由设计、施工、业主等各方共同研究确定。

② 对于受气相腐蚀介质作用的钢结构构件，需要根据所处腐蚀环境根据现行有关标准等进行分类。如果腐蚀削弱平均量超过原构件厚度的 25%、腐蚀削弱平均量虽未超过 25% 但剩余厚度小于 5mm 时，需要将钢材的强度设计值乘以相应的折减系数。

③ 对于特殊腐蚀环境中钢结构焊接补强、加固问题，需要进行专门研究确定。

④ 钢结构焊接补强或加固，需要考虑时效对钢材塑性的不利影响。

⑤ 焊接补强与加固时，原有结构的焊缝缺欠，需要根据其对结构安全影响的程度，分别采取卸载或负荷状态下补强与加固。

⑥ 用焊接方法补强铆接或普通螺栓接头时，补强焊缝需要承担全部计算荷载。

⑦ 用于补强、加固的零件宜对称布置。加固焊缝宜对称布置，不宜密集、交叉。高应力区、应力集中位置不宜布置加固焊缝。

技能贴士

摩擦型高强度螺栓连接的构件用焊接方法加固时，栓接、焊接两种连接形式计算承载力的比值应为 1 ～ 1.5。

4.7 焊接的检验

4.7.1 焊接检验的一般规定

焊接检验的一般规定如下。

① 焊接检验可以分为自检、监检等类型。

② 根据一般程序，焊接检验分为焊前检验、焊中检验、焊后检验，各特点见表 4-21。

③ 焊缝外观检测、超声波检测均需要符合要求。

表 4-21 焊接检验的特点

项目	解释
焊前检验的内容	（1）根据设计文件、相关标准的要求，对工程中所用钢材、焊接材料的规格、型号（牌号）、材质、外观、质量证明文件进行确认 （2）焊工合格证、认可范围确认 （3）焊接工艺技术文件、操作规程审查 （4）坡口形式、尺寸、表面质量的检查 （5）组对后构件的形状、错边量、位置、角变形、间隙等检查 （6）焊接环境、焊接设备等条件确认 （7）定位焊缝的尺寸、质量的认可 （8）焊接材料的烘干、保存、领用情况的检查 （9）引弧板、引出板、衬垫板的装配质量检查

续表

项目	解释
焊中检验的内容	（1）实际采用的焊接电流、预热温度、焊接电压、焊接速度、层间温度、后热温度和时间等焊接工艺参数、焊接工艺文件的符合性检查 （2）多层多道焊焊道缺欠的处理情况的确认 （3）采用双面焊清根的焊缝，需要在清根后进行外观检查、规定的无损检测 （4）多层多道焊中焊层、焊道的布置、焊接顺序等的检查
焊后检验的内容	（1）焊缝的外观质量、外形尺寸的检查 （2）焊缝的无损的检测 （3）焊接工艺规程记录、检验报告的审查

技能贴士

焊接检验方案包括检验批的划分、抽样检验的抽样方法、检验项目、检验方法、检验时机、相应的验收标准等内容。

4.7.2 承受静荷载结构焊接质量的检验

① 承受静荷载结构焊接焊缝外观质量的规定和要求，见表 4-22。

表 4-22 承受静荷载结构焊接焊缝外观质量的规定和要求

检验项目	焊缝质量等级		
	一级	二级	三级
未焊满	不允许	≤ 0.2mm+0.02t 且≤ 1mm，每 100mm 长度焊缝内未焊满累积长度≤ 25mm	≤ 0.2mm+0.04t 且≤ 2mm，每 100mm 长度焊缝内未焊满累积长度≤ 25mm
根部收缩	不允许	≤ 0.2mm+0.02t 且≤ 1mm，长度不限	≤ 0.2mm+0.04t 且≤ 2mm，长度不限
咬边	不允许	深度≤ 0.05t 且≤ 0.5mm，连续长度≤ 100mm，且焊缝两侧咬边总长≤ 10% 焊缝全长	深度≤ 0.1t 且≤ 1mm，长度不限
接头不良	不允许	缺口深度≤ 0.05t 且≤ 0.5mm，每 1000mm 长度焊缝内不得超过 1 处	缺口深度≤ 0.1t 且≤ 1mm，每 1000mm 长度焊缝内不得超过 1 处
表面气孔	不允许		每 50mm 长度焊缝内允许存在直径< 0.4t 且≤ 3mm 的气孔 2 个；孔距应≥ 6 倍孔径
表面夹渣	不允许		深≤ 0.2t，长≤ 0.5t 且≤ 20mm
电弧擦伤	不允许		允许存在个别电弧擦伤
裂纹	不允许		

注：t 为母材厚度。

② 对接焊缝、角焊缝余高及错边允许偏差需要符合的规定和要求，见表 4-23。

表 4-23 对接焊缝、角焊缝余高及错边允许偏差需要符合的规定和要求

项目	示意图	允许偏差 /mm	
		一、二级	三级
角焊缝余高（C）	h_f C h_f	h_f ≤ 6 时 C 为 0 ～ 1.5； h_f ＞ 6 时 C 为 0 ～ 3.0	

续表

项目	示意图	允许偏差 /mm	
		一、二级	三级
对接焊缝余高（C）		$B<20$ 时， C 为 0 ～ 3； $B \geqslant 20$ 时， C 为 0 ～ 4	$B<20$ 时， C 为 0 ～ 3.5； $B \geqslant 20$ 时， C 为 0 ～ 5
对接焊缝错边（Δ）		$\Delta<0.1t$ 且≤ 2.0	$\Delta<0.15t$ 且≤ 3.0

注：t 为对接接头较薄件母材厚度。

技能贴士

承受静荷载结构焊接质量的检验，还包括无损检测的基本要求以及超声波检测、射线检测、表面检测、磁粉检测、渗透检测等要求。

4.7.3 需疲劳验算结构的焊缝质量检验

需疲劳验算结构的焊缝质量检验如下。

① 焊缝的外观质量，需要无裂纹、无未熔合、无夹渣、无弧坑未填满等，同时，也不得超过表 4-24 规定的缺欠。

表 4-24 焊缝的外观质量要求与规定

检验项目	焊缝质量等级		
	一级	二级	三级
咬边	不允许	深度≤ $0.05t$ 且≤ 0.3mm，连续长度≤ 100mm，且焊缝两侧咬边总长≤ 10% 焊缝全长	深度≤ $0.1t$ 且≤ 0.5mm，长度不限
未焊满	不允许		≤ 0.2mm+$0.02t$ 且 ≤ 1mm，每 100mm 长度焊缝内未焊满累积长度≤ 25mm
根部收缩	不允许		≤ 0.2mm+$0.02t$ 且≤ 1mm，长度不限
电弧擦伤	不允许		允许存在个别电弧擦伤
表面气孔	不允许		直径小于 1.0mm，每米不多于 3 个，间距不小于 20mm
表面夹渣	不允许		深≤ $0.2t$，长≤ $0.5t$ 且≤ 20mm
裂纹	不允许		
接头不良	不允许		缺口深度≤ $0.05t$ 且≤ 0.5mm，每 1000mm 长度焊缝内不得超过 1 处

注：1. 桥面板与弦杆角焊缝、桥面板侧的桥面板与 U 形肋角焊缝、腹板侧受拉区竖向加劲肋角焊缝的咬边缺陷应满足一级焊缝的质量要求。

2. t 为母材厚度。

② 焊缝的外观尺寸要求，见表 4-25。

表 4-25 焊缝的外观尺寸要求

项目		种类	允许偏差
焊脚尺寸		主要角焊缝[a] （包括对接与角接组合焊缝）	$h_f{}^{+2.0}_{0}$
		其他角焊缝	$h_f{}^{+2.0b}_{-1.0}$
余高		对接焊缝	焊缝宽度 $b \leqslant$ 20mm 时 $\leqslant$ 2.0mm 焊缝宽度 $b >$ 20mm 时 $\leqslant$ 3.0mm
余高铲磨后	表面高度	横向对接焊缝	高于母材表面不大于 0.5mm 低于母材表面不大于 0.3mm
	表面粗糙度		不大于 50μm
焊缝高低差		角焊缝	任意 25mm 范围高低差 $\leqslant$ 2.0mm

注：1. 手工焊角焊缝全长的 10% 允许 $h_f{}^{+3.0}_{-1.0}$。
2. 主要角焊缝是指主要杆件的盖板与腹板的连接焊缝。

③ 超声波检测设备、工艺要求需要符合现行国家标准有关规定。超声波检测范围和检验等级，需要符合表 4-26 的规定。超声波检测距离 - 波幅曲线灵敏度、缺欠等级评定需要符合表 4-27 和表 4-28 的规定。

表 4-26 超声波检测范围和检验等级

焊缝质量级别	探伤部位	探伤比例 /%	板厚 t/mm	检验等级
二级角焊缝	两端螺栓孔部位延长 500mm，板梁主梁及纵、横梁跨中加探 1000mm	100	$10 \leqslant t \leqslant 46$	B（双面单侧）
	—	—	$46 < t \leqslant 80$	B（双面单侧）
一、二级横向对接焊缝	全长	100	$10 \leqslant t \leqslant 46$	B
	—	—	$46 < t \leqslant 80$	B（双面双侧）
二级纵向对接焊缝	焊缝两端各 1000mm	100	$10 \leqslant t \leqslant 46$	B
	—	—	$46 < t \leqslant 80$	B（双面双侧）

表 4-27 超声波检测距离 - 波幅曲线灵敏度

焊缝质量等级		板厚 /mm	判废线	定量线	评定线
全焊透对接与角接组合焊缝一级		$10 \leqslant t \leqslant 80$	$\phi3 \times 40$-4dB	$\phi3 \times 40$-10dB	$\phi3 \times 40$-16dB
			$\phi6$	$\phi3$	$\phi2$
角焊缝二级	部分焊透对接与角接组合焊缝	$10 \leqslant t \leqslant 80$	$\phi3 \times 40$-4dB	$\phi3 \times 40$-10dB	$\phi3 \times 40$-16dB
	贴角焊缝	$10 \leqslant t \leqslant 25$	$\phi1 \times 2$	$\phi1 \times 2$-6dB	$\phi1 \times 2$-12dB
		$25 < t \leqslant 80$	$\phi1 \times 2$+4dB	$\phi1 \times 2$-4dB	$\phi1 \times 2$-10dB
对接焊缝一、二级		$10 \leqslant t \leqslant 46$	$\phi3 \times 40$-6dB	$\phi3 \times 40$-14dB	$\phi3 \times 40$-20dB
		$46 < t \leqslant 80$	$\phi3 \times 40$-2dB	$\phi3 \times 40$-10dB	$\phi3 \times 40$-16dB

注：1. $\phi6$、$\phi3$、$\phi2$ 表示纵波探伤的平底孔参考反射体尺寸。
2. 角焊缝超声波检测采用铁路钢桥制造专用柱孔标准试块或与其校准过的其他孔形试块。

表 4-28 超声波检测缺欠等级评定

焊缝质量等级	板厚 t/mm	单个缺欠指示长度	多个缺欠的累计指示长度
全焊透对接与角接组合焊缝一级	$10 \leqslant t \leqslant 80$	t/3，最小可为 10mm	—

续表

焊缝质量等级	板厚 t/mm	单个缺欠指示长度	多个缺欠的累计指示长度
角焊缝二级	$10 \leqslant t \leqslant 80$	$t/2$, 最小可为 10mm	—
对接焊缝一级	$10 \leqslant t \leqslant 80$	$t/4$, 最小可为 8mm	在任意 $9t$, 焊缝长度范围不超过 t
对接焊缝二级	$10 \leqslant t \leqslant 80$	$t/2$, 最小可为 10mm	在任意 $4.5t$, 焊缝长度范围不超过 t

注：1. 缺欠指示长度小于 8mm 时，按 5mm 计。

2. 母材板厚不同时，按较薄板评定。

技能贴士

需疲劳验算结构的焊缝质量检验，还包括无损检测、射线检测、磁粉检测、渗透检测，均需要符合现行标准有关规定。

第5章

钢结构的制作与安装

5.1 钢结构制作安装基础知识与一般性要求

5.1.1 一般规定

钢结构制作与安装前，需要检查材料和配件。钢材的品种、规格、性能等需要符合国家现行产品标准、设计要求，并且具有质量合格证明文件。钢材的抽样复验，需要符合现行有关标准。钢结构的制作与安装焊接工作的，宜在制作厂或施工现场地面进行，以尽量减少高空作业。参与钢结构的制作与安装焊接工作的操作人员应经过考试取得合格证，并且经过相应项目的焊接工艺考核合格后方可上岗。

空间网格结构制作与安装施工前，一般需要编制施工组织设计，在施工过程中需要严格执行。空间网格结构的制作、安装、验收、放线宜针对性地采用钢尺、经纬仪、全站仪等工具。钢尺在使用时拉力要一致。使用的测量器具必须要经过计量检验部门检验合格。空间网格钢结构安装前，需要根据定位轴线、标高基准点复核和验收支座预埋件、预埋锚栓的平面位置与标高的情况。空间网格钢结构的安装方法，如图 5-1 所示。

空间网格钢结构安装方法确定后，需要分别对空间网格钢结构各吊点反力、竖向位移、杆件内力、提升或顶升时支承柱的稳定性、风载下空间网格结构的水平推力等进行验算。必要时需要采取临时加固措施。

空间网格钢结构分割成条状、块状以及采用悬挑法安装时，需要对各相应施工工况进行跟踪验算。对有影响的杆件、节点需要进行调整。安装用支架、起重设备拆除前，需要对相应各阶段工况进行结构验算，以选择合理的拆除顺序。

安装阶段结构的动力系数的参考选取，如图 5-2 所示。

空间网格钢结构不得在六级及六级以上的风力下进行安装。

空间网格钢结构正式安装前，宜进行局部或整体试拼装。当结构较简单或确有把握时，可以不进行试拼装。

空间网格钢结构在进行涂装前，必须对构件表面进行处理，清除焊渣、毛刺、铁锈、污物

等。另外，经过处理的表面需要符合设计要求、现行有关标准的规定等。

空间网格钢结构宜在安装完毕、形成整体后再进行屋面板、吊挂构件等的相关安装。

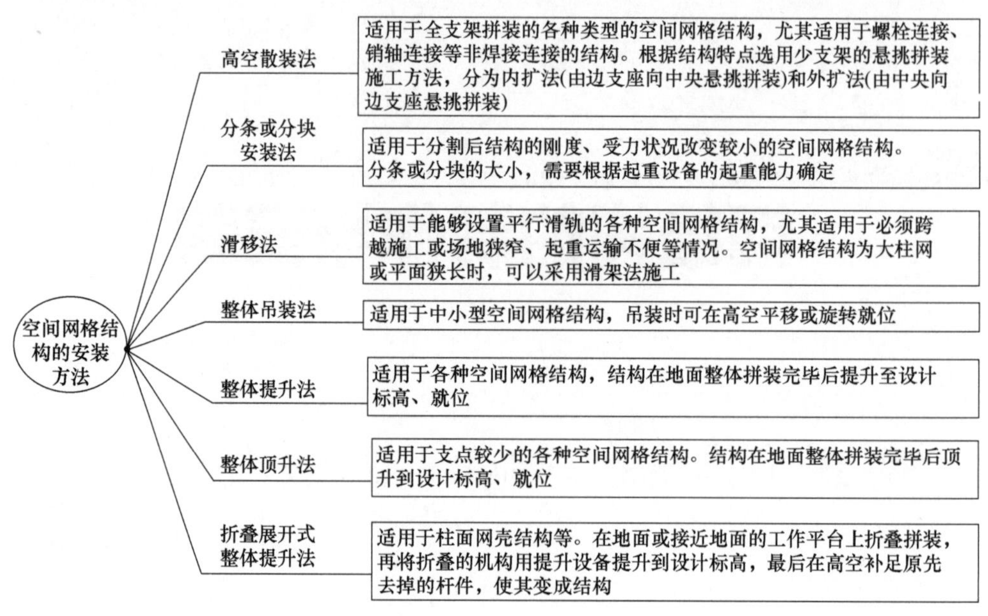

图 5-1 空间网格钢结构的安装方法

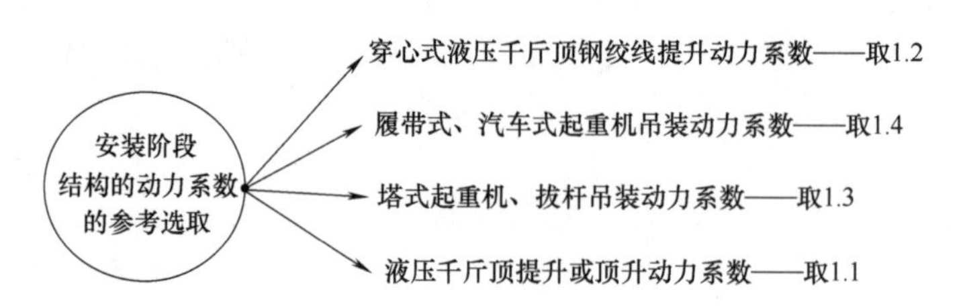

图 5-2 安装阶段结构的动力系数的参考选取

5.1.2 空间网格钢结构的制作与拼装

空间网格钢结构的杆件、节点需要在专门的设备、胎具上进行制作与拼装，以保证拼装单元的精度、互换性。空间网格钢结构制作与安装中所有焊缝的要求（设计无要求时），如图 5-3 所示。

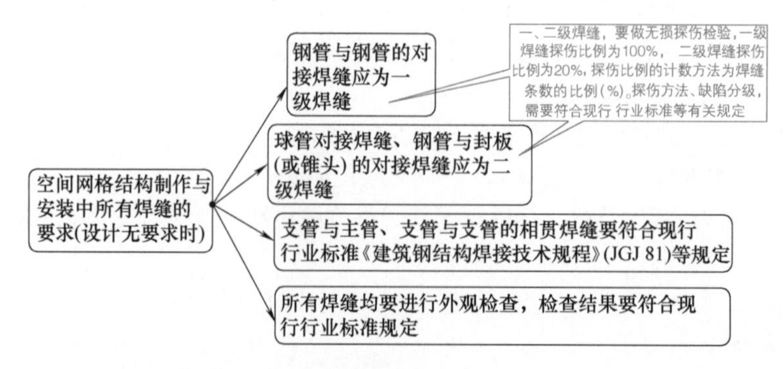

图 5-3 空间网格结构制作与安装中所有焊缝的要求（设计无要求时）

空间网格钢结构的杆件接长次数不得超过一次。接长杆件总数不得超过杆件总数的 10%，并且不得集中布置。杆件的对接焊缝距节点、端头的最短距离不得小于 500mm。

空间网格钢结构钢管杆件尽量采用机床下料，以便确保精度与简化安装难度。空间网格钢结构杆件下料长度需要预加焊接收缩量，其值可通过试验来确定。空间网格钢结构杆件制作长度的允许偏差一般为 ±1mm。采用嵌入式毂节点连接的杆件，其长度需要包括杆端嵌入件。采用螺栓球节点连接的杆件，其长度需要包括锥头或封板。

焊接球节点的半圆球尽量采用机床坡口。焊接后的成品球表面要光滑平整，不得有局部凸起、褶皱。焊接球的尺寸允许偏差要求规定见表 5-1。

表 5-1　焊接球的尺寸允许偏差要求规定　　单位：mm

项目	规格	允许偏差
直径	$D \leqslant 300$	±1.5
	$300 < D \leqslant 500$	±2.5
	$500 < D \leqslant 800$	±3.5
	$D > 800$	±4.0
圆度	$D \leqslant 300$	1.5
	$300 < D \leqslant 500$	2.5
	$500 < D \leqslant 800$	3.5
	$D > 800$	4.0
对口错边量	$t \leqslant 20$	1.0
	$20 < t \leqslant 40$	2.0
	$t > 40$	3.0
壁厚减薄量	$t \leqslant 10$	$0.18t$，且不应大于 1.5
	$10 < t \leqslant 16$	$0.15t$，且不应大于 2.0
	$16 < t \leqslant 22$	$0.12t$，且不应大于 2.5
	$22 < t \leqslant 45$	$0.11t$，且不应大于 3.5
	$t > 45$	$0.08t$，且不应大于 4.0

注：t 为焊接球的壁厚；D 为焊接球的外径。

螺栓球不得有裂缝，螺栓球尺寸的允许偏差见表 5-2。

表 5-2　螺栓球尺寸的允许偏差

项目	规格 /mm	允许偏差
球的圆度	$D \leqslant 120$	1.5mm
	$120 < D \leqslant 250$	2.5mm
	$D > 250$	3.5mm
同一轴线上两铣平面平行度	$D \leqslant 120$	0.2mm
	$D > 120$	0.3mm
毛坯球直径	$D \leqslant 120$	+2.0mm −1.0mm
	$D > 120$	+3.0mm −1.5mm
铣平面距球中心距离	—	±0.2mm
相邻两螺栓孔中心线夹角	—	±30′
铣平面与螺栓孔轴线垂直度	—	$0.005r$

注：r 为铣平面半径；D 为螺栓球直径。

嵌入式毂节点尺寸的允许偏差见表 5-3。

表 5-3 嵌入式毂节点尺寸的允许偏差

项目	允许偏差
毂体嵌入槽间夹角	±20′
毂体端面对嵌入槽分布圆中心线的端面跳动	0.3mm
端面间平行度	0.5mm
嵌入槽圆孔对分布圆中心线的平行度	0.3mm
分布圆直径	±0.3mm
直槽部分对圆孔平行度	0.2mm

空间网格钢结构尽量在拼装模架上进行小拼，以保证小拼单元的形状、尺寸的准确性。小拼单元的允许偏差要求见表 5-4。

表 5-4 小拼单元的允许偏差要求 单位：mm

项目	范围	允许偏差
网格尺寸	$L \leqslant 5000$	±2.0
	$L > 5000$	±3.0
锥体（桁架）高度	$h \leqslant 5000$	±2.0
	$h > 5000$	±3.0
对角线长度	$L \leqslant 7000$	±3.0
	$L > 7000$	±4.0
平面桁架节点处杆件轴线错位	d（b）$\leqslant 200$	2.0
	d（b）> 200	3.0
节点中心偏移	$D \leqslant 500$	2.0
	$D > 500$	3.0
杆件中心与节点中心的偏移	d（b）$\leqslant 200$	2.0
	d（b）> 200	3.0
杆件轴线的弯曲矢高	—	L_1/1000，且不应大于 5.0

注：d 为杆件直径；b 为杆件截面边长；D 为节点直径；L_1 为杆件长度；L 为网格尺寸；h 为锥体（桁架）高度。

支座节点、铸钢节点、预应力索锚固节点、H 型钢、方管、预应力索等的制作加工、安装，需要符合设计、现行有关钢结构工程施工标准的有关规定。

分条或分块的空间网格钢结构单元长度不大于 20m 时，拼接边长度允许偏差一般为 ±10mm。条或块单元长度大于 20m 时，拼接边长度允许偏差应一般为 ±20mm。高空总拼需要有保证精度的措施。空间网格钢结构在总拼安装前需要精确放线，并且放线的允许偏差一般为边长的 1/10000。网壳钢结构总拼安装完成后需要检查曲面形状，并且其局部凹陷的允许偏差一般为跨度的 1/1500，以及一般不应大于 40mm。

螺栓球节点、用高强度螺栓连接的空间网格钢结构，根据规定拧紧高强度螺栓后，需要对高强度螺栓的拧紧情况逐一检查，压杆不得存在缝隙，以确保高强度螺栓拧紧。

钢结构安装完成后，需要对拉杆套筒的缝隙、多余的螺孔用油腻子填嵌密实，并且根据规定进行防腐处理。

钢结构支座安装需要平整垫实，必要时可用钢板调整，不得强迫就位。

5.1.3 两个热轧等边角钢组合时连接垫板的最大间距

钢结构的制作、安装时，需要注意钢材配件、材料的连接尺寸、形状，有的还需要注意间距要求。例如，两个热轧等边角钢组合时连接垫板的最大间距见表 5-5。制作、安装连接垫板时，注意不得超过其最大间距。

表 5-5 两个热轧等边角钢组合时连接垫板的最大间距

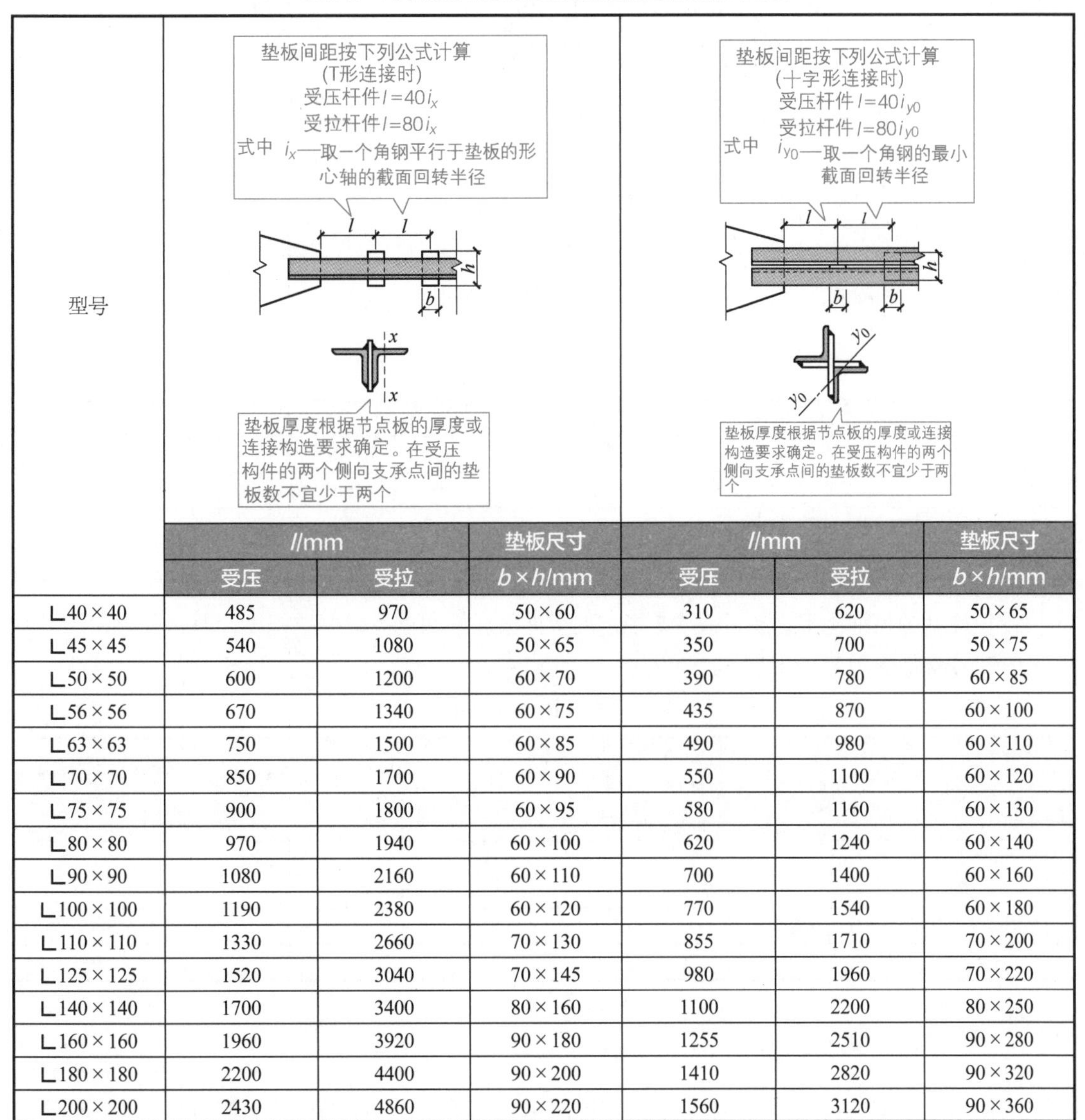

型号	l/mm（T形连接）		垫板尺寸	l/mm（十字形连接）		垫板尺寸
	受压	受拉	$b\times h$/mm	受压	受拉	$b\times h$/mm
∟40×40	485	970	50×60	310	620	50×65
∟45×45	540	1080	50×65	350	700	50×75
∟50×50	600	1200	60×70	390	780	60×85
∟56×56	670	1340	60×75	435	870	60×100
∟63×63	750	1500	60×85	490	980	60×110
∟70×70	850	1700	60×90	550	1100	60×120
∟75×75	900	1800	60×95	580	1160	60×130
∟80×80	970	1940	60×100	620	1240	60×140
∟90×90	1080	2160	60×110	700	1400	60×160
∟100×100	1190	2380	60×120	770	1540	60×180
∟110×110	1330	2660	70×130	855	1710	70×200
∟125×125	1520	3040	70×145	980	1960	70×220
∟140×140	1700	3400	80×160	1100	2200	80×250
∟160×160	1960	3920	90×180	1255	2510	90×280
∟180×180	2200	4400	90×200	1410	2820	90×320
∟200×200	2430	4860	90×220	1560	3120	90×360

5.1.4 不同腹杆体系的塔架

不同腹杆体系的塔架，包括两个侧面腹杆体系的节点全部重合、两个侧面腹杆体系的节点部分重合、两个侧面腹杆体系的节点全部不重合情况，如图 5-4 所示。

轴心受压构件的长细比不宜超过表 5-6 规定的容许值。但是，杆件内力设计值不大于承载能力的 50% 时，容许长细比值可取 200。

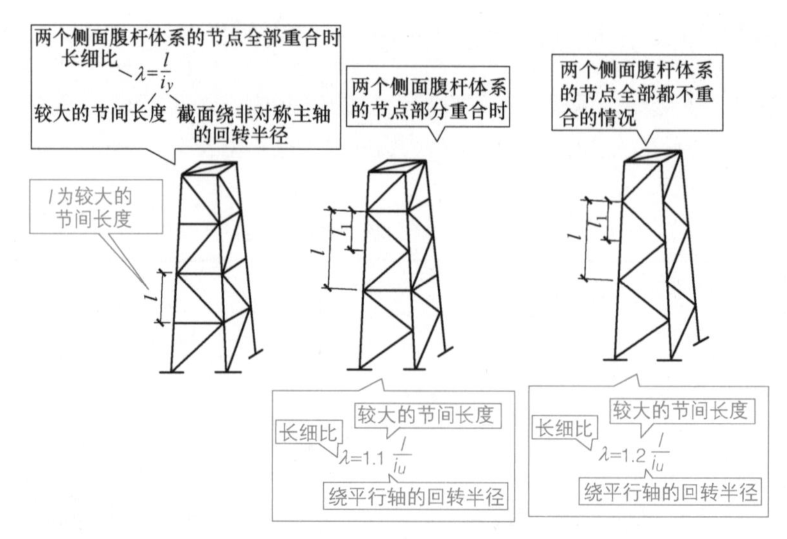

图 5-4 不同腹杆体系的塔架

表 5-6 受压构件的长细比容许值

名称	长细比容许值
用以减小受压构件计算长度的杆件	200
支撑	200
轴心受压柱、桁架和天窗架中的压杆	150
柱的缀条、吊车梁或吊车桁架以下的柱间支撑	150

受拉构件的长细比不宜超过表 5-7 规定的容许值。柱间支撑根据拉杆设计时，竖向载作用下柱子的轴力需要按无支撑时考虑。

表 5-7 受拉构件的长细比容许值

名称	直接承受动力荷载的结构	承受静力荷载或间接承受动力荷载的结构		
		有重级工作制起重机的厂房	对腹杆提供平面外支点的弦杆	一般建筑结构
除张紧的圆钢外的其他拉杆、支撑、系杆等	—	350	—	400
吊车梁或吊车桁架以下柱间支撑	—	200	—	300
桁架的构件	250	250	250	350

5.1.5 塔架下端的制作与安装

塔架下端结构与制作、安装特点如图 5-5 所示。塔架主杆与主斜杆间的辅助杆应能够承受的节点支撑力，需要根据节间数不超过 4 时、节间数大于 4 时的不同情况，根据公式来确定。

5.1.6 施工扳手可操作空间尺寸要求

采用螺栓布置的钢结构在制作、安装时，需要采用扳手进行施工操作。为此，采用螺栓布置时，需要考虑好工地专用施工工具的可操作空间的要求。其中，常见扳手可操作空间尺寸的要求见表 5-8。

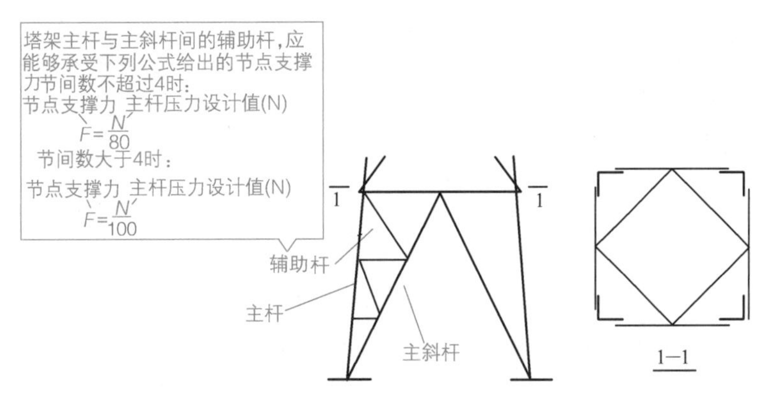

图 5-5 塔架下端结构与制作、安装特点

表 5-8 常见扳手可操作空间尺寸的要求

扳手种类		参考尺寸 /mm		示意图
		a	b	
大六角电动扳手	M24 及以下	50	450+c	a b c
	M24 以上	60	500+c	
手动定扭矩扳手		1.5d_0 且不小于 45	140+c	
扭剪型电动扳手		65	530+c	

注：d_0 为高强度螺栓连接板的孔径，对槽孔为短向尺寸。

5.1.7 H 型钢螺栓拼接接头的安装

H 型钢螺栓拼接接头（实腹梁或者柱拼接接头）的安装特点，如图 5-6 所示。

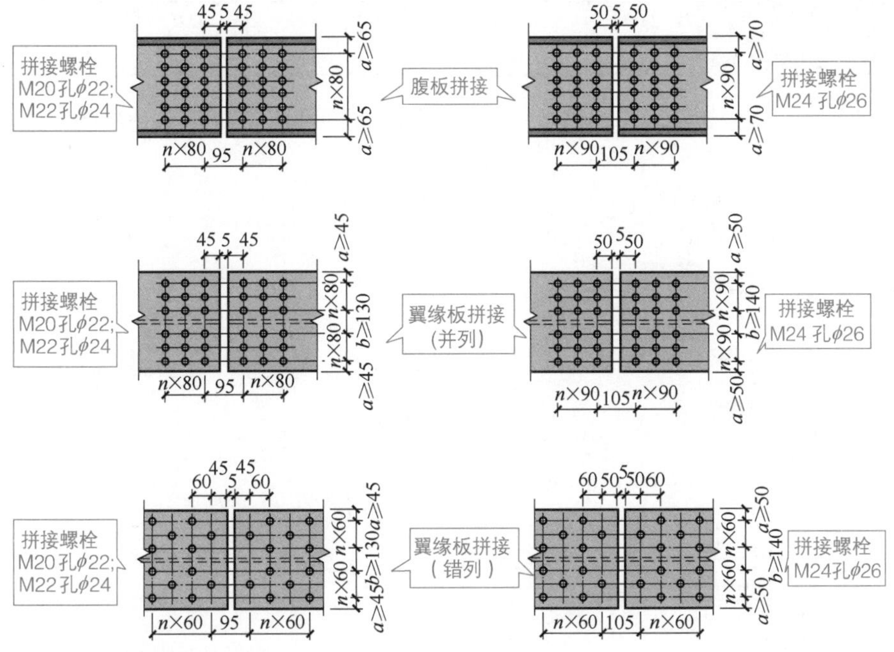

图 5-6 实腹梁或者柱拼接接头的安装特点

5.1.8 高强度螺栓的安装

高强度螺栓长度需要保证在终拧后，螺栓外露丝扣为 2 ~ 3 扣。高强度螺栓连接处摩擦面如采用喷砂（丸）后生赤锈处理方法时，安装前需要用细钢丝刷除去摩擦面上的浮锈。高强度螺栓的长度计算确定如图 5-7 所示。

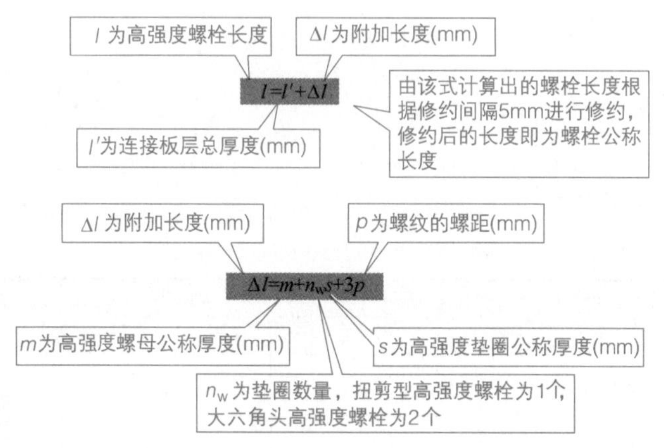

图 5-7 高强度螺栓的长度计算确定

高强度螺栓公称直径确定后，计算高强度螺栓的长度时的附加 Δl，可以根据表 5-9 取值确定。但是，采用大圆孔或槽孔时，高强度垫圈公称厚度（s）需要根据实际厚度来取值。

表 5-9 高强度螺栓附加长度 Δl 单位：mm

螺栓公称直径	M12	M16	M20	M22	M24	M27	M30
高强度螺母公称厚度	12.0	16.0	20.0	22.0	24.0	27.0	30.0
高强度垫圈公称厚度	3.00	4.00	4.00	5.00	5.00	5.00	5.00
螺纹的螺距	1.75	2.00	2.50	2.50	3.00	3.00	3.50
大六角头高强度螺栓附加长度	23.0	30.0	35.5	39.5	43.0	46.0	50.5
扭剪型高强度螺栓附加长度	—	26.0	31.5	34.5	38.0	41.0	45.5

因板厚公差、制造偏差、安装偏差等产生的接触面间隙，需要进行相关的处理，如图 5-8 所示。

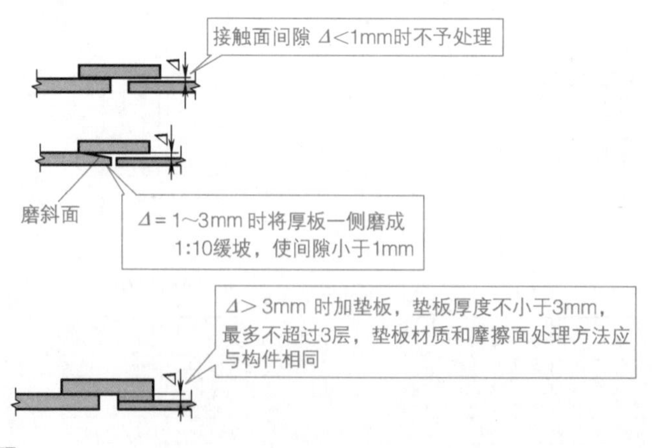

图 5-8 接触面间隙的处理

高强度螺栓连接安装时，在每个节点上应穿入的临时螺栓、冲钉数量，由安装时可能承担的荷载计算来确定，需要符合的规定如图 5-9 所示。

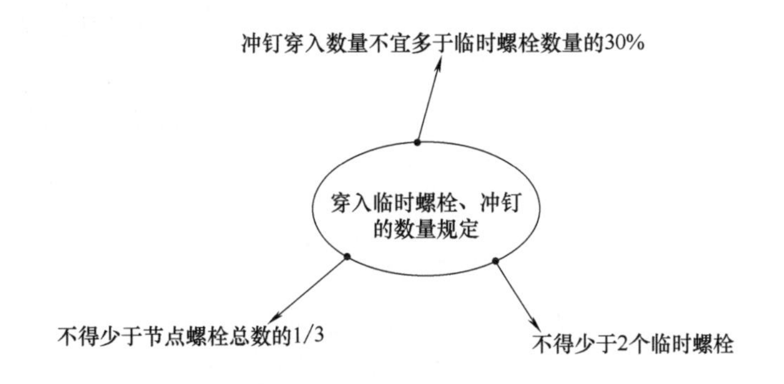

图 5-9 穿入临时螺栓、冲钉的数量规定

高强度螺栓的安装，需要在结构构件中心位置调整后进行。高强度螺栓的穿入方向需要以施工方便为准，并且力求一致。安装高强度螺栓时，构件的摩擦面需要保持干燥，不得在雨中作业。大六角头高强度螺栓拧紧时，应只在螺母上施加扭矩。大六角头高强度螺栓的施工终拧扭矩可以通过计算进行确定，如图 5-10 所示。

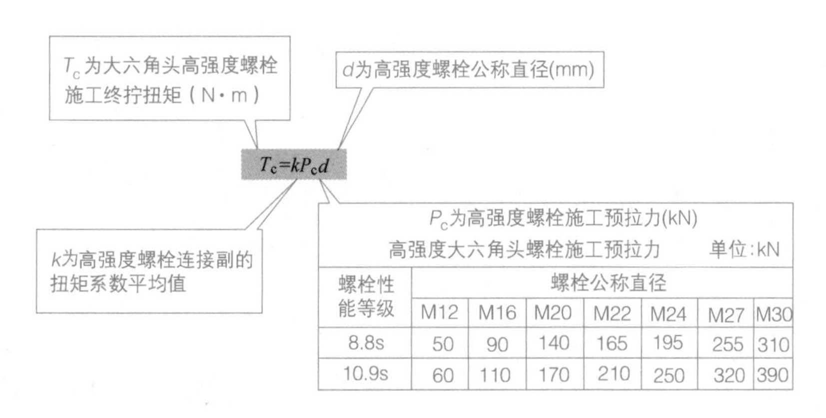

高强度大六角头螺栓施工预拉力 单位:kN

螺栓性能等级	螺栓公称直径						
	M12	M16	M20	M22	M24	M27	M30
8.8s	50	90	140	165	195	255	310
10.9s	60	110	170	210	250	320	390

图 5-10 大六角头高强度螺栓的施工终拧扭矩

高强度大六角头螺栓连接副的拧紧分为初拧、终拧。大型节点分为初拧、复拧、终拧。初拧扭矩、复拧扭矩为终拧扭矩的 50% 左右。扭剪型高强度螺栓连接副的拧紧分为初拧、终拧。大型节点分为初拧、复拧、终拧。初拧扭矩、复拧扭矩值为 $0.065 \times P_c \times d$，或根据表 5-10 来选用。其中，$P_c$ 表示高强度螺栓施工预拉力（kN）；d 表示高强度螺栓公称直径（mm）。

表 5-10 扭剪型高强度螺栓初拧（复拧）扭矩值

螺栓公称直径	M16	M20	M22	M24	M27	M30
初拧扭矩 /（N·m）	115	220	300	390	560	760

高强度螺栓在初拧、复拧、终拧时，连接位置的螺栓需要根据一定顺序施拧，确定施拧顺序的原则为由螺栓群中央顺序向外拧紧，和从接头刚度大的部位向约束小的方向拧紧。两个或多个接头栓群的拧紧顺序应先主要构件接头，后次要构件接头。常见螺栓连接接头施拧顺序如图 5-11 所示。

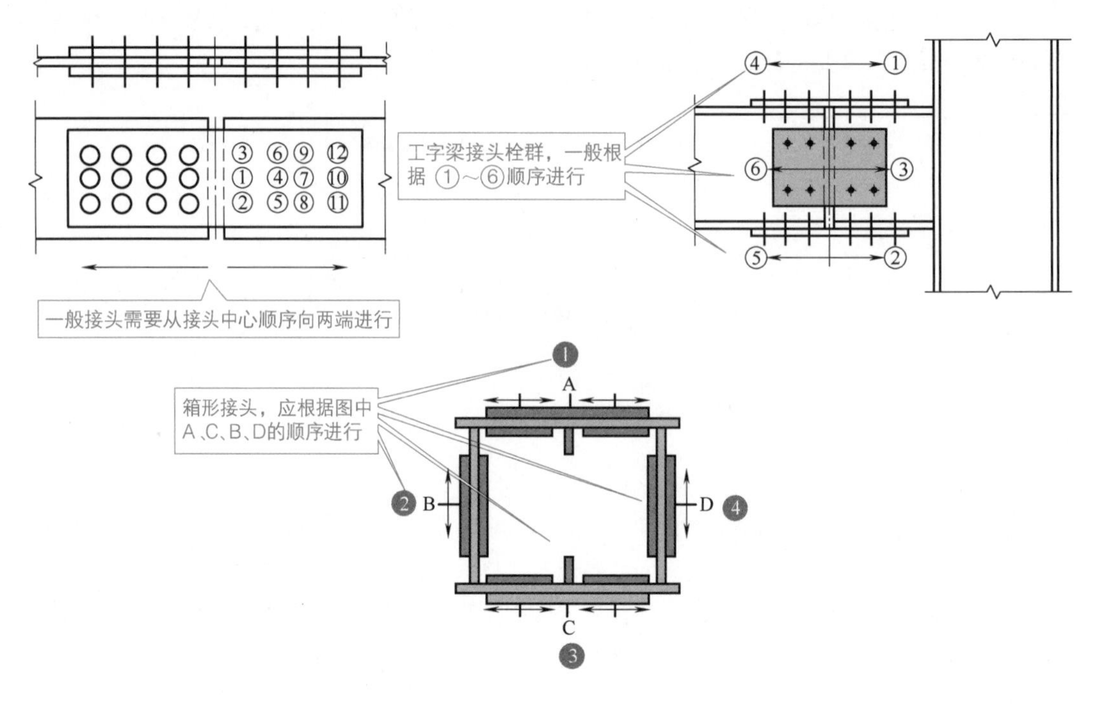

图 5-11 常见螺栓连接接头施拧顺序

技能贴士

高强度螺栓连接副组装时，螺母带圆台面的一侧需要朝向垫圈有倒角的一侧。大六角头高强度螺栓连接副组装时，螺栓头下垫圈有倒角的一侧需要朝向螺栓头。

5.1.9 钢构件部件的拼接与对接

钢构件部件的拼接与对接，需要注意焊接 H 形钢的翼缘板拼接缝和腹板拼接缝错开的间距不宜小于 200mm。翼缘板拼接长度不应小于 2 倍翼缘板宽且不小于 600mm。腹板拼接宽度不应小于 300mm，长度不应小于 600mm。

热轧型钢可以采用直口全熔透焊接拼接，其拼接长度不应小于 2 倍截面高度且不应小于 600mm。动载或设计有疲劳验算要求的，需要满足其设计要求。

箱形构件的侧板拼接长度不应小于 600mm，相邻两侧板拼接缝的间距不宜小于 200mm。侧板在宽度方向不宜拼接，当截面宽度超过 2400mm 确需拼接时，最小拼接宽度不宜小于板宽的 1/4。

钢管接长时，相邻管节或管段的纵向焊缝需要错开，错开的最小距离 (沿弧长方向) 不得小于 5 倍的钢管壁厚。主管拼接焊缝与相贯的支管焊缝间的距离不应小于 80mm。桁架结构组装时杆件轴线交点偏移不宜大于 4mm。

技能贴士

除了采用卷制方式加工成形的钢管外，钢管接长时每个节间宜为一个接头，最短接长长度需要符合的规定为，钢管直径 $d>$ 800mm 时，不小于 1000mm；钢管直径 $d\leqslant$ 800mm 时，不小于 600mm。

5.1.10 钢构件的组装

钢构件进行组装时，钢吊车梁的下翼缘不得焊接工装夹具、定位板、连接板等临时工件。钢吊车梁和吊车桁架组装、焊接完成后在自重荷载下不允许有下挠。焊接 H 形钢组装尺寸的允许偏差要求见表 5-11。

表 5-11 焊接 H 形钢组装尺寸的允许偏差要求　　单位：mm

项目		允许偏差	图例
截面高度 h	$h<500$	±2.0	
	$500\leqslant h\leqslant 1000$	±3.0	
	$h>1000$	±4.0	
截面宽度 b		±3.0	
腹板中心偏移 e		2.0	
翼缘板垂直度 Δ		$b/100$，且不大于 3.0	
腹板局部平面度 f	$t\leqslant 6$	4.0	
	$6<t<14$	3.0	
	$t\geqslant 14$	2.0	
弯曲矢高		$l/1000$，且不大于 10.0	—
扭曲		$h/250$，且不大于 5.0	—

注：l 表示为 H 形钢长度。

焊接连接组装尺寸的允许偏差要求见表 5-12。

表 5-12 焊接连接组装尺寸的允许偏差要求

项目		允许偏差 /mm	图例
高度 h		±2.0	
垂直度 Δ		$b/100$，且不大于 3.0	
中心偏移 e		2.0	
型钢错位 Δ	连接处	1.0	
	其他	2.0	
箱形截面高度 h		±2.0	
宽度 b		±2.0	
垂直度 Δ		$b/200$，且不大于 3.0	
对口错边 Δ		$t/10$，且不大于 3.0	
间隙 a		1.0	

续表

项目	允许偏差 /mm	图例
搭接长度 a	±5.0	
缝隙 Δ	1.5	

5.2 轻型钢结构

5.2.1 轻型钢结构的特点

轻型钢结构中，薄壁型钢截面形式、压型薄钢板、轻钢组合桁架如图 5-12 所示。轻型钢结构中压型薄钢板的安装如图 5-13 所示。

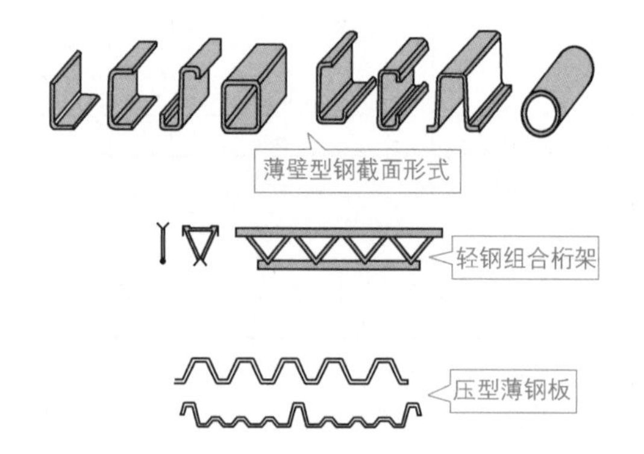

图 5-12 轻型钢结构中的构件

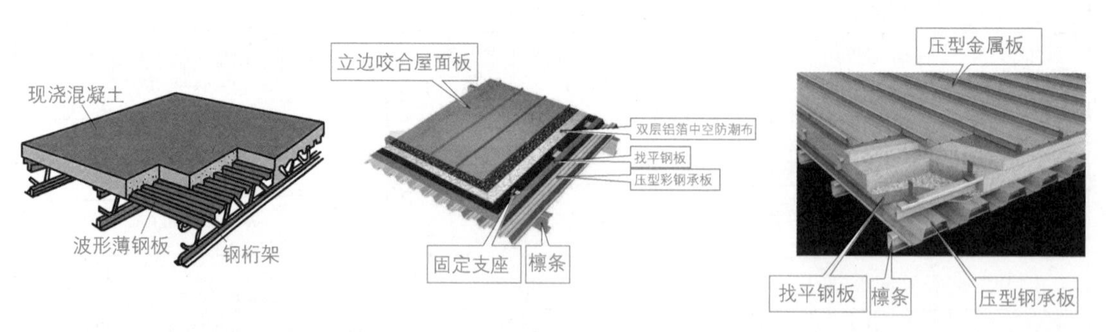

图 5-13 轻型钢结构中压型薄钢板的安装

轻型门式刚架板材下料切割的方法有：机械切割法、气割法、等离子切割法等。钢结构制造厂中，钢板厚度 12 ～ 16mm 以下的直线型切割，一般情况下采用剪切下料。常用的剪切机械有剪板机等。气割多用于带曲线的零件、厚钢板的切割。气割可以切割各种厚度的钢材。各类型钢、钢管等的下料通常采用锯割。常用的锯割机械有弓形锯、带锯、圆盘、砂轮等。等离子切割主要用于熔点较高的不锈钢材料、有色金属等切割。有的钢材（工程）需要现场下料，如图 5-14

所示。

图 5-14 有的钢材（工程）需要现场下料

5.2.2 压型金属板的制作与尺寸允许偏差

压型金属板成形后，其基板不应有裂纹，可以采用观察法并用 10 倍放大镜来检查。有涂层、镀层压型金属板成形后，涂层、镀层不应有目视可见的裂纹、起皮、剥落、擦痕等缺陷。压型金属板尺寸的允许偏差要求见表 5-13。

表 5-13 压型金属板尺寸的允许偏差

<table>
<tr><th colspan="2">项目</th><th colspan="2">允许偏差 /mm</th></tr>
<tr><td colspan="2">板长</td><td colspan="2">+9.0
0</td></tr>
<tr><td colspan="2">波距</td><td colspan="2">±2.0</td></tr>
<tr><td colspan="2">横向剪切偏差（沿截面全宽 b）</td><td colspan="2">b/100 或 6.0</td></tr>
<tr><td>侧向弯曲</td><td>在测量长度 l_1 范围内</td><td colspan="2">20.0</td></tr>
<tr><td rowspan="2">波高</td><td>截面高度≤ 70</td><td colspan="2">±1.5</td></tr>
<tr><td>截面高度＞ 70</td><td colspan="2">±2.0</td></tr>
<tr><td rowspan="3">覆盖宽度</td><td rowspan="2">截面高度≤ 70</td><td>搭接型</td><td>扣合型、咬合型</td></tr>
<tr><td>+10.0
−2.0</td><td>+3.0
−2.0</td></tr>
<tr><td>截面高度＞ 70</td><td>+6.0
−2.0</td><td>+3.0
−2.0</td></tr>
</table>

注：l_1 表示测量长度，是指板长扣除两端各 0.5m 后的实际长度（小于 10m）或扣除后任选 10m 的长度。

第6章 钢结构的防护与检测

6.1 钢结构的防护

6.1.1 钢结构的防护基础知识

钢结构的防护包括防腐防护、防锈防护、防水防护、防火防护等。防腐防护、防锈防护一般采用涂装材料来进行。钢结构防腐涂料、稀释剂、固化剂等材料的品种、规格、性能等，需要符合国家现行标准的规定，并且满足设计要求。钢结构防火涂料的品种、技术性能需要满足设计要求，并且要经法定的检测机构检测，检测结果要符合国家现行标准的规定。防腐涂料、防火涂料的型号、名称、颜色、有效期，要与其质量证明文件相符。开启后，不应存在结皮、结块、凝胶等现象。涂装防腐防锈涂料图例，如图 6-1 所示。

图 6-1 涂装防腐防锈涂料图例

6.1.2 钢结构用底漆、中间漆、面漆的配套组合

钢结构用漆防护时，需要了解钢结构用底漆、中间漆、面漆的配套组合与要求，见表 6-1。

表 6-1 钢结构用底漆、中间漆、面漆的配套组合与要求

<table>
<tr><th>底漆与中间漆</th><th>面漆</th><th>最低除锈等级</th><th>适用环境构件</th></tr>
<tr><td>红丹系列（油性防锈漆、醇酸或醛防锈漆）
铁红系列（油性防锈漆、醇酸底漆、酸防锈漆）底漆
云铁醇酸防锈漆</td><td>各色醇酸磁漆 2 ～ 3 遍</td><td>St2</td><td>（1）室内弱侵蚀作用的次要构件
（2）无侵蚀作用构件</td></tr>
<tr><td>无机富锌底漆 2 遍 + 环氧中间漆 2 ～ 3 遍（75 ～ 100mm）（75 ～ 125mm）</td><td>脂肪族聚氨酯面漆 2 遍（50mm）</td><td>Sa2 $\frac{1}{2}$</td><td>需特别加强防锈蚀的重要结构</td></tr>
<tr><td>氯化橡胶漆一层</td><td>氯化橡胶面漆 2 ～ 4 遍</td><td rowspan="8">Sa2</td><td rowspan="8">（1）中等侵蚀环境的各类承重结构
（2）室内外弱侵蚀作用的重要构件</td></tr>
<tr><td>氯磺化聚乙烯底漆 2 遍 + 氯磺化聚乙烯中间漆 1 ～ 2 遍</td><td>氯磺化聚乙烯面漆 2 ～ 3 遍</td></tr>
<tr><td>铁红环氧酯底漆 1 遍 + 环氧防腐漆 2 ～ 3 遍［该项匹配组合（环氧清漆面漆）不适用于室外暴晒环境］</td><td>环氧清（彩）漆 1 ～ 2 遍</td></tr>
<tr><td>铁红环氧底漆 1 遍 + 环氧云铁中间漆 1 ～ 2 遍</td><td>氯化橡胶面漆 2 遍</td></tr>
<tr><td>聚氨酯底漆 1 遍 + 聚氨酯磁漆 2 ～ 3 遍</td><td>聚氨酯清漆 1 ～ 3 遍</td></tr>
<tr><td>环氧富锌底漆 1 遍 + 环氧云铁中间漆 2 遍</td><td>氯化橡胶面漆 2 遍</td></tr>
<tr><td>无机富锌底漆 1 遍 + 环氧运铁中间漆 1 遍</td><td>氯化橡胶面漆 2 遍</td></tr>
</table>

6.1.3 住宅钢结构防腐与涂装要求

住宅钢结构防腐与涂装要求如下。

① 不同种类金属材料的构件、部件连接时，需要采取防止接触腐蚀的阻隔措施。

② 室内湿度较大的部位不应有外露钢结构。如果不可避免时，则需要留有腐蚀裕量，并且宜采用耐候钢或外包混凝土等隔护措施。

③ 住宅钢结构不得采用带锈涂料作为防锈涂装。

④ 住宅钢结构需要采用较严格的防锈、涂装措施，根据现行有关标准规定进行防腐涂装。

⑤ 住宅钢结构构件采用的钢材表面原始锈蚀等级不得严重于 B 级。采用喷射（丸、砂）方法除锈，其除锈等级不得低于 Sa2 $\frac{1}{2}$级。

⑥ 住宅围护结构的构造，需要防止结露。

⑦ 需要二次拼装焊接的构件，在焊缝两侧先涂不影响焊接质量的车间底漆，二次拼装焊接后应对热影响区进行二次表面清理，并且根据设计要求进行重新涂装。

技能贴士

住宅钢结构除锈后，若钢材表面经检查合格，应在 4h 内进行涂装，涂装后 4h 内不得淋雨。

6.1.4 住宅钢结构的防火要求

住宅钢结构的防火要求如下。

① 按耐火极限、保护层厚度的要求，分别选用薄涂型或厚涂型钢结构的防火涂料。

② 按耐火极限、保护层厚度的要求，可分别选用防火薄板或防火厚板防火板材。

③ 低层、多层钢柱可以采用外包混凝土进行防火保护。外包混凝土内要配置构造钢筋。

④ 防火涂料应呈碱性或偏碱性。底层涂料要能与防锈漆或钢板相容，并且具有良好的结合力。如果有可靠依据时，也可以选用有防锈功能的底层涂料。

⑤ 钢结构连接节点处的防火保护层厚度，不得小于被连接构件防火保护层厚度的较大值。对连接表面不规则的节点尚应做局部加厚处理。

⑥ 选用的防火板，受火时不要出现炸裂、穿透裂缝等现象。

⑦ 选用的防火板应为不燃性（A 级）材料，并且具有产品鉴定证书、耐火性能检测报告、生产许可证等。

⑧ 选用的钢结构防火涂料要具有产品鉴定证书、耐火性能检测报告、生产许可证等资料。

⑨ 压型钢板用作受力钢筋时，其整体耐火时限需要按现行相关标准确定。

⑩ 压型钢板组合楼板中的压型钢板仅作模板用时，可以不再采用防火保护层构造。

⑪ 住宅钢结构的防火，包括建筑防火类别、结构耐火极限的确定、防火措施、防火材料的选用、防火构造、防火涂层厚度的确定、选定或抗火的设计验算、措施等。

⑫ 住宅钢结构的防火需要符合有关现行标准的规定。

⑬ 采用防火涂料进行钢结构防火保护，可以选用直接喷涂、内置镀锌钢丝网喷涂、外包防火板复合的方法。钢结构防火保护的涂层内，需要设置与钢构件相连接的镀锌钢丝网的情形，如图 6-2 所示。

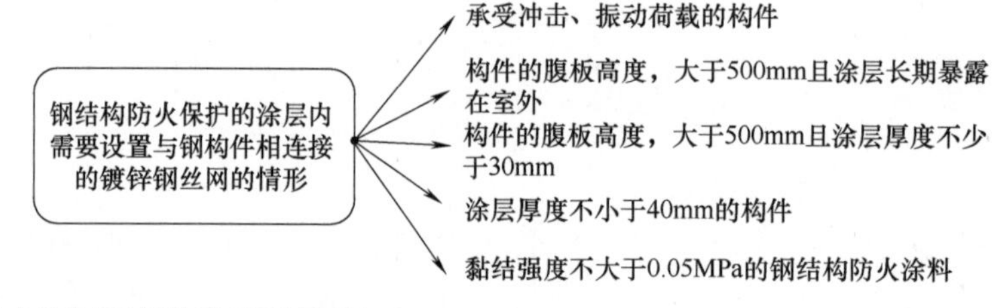

图 6-2 需要设置与钢构件相连接的镀锌钢丝网的情形

为了保证火灾发生时钢管混凝土柱核心混凝土中水蒸气的排放，每个楼层的柱身均要设置直径为 20mm 的排气孔，其位置宜位于柱与楼板相交位置的上方与下方 100mm，并且沿柱身反对称设置。

6.2 钢结构的检测

6.2.1 钢结构检测的基础知识

钢结构的检测项目可以包括材料力学性能、节点、连接、尺寸与偏差、变形与损伤、构造与稳定、涂装防护等。大型、复杂、新型钢结构宜进行结构性能的实荷检验、结构动力性能的测试。既有钢结构，除了需要进行承载能力等评定外，还需要进行抗火灾倒塌、累积损伤、低温冷脆、疲劳破坏、抗震适用性、高耸钢结构抗风适用性、有机涂装层的剩余使用年数等检测与评定。

技能贴士

钢结构的外部缺陷、损伤、锈蚀、变形、涂装等外观项目，宜全数检查。

6.2.2 钢材力学性能的检测

结构构件钢材的力学性能，可以分为屈服强度、抗拉强度、伸长率、冷弯、冲击功等检测分项。发现结构中的钢材存在如图 6-3 所示的状况时，需要对钢材力学性能进行检验。

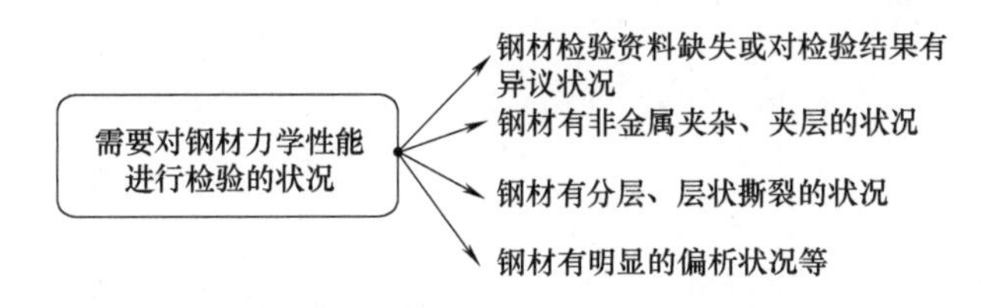

图 6-3 需要对钢材力学性能进行检验的状况

工程尚有与结构同批的钢材时，可以将其加工成试件进行钢材力学性能检验。工程没有与结构同批的钢材时，可以在构件上截取试样进行钢材力学性能检验。从构件选取试样时，钢材的品种和强度等级可以采用表面硬度或直读光谱法进行辅助检测。发现明显的偏析、受到灾害的影响或需要了解钢材化学成分时，需要进行钢材化学成分的分析。既有钢结构取样难度较大时，也可以采用表面硬度法附加直读光谱法判定钢材的强度等级。结构验算时，材料强度的取值不宜大于国家有关标准规定的强度标准值。

技能贴士

检验结果与调查获得的钢材力学性能参数或有关钢材产品标准的规定不相符时，需要加倍抽样进行检验。

6.2.3 连接的检测

钢结构焊接连接的检测，可以分为焊缝外观、焊缝构造、焊缝缺陷、焊缝尺寸、焊缝力学性能等检测分项。钢结构焊缝的裂纹等可以采用渗透探伤或磁粉探伤的方法进行检测。钢结构焊缝尺寸应包括焊缝长度、焊缝余高、角焊缝的焊脚尺寸等。测量焊缝余高、焊脚尺寸时，需要沿每处焊缝长度方向均匀量测 3 点，取其算术平均值作为实际尺寸。

钢结构焊接接头力学性能的检验，可以分为拉伸、面弯、背弯等项目，每个检验项目可各取 2 个试样。焊接接头焊缝的强度，不应低于母材强度的最低保证值。对既有钢结构的焊缝、焊接接头焊缝的检查应包括焊缝的锈蚀、开裂状况。

螺栓、铆钉连接质量检测的内容，可以分为连接尺寸、连接构造、螺栓等级、铆钉等级、螺栓连接副力学性能等。既有钢结构螺栓和铆钉连接，可增加变形、损伤、腐蚀状况等检测项目。螺栓和铆钉等级可以采用表面硬度结合直读光谱方法预判。不能确定等级时，可以取样进行力学性能检验。螺栓和铆钉的松动或断裂等，可以采用锤击结合观察的方法来检测。

高强度螺栓的缺陷宜采用低倍放大镜观察、磁粉探伤或渗透探伤方法进行检测。扭剪型高强度螺栓连接质量可检查螺栓端部的梅花头数量。工程质量的符合性判定应符合主控项目计数抽样的有关规定。

螺栓、铆钉连接的尺寸和构造宜进行的检测，如图 6-4 所示。

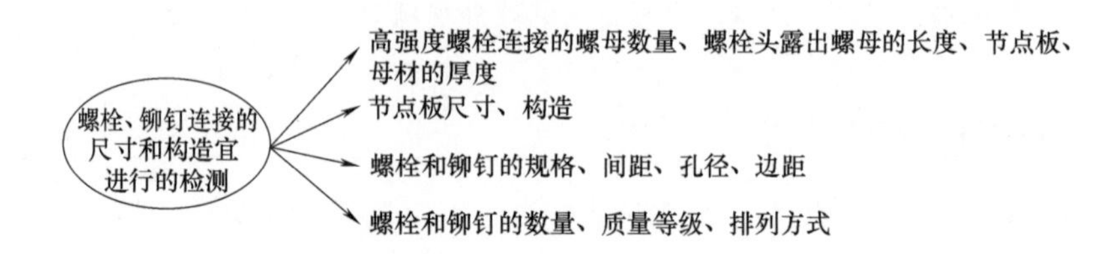

图 6-4 螺栓、铆钉连接的尺寸和构造宜进行的检测

既有钢结构螺栓、铆钉连接的变形或损伤宜进行的检测，如图 6-5 所示。

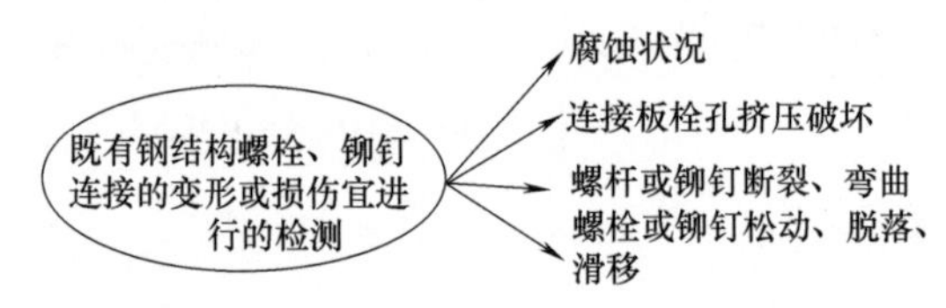

图 6-5 既有钢结构螺栓、铆钉连接的变形或损伤宜进行的检测

既有钢结构高强度螺栓的腐蚀和损伤，可以采用低倍放大镜观察、磁粉探伤、渗透探伤方法进行检测。

6.2.4 节点检测的方法与要求

节点检测的方法与要求如下。

① 焊接球的壁厚，可以采用超声测厚仪检测，检测前需要清除饰面层。

② 网架螺栓球节点的承载力，可以从结构中取出节点进行检验。

③ 各类节点的检测方法需要符合的规定，如图 6-6 所示。

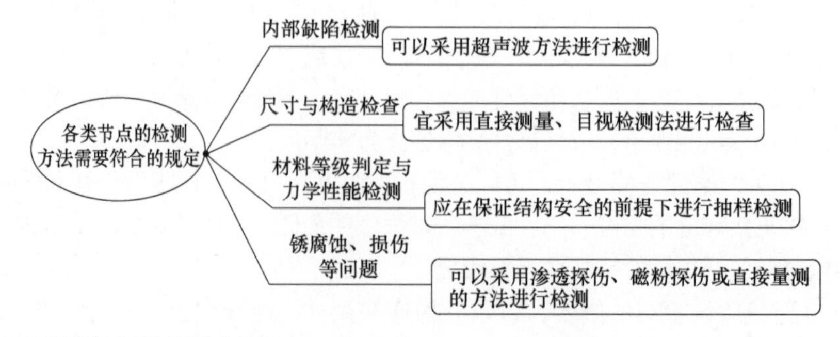

图 6-6 各类节点的检测方法需要符合的规定

技能贴士

厚度大于或等于 8mm 钢材内部缺陷，可以采用超声波探伤法进行检测，其检测操作应符合现行标准等有关规定。

6.2.5 支座节点检测的项目

支座节点检测的项目，包括支座节点的整体构造、细部构造、橡胶支座变形、橡胶支座老化程度、支座节点腐蚀状况等项目，如图 6-7 所示。

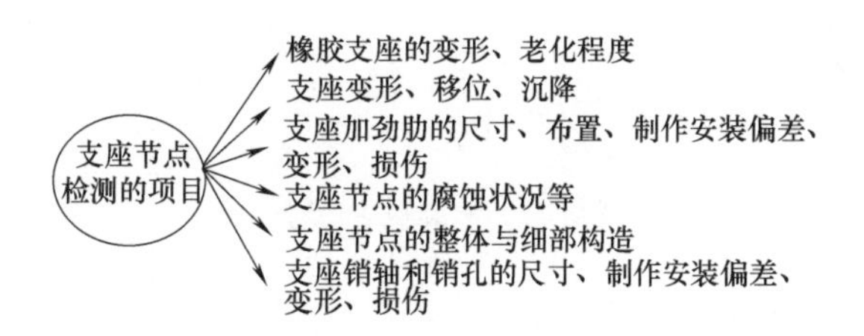

图 6-7 支座节点检测的项目

6.2.6 吊车梁节点检测的项目

吊车梁节点检测的项目，包括梁端节点位置、制作安装偏差、制作安装变形、轨道连接状况等项目，如图 6-8 所示。

6.2.7 网架螺栓球节点、焊接球节点检测的项目

网架螺栓球节点、焊接球节点检测的项目，包括球壳变形、球壳损伤、节点腐蚀状况、节点零件尺寸等项目，如图 6-9 所示。

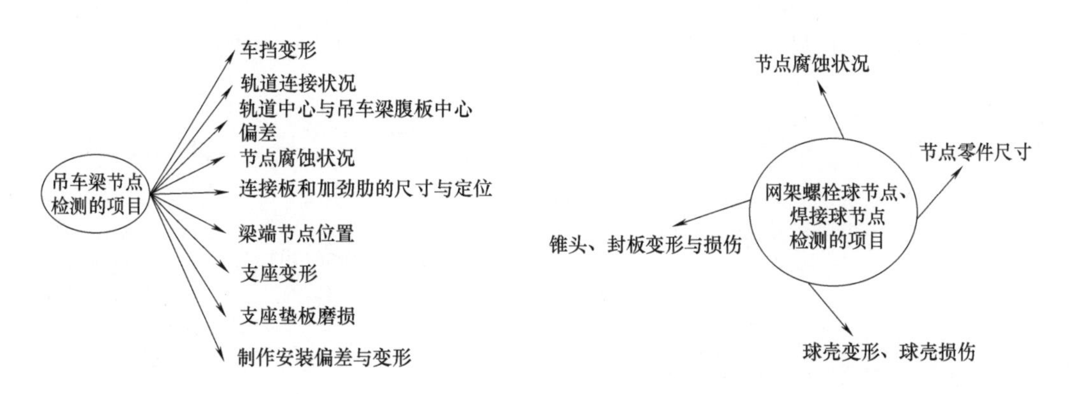

图 6-8 吊车梁节点检测的项目

图 6-9 网架螺栓球节点、焊接球节点检测的项目

6.2.8 杆件平面节点检测的项目

杆件平面节点检测的项目，包括杆件尺寸、杆件偏差、连接板尺寸、连接板定位位置、杆件出平面的位移与变形等项目，如图 6-10 所示。

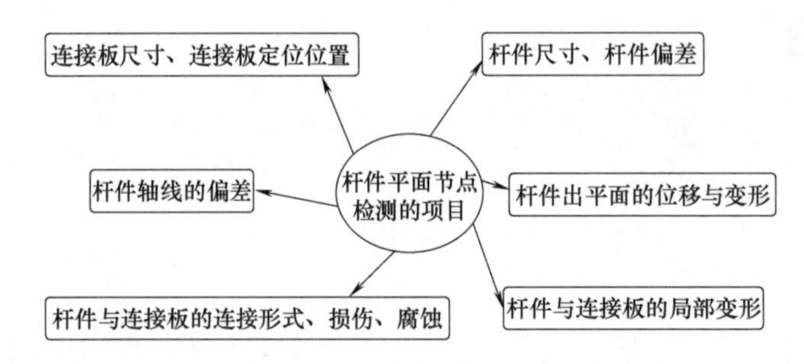

图 6-10 杆件平面节点检测的项目

6.2.9 钢管相贯焊接节点检测的项目

钢管相贯焊接节点检测的项目，包括搭接长度、搭接偏心、节点板变形、节点腐蚀状况等项目，如图 6-11 所示。

6.2.10 铸钢节点检测的项目

铸钢节点检测的项目，包括节点材料特性、节点腐蚀状况、节点几何形状、节点尺寸等项目，如图 6-12 所示。

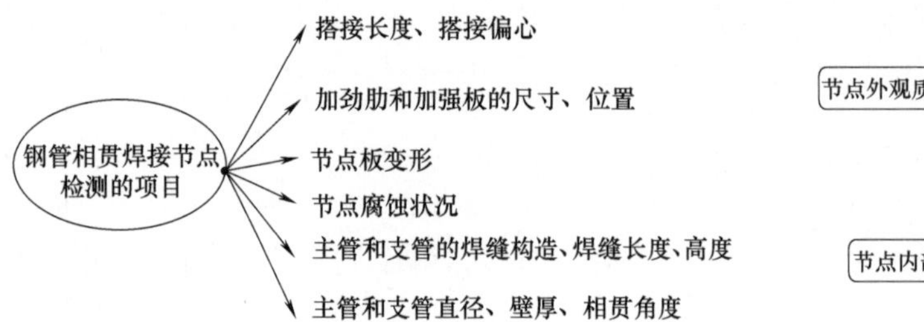

图 6-11 钢管相贯焊接节点检测的项目

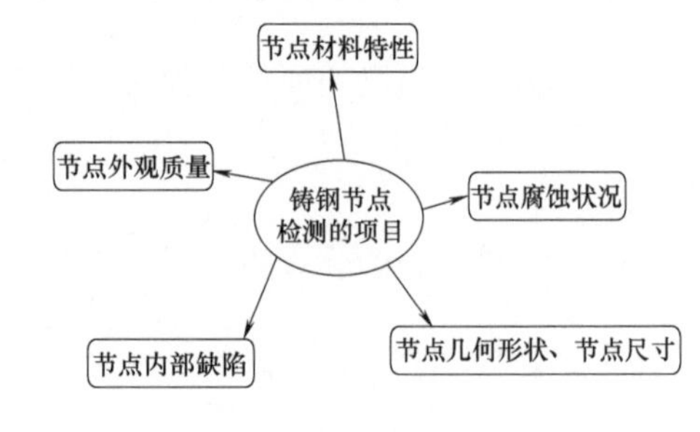

图 6-12 铸钢节点检测的项目

6.2.11 拉索节点检测的项目

拉索节点检测的项目，包括锚具形状、锚具尺寸、拉索的损伤、锚具的损伤、拉索断丝状况等项目，如图 6-13 所示。

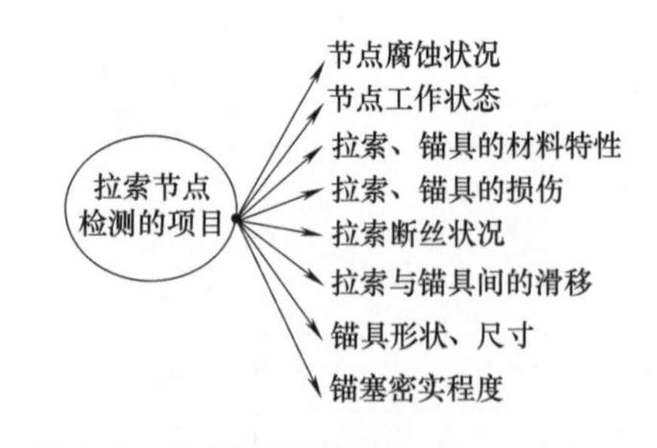

图 6-13 拉索节点检测的项目

6.2.12 钢结构的尺寸与偏差

钢结构的偏差，分为构件尺寸的偏差、构件的安装偏差等项目。钢构件尺寸的检测规定包括构件尺寸的量测。构件的尺寸宜选择对构件性能影响较大的 3 个部位量测等，如图 6-14 所示。

钢构件尺寸偏差的计算，需要以符合设计文件要求值为基准。结构工程钢构件尺寸偏差允许值需要根据建造时有关标准的规定来确定。既有钢构件尺寸偏差允许值的取值需要符合现行标准等规定。

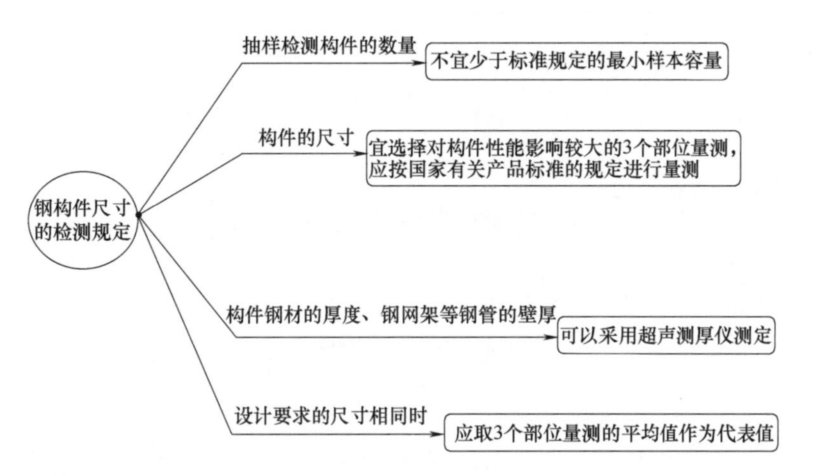

图 6-14 钢构件尺寸的检测规定

钢网架中构件的不平直度，可以用拉线的方法，或者采用全站仪来检测，其不平直度不得超过杆件长度的 0.1%。

6.2.13 钢结构的变形与损伤

钢结构的变形可以分为结构构件的挠度、倾斜，构件、腹板的侧弯，杆件的弯曲等项目。构件出平面弯曲变形、板件凹凸等变形情况，可以采用观察、尺量的方法进行检测。

钢网架球节点间杆件的弯曲，可以采用全站仪和拉线的方法来检测。在进行既有结构的检测时，需要区分杆件的偏差与受力后的弯曲。节点板的出平面变形、侧向位移，可以采用全站仪和拉线的方法来检测。

构件的损伤包括碰撞变形、撞击痕迹、锈蚀程度、火灾后强度损失与损伤、累积损伤等造成的裂纹等情况。钢构件锈蚀程度检测的规定如图 6-15 所示。钢材剩余厚度应为未锈蚀的厚度减去锈蚀的代表值，钢材未锈蚀的厚度可在该构件未锈蚀区量测。

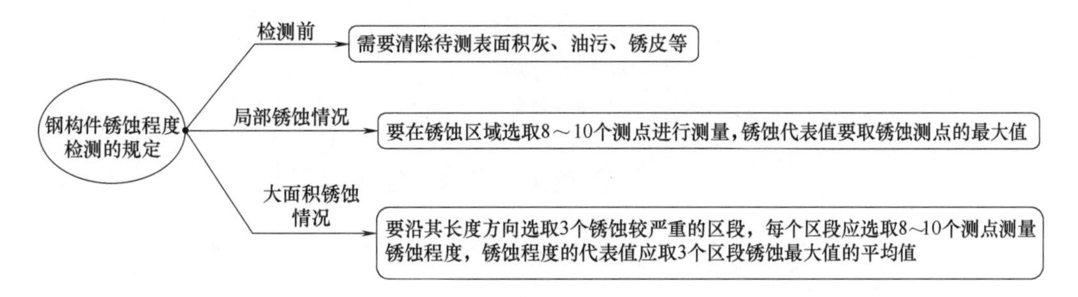

图 6-15 钢构件锈蚀程度检测的规定

钢结构材料发生烧损、变形、断裂等情况时，宜进行钢材金相的检测。钢材裂纹可以采用观察的方法和渗透法来检测。采用渗透法检测钢材裂纹需要符合的规定，如图 6-16 所示。

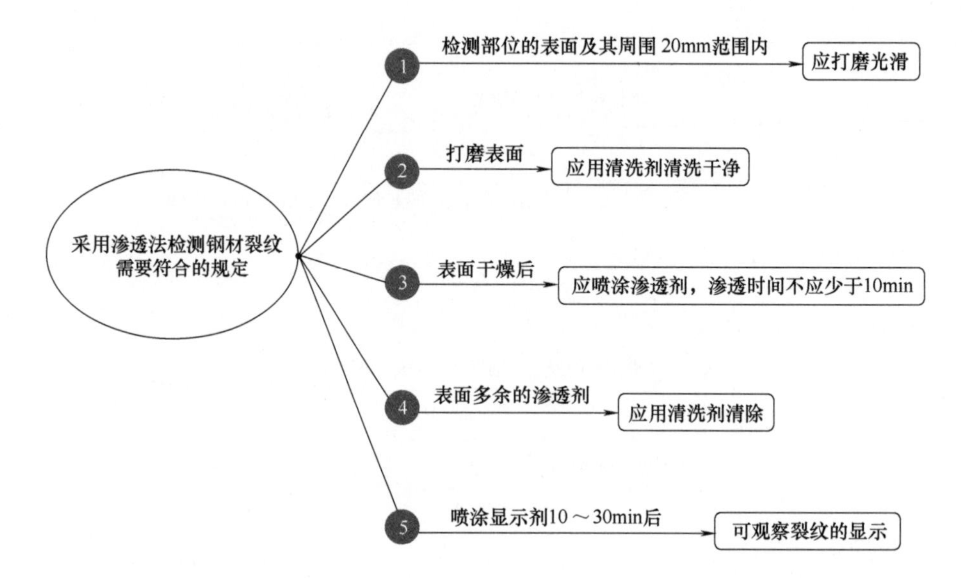

图 6-16 采用渗透法检测钢材裂纹需要符合的规定

对风作用敏感的高层建筑屋顶钢构件等的累积损伤的检测方法，如图 6-17 所示。

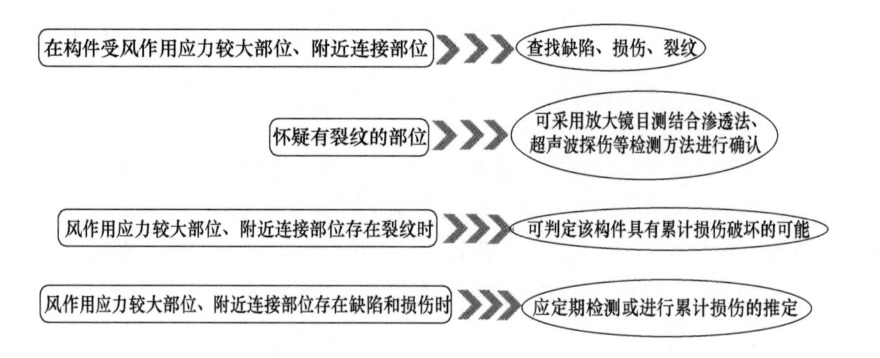

图 6-17 对风作用敏感的高层建筑屋顶钢构件等的累积损伤的检测方法

严寒和寒冷地区室外钢构件及其连接低温冷脆破坏的检测，如图 6-18 所示。

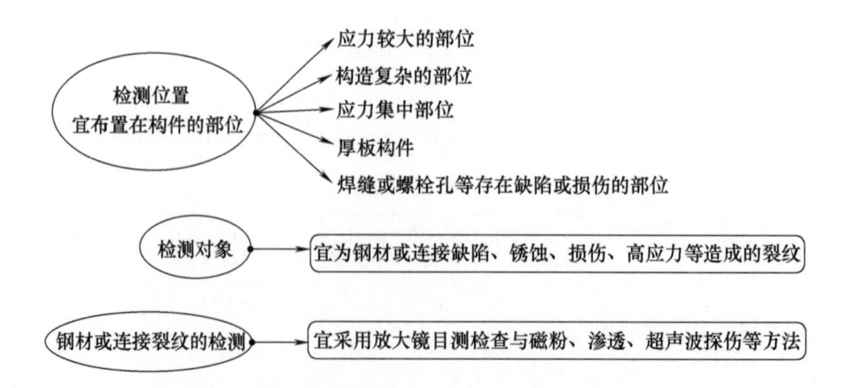

图 6-18 严寒和寒冷地区室外钢构件及其连接低温冷脆破坏的检测

技能贴士

碰撞等造成钢结构构件的变形、钢材的撞痕，可以采用直尺拉线或靠尺量测的方法进行检测。碰撞等事故发生后，需要对构件的连接、节点、紧固件的损伤进行检查与检测。

6.2.14 钢结构构造、稳定的检测

钢结构构造包括支撑的设置、支撑中杆件的长细比、构件杆件的长细比、保证构件局部稳定的加劲肋等。钢结构构件截面的宽厚比需要根据构件的实测尺寸进行核算。钢结构支撑杆件、构件杆件宜按受压杆件考虑长细比，平面类杆件尚应考虑平面内和平面外长细比的区别。

网架球节点间的杆件出现弯曲，宜初步判定尚存在稳定性问题。进行计算分析时，需要考虑不同荷载组合下杆件的内力，以及施工过程造成的附加内力等。对网架中杆件、平面屋架杆件、钢构件腹板等的稳定有疑问时，宜进行实荷检验或模型试验。

技能贴士

平面屋架的杆件出现平面外的弯曲，节点板出现平面外的位移或变形时，可初步评价存在失稳的问题。钢构件腹板出现侧弯时，需要评定为局部稳定问题。

6.2.15 钢结构涂装防护的检测

钢构件涂装防护可以分为涂层、拉索外包裹防护层等项目。钢结构的涂层可以分为外观检查、涂层完整性、涂层厚度等检测分项。

钢结构涂层外观质量、完整性宜采用观察的方法进行检查。对于存在问题的构件或杆件，宜逐根进行检测或记录。

钢结构防腐漆层厚度可以采用漆层测厚仪来检测。钢结构防腐漆层厚度的检测，每个构件宜布置 5 个测区，每个测区宜布置 3 个测点，相邻两测点的距离宜大于 50mm。

钢结构薄型防火涂料涂层厚度，可以采用涂层厚度测定仪进行检测。钢结构厚型防火涂料涂层的评定规定如图 6-19 所示。

既有钢构件应进行有机涂层的老化、无机涂层的损伤与失效的检测。通过检测后的有机涂层分类如图 6-20 所示。

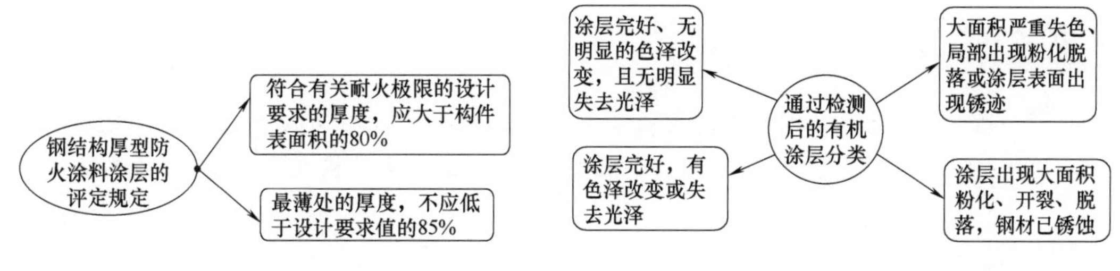

图 6-19 钢结构厚型防火涂料涂层的评定规定

图 6-20 通过检测后的有机涂层分类

既有结构有机防腐涂层的评定规定如图 6-21 所示。

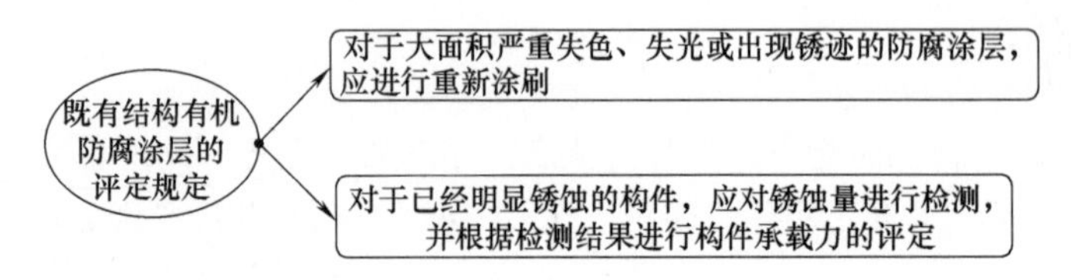

图 6-21 既有结构有机防腐涂层的评定规定

通过检测对无机防火涂层的分类，如图 6-22 所示。

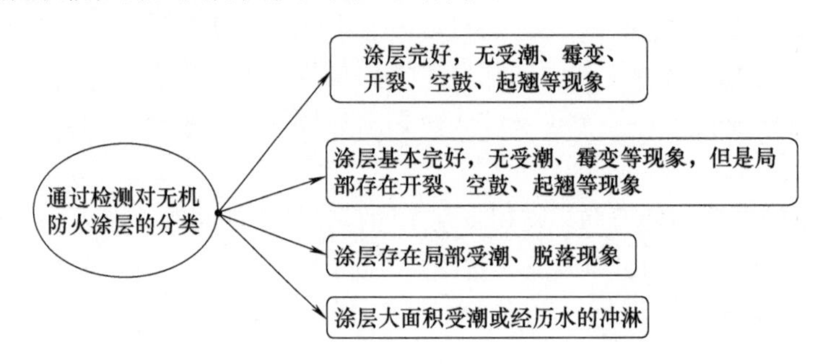

图 6-22 通过检测对无机防火涂层的分类

技能贴士

拉索外包裹防护层的检测项目，可以分成拉索外包裹防护层外观质量、索夹填缝等项目。拉索外包裹防护层的检测可以采用观察方式，检测对象宜为全部拉索外包裹防护层。

6.2.16 结构性能实荷的检验与动测

大型复杂、新型钢结构可以根据现行国家标准有关规定进行原位适用性实荷检验。

进行钢结构的原位适用性实荷检验时，检验荷载不得超过结构承受的可变荷载标准值，检验荷载应分级施加，每级检验荷载施加后应对检测数据进行分析。

另外，如果存在一些问题时，需要采取卸除检验荷载的措施。这些问题包括构件出现局部失稳的迹象、构件出现平面外的变形、构件的位移或变形超出预期的情况、构件的应变达到或接近屈服应变等。

对钢结构或构件的承载力有疑义时，宜进行足尺模型的荷载试验，也可以根据有关标准规定进行原位实荷检验。钢结构构件承载力的原位实荷检验，需要制定详细的检验方案，并且应征询有关各方的意见。

技能贴士

实荷检验、荷载试验需要选用适用的方法实时监测钢结构杆件的应力、位移、变形等。大型重要的新型钢结构宜进行实际结构动力性能的测试，并且确定结构自振周期等动力参数。

6.2.17 既有钢结构的评定

对于放置了可燃物的钢结构需要进行抗火灾倒塌的评定，如图 6-23 所示。附近有较多可燃物的既有钢结构，应进行抗火灾倒塌评定，如建筑的防火间距、建筑结构可燃性和防火能力、外围护结构可燃性和防火能力等评定。

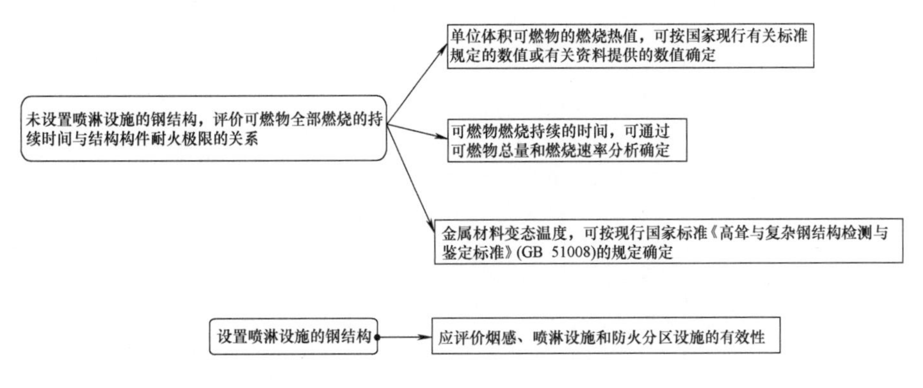

图 6-23 进行抗火灾倒塌的评定

进行钢结构抗火灾倒塌评定时，需要进行钢结构内排烟措施、疏散措施的评价。对于完好的防腐涂膜可以进行剩余使用年数的推定。

6.2.18 空间网格结构挠度容许值

空间网格结构挠度容许值见表 6-2。

表 6-2 空间网格结构挠度容许值

结构体系	屋盖结构（短向跨度）	楼盖结构（短向跨度）	悬挑结构（悬挑跨度）
网架	1/250	1/300	1/125
单层网壳	1/400	—	1/200
双层网壳立体桁架	1/250	—	1/125

注：对于设有悬挂起重设备的屋盖结构，其最大挠度值不宜大于结构跨度的 1/400。

网架与立体桁架可预先起拱，其起拱值可取不大于短向跨度的 1/300。当仅为改善外观要求时，最大挠度可取恒荷载与活荷载标准值作用下的挠度值减去起拱值。

6.2.19 钢结构住宅的验收

钢结构住宅的验收如下。

① 钢结构住宅工程施工质量验收，需要符合现行国家标准、相关专业验收规范等有关规定。

② 结构住宅工程施工质量验收，需要符合的要求：

a. 各分部（或子分部）工程的质量，均要验收合格；

b. 各分部（或子分部）工程有关安全、功能的检测资料，要完整；

c. 观感质量验收，要符合要求；

d. 质量控制资料要完整；

e. 主要功能项目的抽查结果，要符合相关专业质量验收规范的规定。

第3篇

精通篇

第7章

网架结构

7.1 网架的基础知识与常识

网架的特点

7.1.1 网架的特点

空间网格结构，就是根据一定规律布置的杆件、构件通过节点连接而构成的一种空间结构。空间网格结构包括网架、曲面型网壳、立体桁架等。

网架，就是由多根杆件根据一定的网格形式，通过节点连接而成的空间结构，如图 7-1 所示。构成网架的基本单元有三角锥、三棱体、正方体、截头四角锥等。这些基本单元可组合成平面形状的三边形、四边形、六边形、圆形、其他任何形体。网架组成件主要包括上弦杆、下弦杆、腹杆。网架结构组合有规律，大量的杆和节点的形状、尺寸相同。因此，便于工厂化生产，便于工地安装。网架结构属于高次超静定结构体系。

图 7-1　网架

网架具有空间受力、重量轻、刚度大、抗震性能好等优点；具有汇交于节点上的杆件数量较多、制作安装较平面结构复杂等缺点。网架可以用作体育馆、影剧院、展览厅、候车厅、体育场看台雨篷、飞机库、车间等建筑的屋盖。

网架结构种类多，其一些分类如图 7-2 所示。其中，六角锥体系网架就是由六角锥体（七面体）组成的网架结构。其基本单位元就是六根弦杆构成的六角锥体（可倒置或正置）。

技能贴士

板型网架、双层壳型网架的杆件，分为上弦杆、下弦杆、腹杆，主要承受拉力与压力。单层壳型网架的杆件除承受拉力、压力外，还承受弯矩、切力。网架结构图例，如图 7-3 所示。

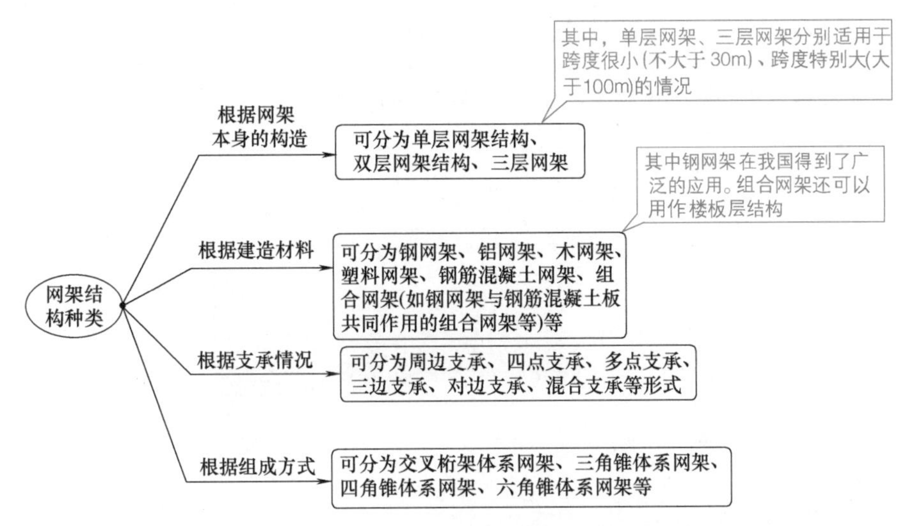

图 7-2 网架结构种类

7.1.2 钢网架内力分析

图 7-3 网架结构图例

分析板型网架内力时，一般假定节点为铰接，然后将外荷载按静力等效原则作用在节点上，根据空间桁架位移法，也就是铰接杆系有限元法进行计算。也可与采用交叉梁系差分分析法、拟板法等进行内力、位移简化计算。

分析单层壳型网架的节点，一般假定为刚接，则根据刚接杆系有限元法进行计算。分析双层壳型网架，可以根据铰接杆系有限元法进行计算。

综合上述，钢网架内力分析的方法如图 7-4 所示。

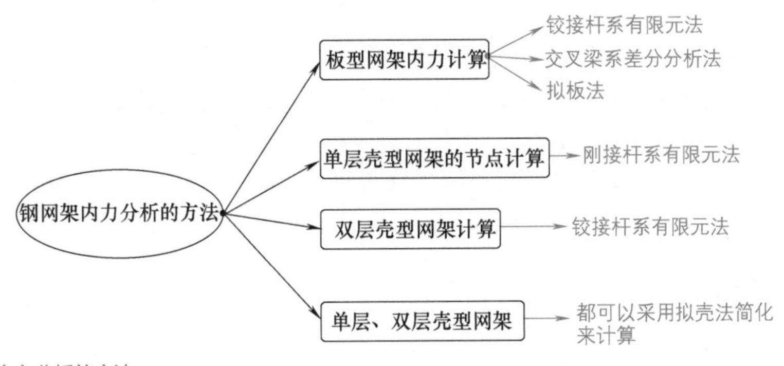

图 7-4 钢网架内力分析的方法

技能贴士

单层、双层壳型网架，也都可以采用拟壳法简化来计算。

7.1.3 钢网架螺栓球节点用高强度螺栓

钢网架螺栓球节点用高强度螺栓的规格和牌号，如图 7-5 所示。

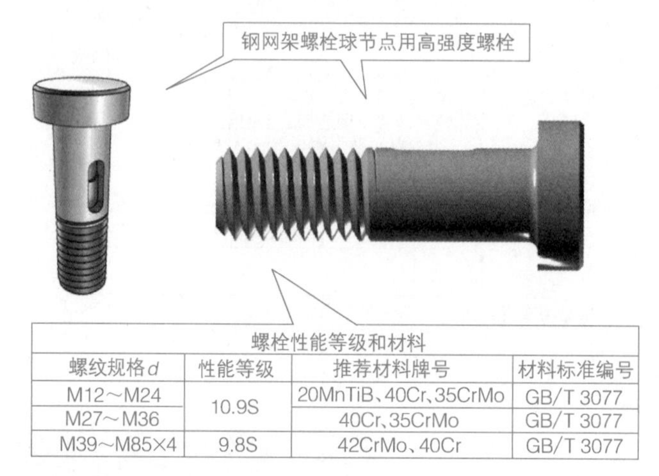

螺栓性能等级和材料			
螺纹规格 d	性能等级	推荐材料牌号	材料标准编号
M12～M24	10.9S	20MnTiB、40Cr、35CrMo	GB/T 3077
M27～M36		40Cr、35CrMo	GB/T 3077
M39～M85×4	9.8S	42CrMo、40Cr	GB/T 3077

图 7-5 钢网架螺栓球节点用高强度螺栓的规格和牌号

制作螺栓球所采用的原材料，其品种、规格、性能等需要符合国家现行标准的规定，并且满足设计要求。

制作封板、锥头、套筒所采用的原材料，其品种、规格、性能等也需要符合国家现行标准的规定，并且满足设计要求。

制作焊接球所采用的钢板，其品种、规格、性能等也需要符合国家现行标准的规定，并且满足设计要求。

7.1.4 实际桁架的特点

桁架就是由杆件彼此在两端用铰链连接而成的，一般具有三角形单元的平面或空间的一种结构。立体桁架是由上弦杆、腹杆、下弦杆构成的剖面为三角形或四边形的格构式桁架构件或部件。桁架的类型分为钢桁架、钢筋混凝土桁架、预应力混凝土桁架、木桁架、钢与木组合桁架、钢与混凝土组合桁架等。桁架的优点为，杆件主要承受拉力或压力，可以充分发挥材料的作用，节约材料，减轻结构重量。交叉桁架体系可以组成两向正交正放网架、两向正交斜放网架、两向斜交斜放网架、三向网架、单向折线形网架等。

技能贴士

木桁架常做成三角形结构，钢桁架常采用梯形或平行弦形结构为宜，钢筋混凝土与预应力混凝土桁架常为多边形或梯形结构。

7.1.5 网架结构的特点

网架结构可以分为四大类，各大类又可以分为不同的种类，如图 7-6 所示。网架结构实例如

图 7-7 所示。

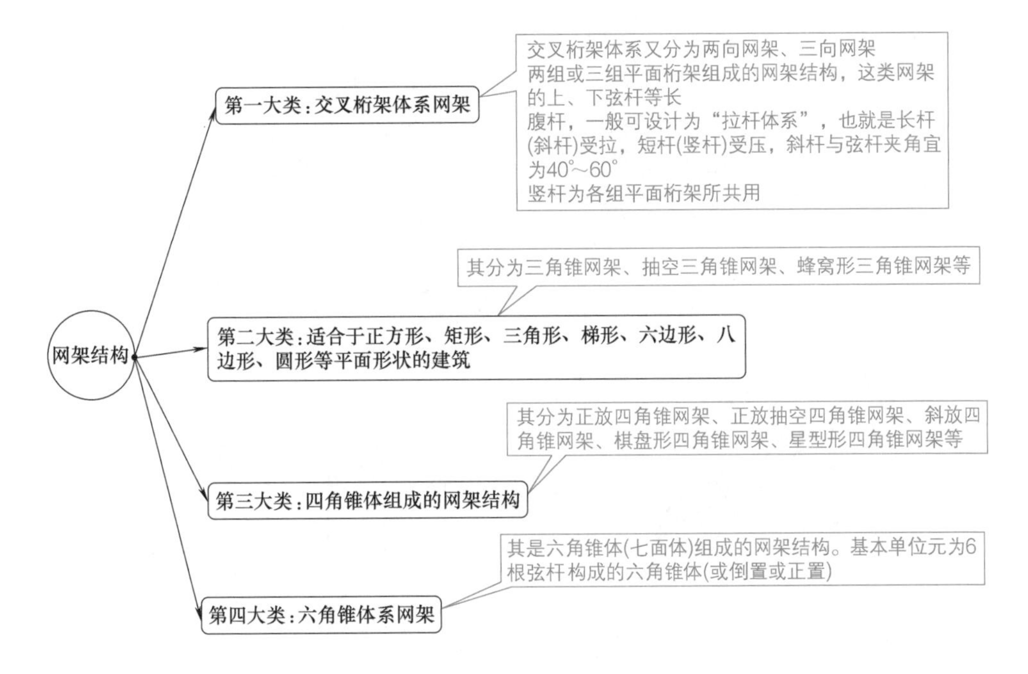

图 7-6 网架结构

图 7-7 网架结构实例

网架腹杆的形式，又可以分为斜腹杆和直腹杆。平面桁架系网架的结构如图 7-8 所示。

技能贴士

网架结构的类型较多，具体选择哪种类型考虑的原则如下：安全可靠、经济合理、技术先进、美观适用。斜腹杆应布置成使杆件受拉方向比较有利。

7.1.6 网架结构的支承方式与选型

网架结构的支承方式包括周边支承、周边支承与点支承结合、单边支承、三边或两边支承、点支承等。

一些网架结构的支承的选型如图 7-9 所示。

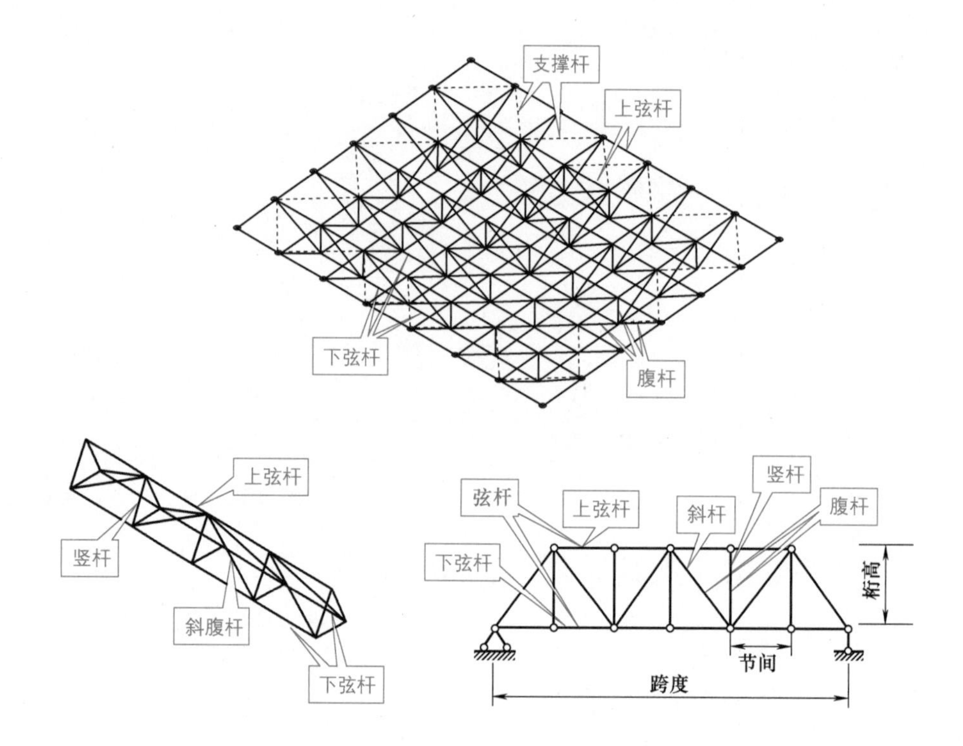

图 7-8　平面桁架系网架的结构

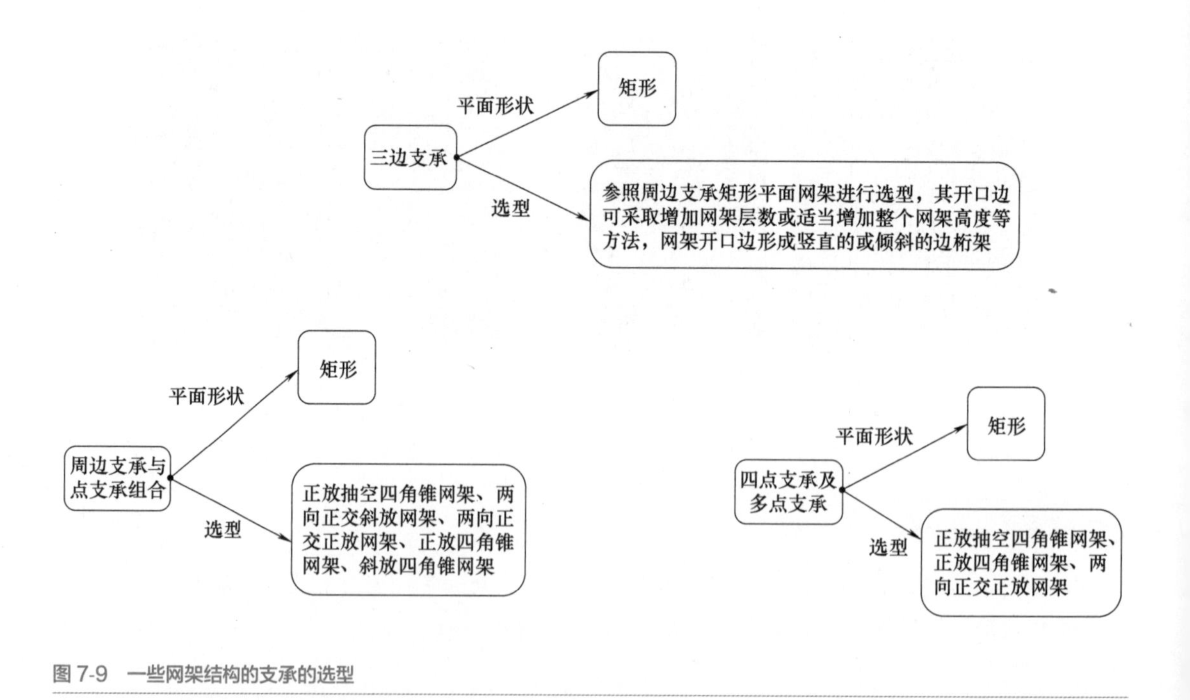

图 7-9　一些网架结构的支承的选型

周边支承（图 7-10）具有传力直接、受力均匀等特点，并且支座支承于柱顶或连梁。周边支承属于最常见的网架结构的支承之一。周边支承是网架支承在周边的一系列柱子上，网架的支座结点位于柱顶，其传力直接，网格与柱距有关，一般适用于大中跨网架。

周边支承的选型

支承方式	平面形状	边长比	跨度/m	网架选型
周边支承	圆形、多边形		≤60	三角锥网架、三向网架、蜂窝形三角锥网架、抽空三角锥网架
			>60	三角锥网架、三向网架
	矩形	L_1/L_2≤1.5	≤60	两向正交正放网架、正放四角锥网架、蜂窝形三角锥网架、斜放四角锥网架、两向正交斜放网架、正放抽空四角锥网架、星形四角锥网架
	矩形		>60	正放四角锥网架、两向正交斜放网架、两向正交正放网架、斜放四角锥网架
	矩形	1.5<L_1/L_2≤2		正放四角锥网架、两向正交正放网架、正放抽空四角锥网架、斜放四角锥网架
	矩形	L_1/L_2>2		正放四角锥网架、正放抽空四角锥网架、两向正交正放网架、单向折线形网架

注：L_2为网架短边跨度；L_1为网架长边跨度。

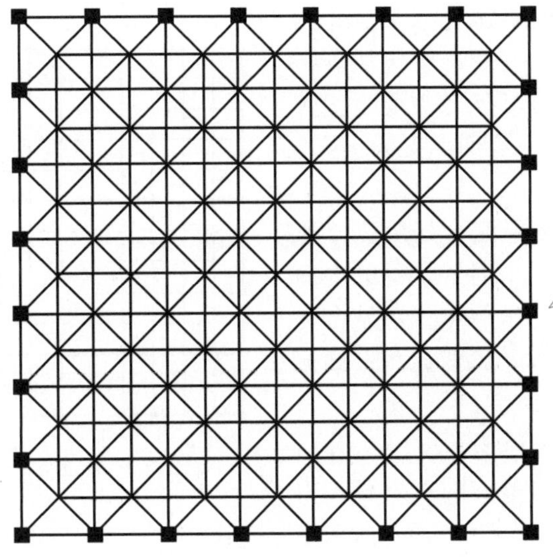

图 7-10　周边支承

点支承网架调整的余地比较小，只能够精确定位在柱顶上，如图 7-11 所示。点支承一般是

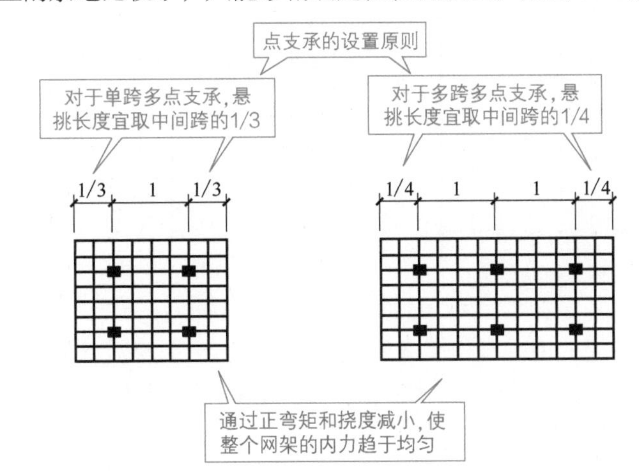

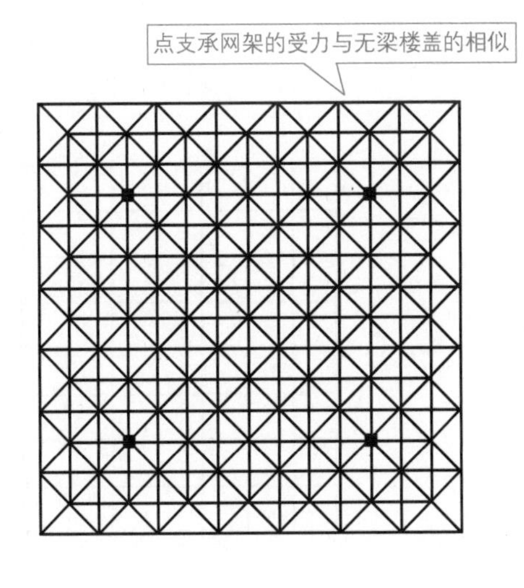

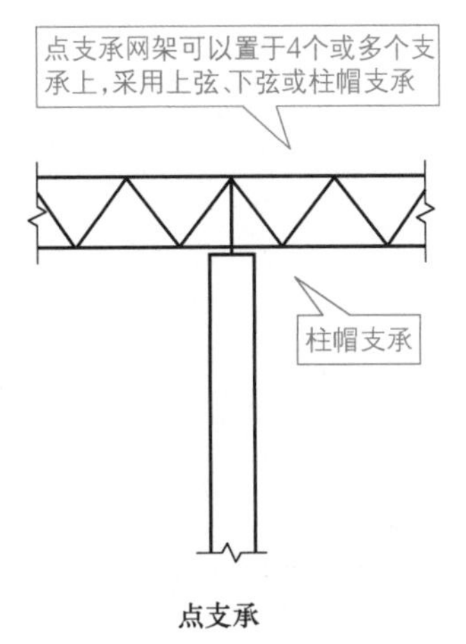

图 7-11　点支承

将网架支承在四个支点或多个支点上，具有柱子数量少、建筑平面布置灵活等特点。点支承可以用于体育馆、展览厅等大跨公共建筑中。点支承有四点支承、多点支承等类型。

周边支承与点支承结合如图 7-12 所示。其可以有效地减少网架杆件的内力峰值和挠度。周边支承与点支承结合可以适用于大柱网仓库、工业厂房、展览馆等。

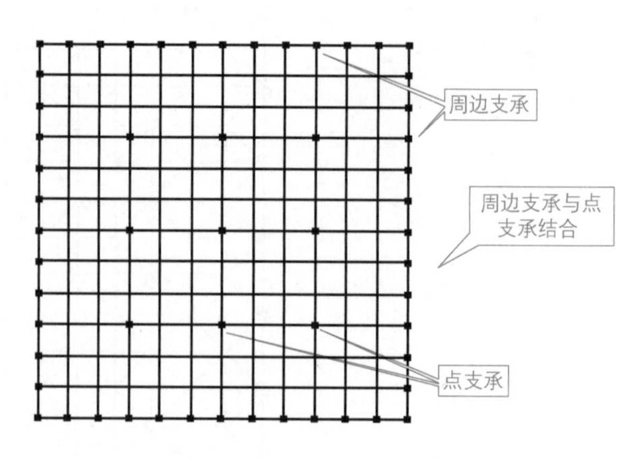

图 7-12 周边支承与点支承结合

三边支承，也就是三边支一边开口的网架，具体是四边形的网架只有其相对三边上的节点设计成支座，其余一边是自由边。两边支承，也就是两边支承、两边开口的网架，具体是四边形的网架只有其相对两边上的节点设计成支座，其余两边是自由边，如图 7-13 所示。

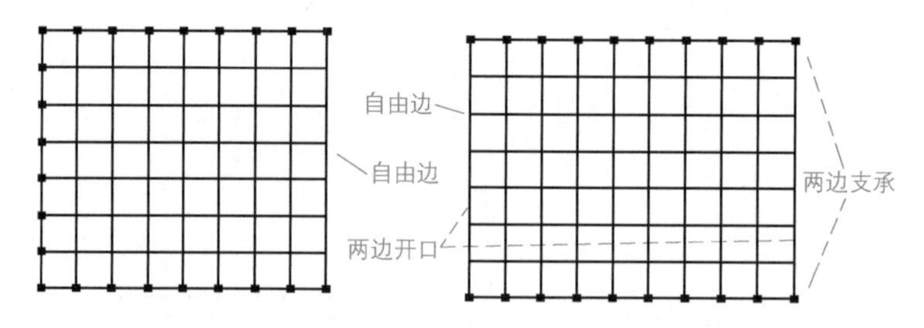

图 7-13 三边或两边支承

自由边的存在对网架内力分布和挠度都不利。因此，一般应对自由边做特殊处理，例如在自由边附近增加网架层数，加设托梁或托架，增加网架高度等方法，如图 7-14 所示。三边或两边支承可用于影剧院、飞机库、工业厂房、干煤棚等。

单边支承，也就是一边支三边开口的网架，具体是四边形的网架只有其相对一边上的节点设计成支座，其余三边是自由边。单边支承受力与悬挑板相似，其多用于挑篷结构，如图 7-15 所示。

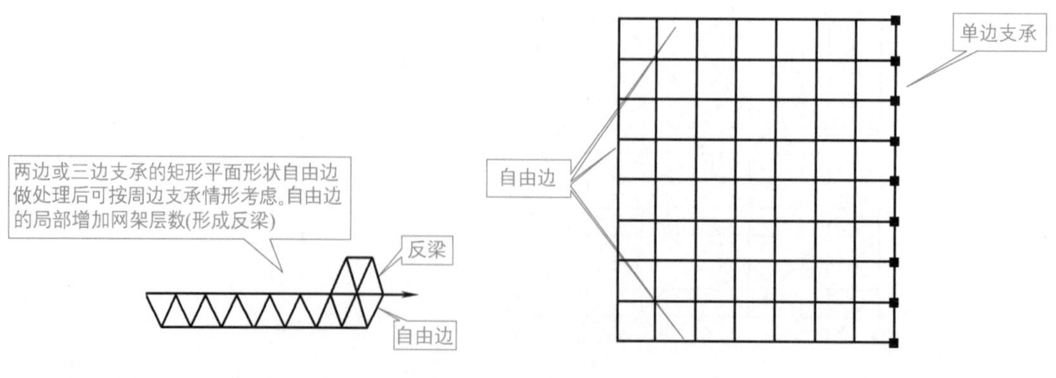

图 7-14 自由边的处理

图 7-15 单边支承

技能贴士

矩形平面中三边支承或两边支承情况，只需对开口边进行处理，也就是可根据四边支承情况选用网架形式。

7.1.7 网架支承位置与应用

网架支承位置包括上弦支承、下弦支承、混合支承等，如图 7-16 所示。上弦支承，也就是支承设置在上弦位置上。下弦支承，也就是支承设置在下弦位置上。混合支承，就是上弦支承 + 下弦支承的综合、组合应用。

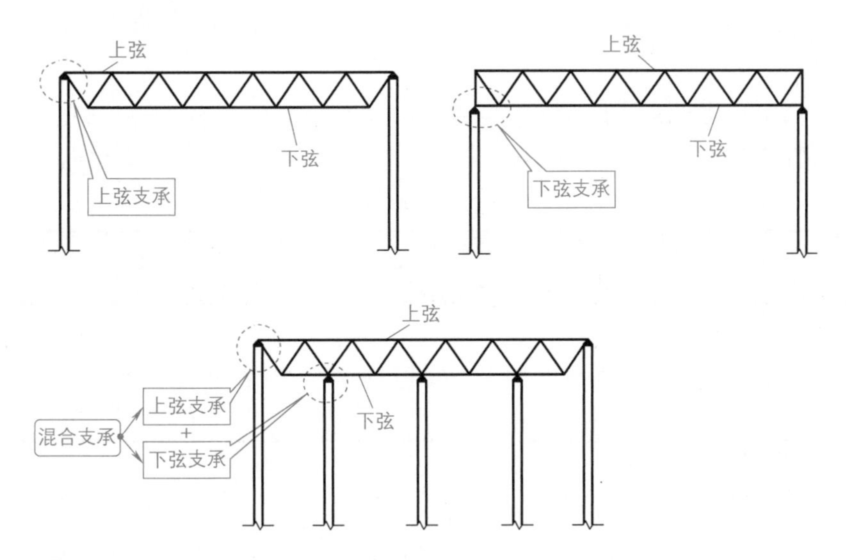

图 7-16 网架支承位置

多点支承的网架，有条件时宜设柱帽。柱帽宜设置于下弦平面之下，也可以设置于上弦平面之上，或者采用伞形柱帽，如图 7-17 所示。

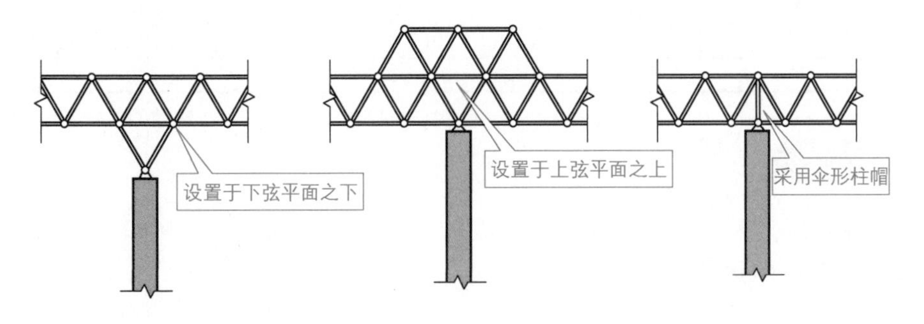

图 7-17 多点支承的网架的支承

技能贴士

网架，可以采用上弦或下弦支承方式。采用下弦支承时，应在支座边形成边桁架。采用两向正交正放网架应沿网架周边网格设置封闭的水平支撑。

7.1.8 网架高度与网格尺寸

网架的主要尺寸包括网架的高度、网格尺寸、腹杆布置等。网架高度越大，弦杆的内力越小，杆件用钢量则减少。但是其腹杆长度增加，腹杆用钢量增加。因此，网架的高度需要适当。与网架高度有关的因素如下。

① 建筑尺寸要求。

② 建筑平面形状。

③ 屋面荷载。

④ 设备尺寸。

⑤ 节点形式。

⑥ 网架的跨度。

⑦ 支承条件等因素有关。

网架的高跨比可取 1/18 ～ 1/10。网架在短向跨度的网格数不宜小于 5。确定网格尺寸时宜使相邻杆件间的夹角大于 45°，并且不宜小于 30°。网架上弦网格数与跨高比见表 7-1。

表 7-1 网架上弦网格数与跨高比

网架形式	钢檩条屋面体系		钢筋混凝土屋面体系	
	网格数	跨高比	网格数	跨高比
正放抽空四角锥网架、两向正交正放网架、正放四角锥网架	（6 ～ 8）+0.07L_2	（13 ～ 17）+0.03L_2	（2 ～ 4）+0.2L_2	10 ～ 14
两向正交斜放网架、棋盘形四角锥网架、斜放四角锥网架、星形四角锥网架			（6 ～ 8）+0.08L_2	

注：1. L_2 为网架短向跨度，单位是 m。

2. 当跨度在 18m 以下时，网格数可适当减小。

网格尺寸需要与网架高度相配合，以获得腹杆的合理倾角。另外，也要考虑屋面杆件、屋面做法、柱距模数等要求。网架上弦网格尺寸与网架高度的参考配合见表 7-2。

表 7-2 网架上弦网格尺寸与网架高度的参考配合

网架的短向跨度（L_2）	上弦网格尺寸	网架高度
＜ 30	（1/12 ～ 1/6）L_2	（1/14 ～ 1/10）L_2
30 ～ 60	（1/16 ～ 1/10）L_2	（1/16 ～ 1/12）L_2
＞ 60	（1/20 ～ 1/12）L_2	（1/20 ～ 1/14）L_2

网架杆件是钢管时，由于杆件的截面性能好，网格尺寸可大些。当杆件为角钢时，由于截面受长细比限制，网格尺寸不宜太大。

7.1.9 网架弦杆的层数

根据弦杆层数不同，网架结构可分为双层网架、三（多）层网架。屋盖跨度较大时，网架高度较大，网格较大。此时，如果采用双层网架，则杆件的内力较大，杆件的直径要粗，连接杆件的球节点直径要加大。另外，网架的整体刚度可能变弱，也可能会变形。这种情况宜改选为多层网架。跨度大于 50m 时，可以考虑采用三层网架。跨度大于 80m 时，可以优先采用三层网架。

一般情况下，三层网架腹杆长度仅为双层网架腹杆长度的一半，以便于制作和安装。三层网架存在着节点与杆件数量增多，中层节点上连接的杆件较密等缺点。网架跨度大于50m时，三层网架用钢量比双层网架用钢量省，并且随跨度增加用钢量降低越明显。三层网架如图7-18所示。

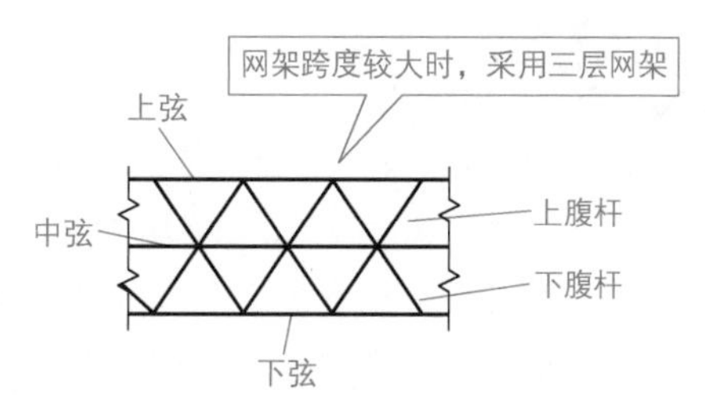

图7-18 三层网架

多层网架的优点：结构刚度好、内力均匀、内力峰值小于双层网架、网格变小、杆件变短等。

多层网架的缺点：杆件与节点数量增多、增加施工安装工作量。多层网架交汇于节点的杆件数量增多，如果杆系布置不妥，则会造成上下弦杆与腹杆交角太小。

技能贴士

网格腹杆布置的原则，就是尽量使压杆短、拉杆长，使网架受力合理。交叉桁架体系，腹杆倾角一般为40°～55°。角锥体系网架，斜腹杆的倾角宜用60°，可以使杆件标准化，以便制作、安装。

7.1.10 网架屋面排水坡的形成

网架结构的屋面面积都比较大，屋面中间起坡高度也比较大，屋面排水显得尤为主要。按网架屋面排水坡的形成分为网架整体起拱、网架变高度、上弦节点上加小立柱等类型，如图7-19所示。

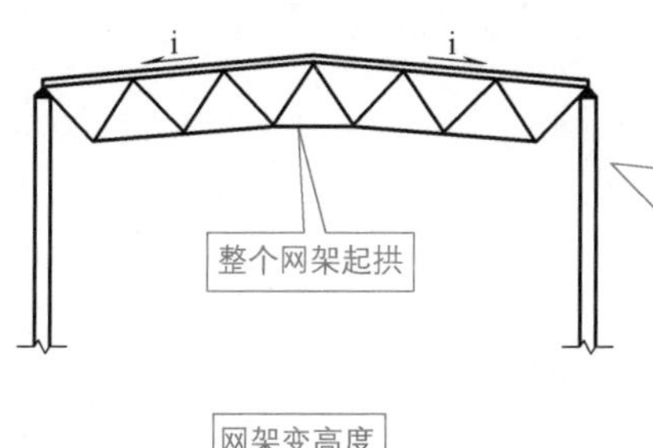

整个网架起拱——就是采用整个网架起拱形成屋面排水坡的做法，其网架的上弦杆、下弦杆仍保持平行，只是将整个网架在跨中抬高。起拱高度，需要根据屋面排水坡度而确定。适用于双坡排水。如果起拱度过高，对杆件内力有影响，应根据实际几何尺寸进行内力分析

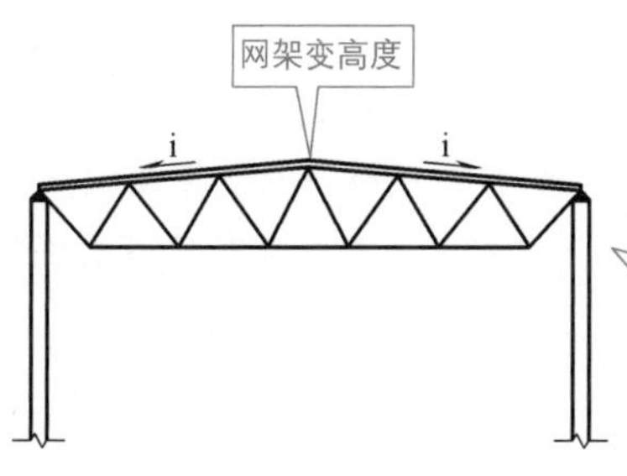

网架变高度——就是在网架跨中高度增加，使其上弦杆形成坡度，下弦杆仍平行于地面。网架变高度，使得网架内力趋于均匀。但是，使得网架上弦杆、腹杆种类增多，给网架制作带来一定困难

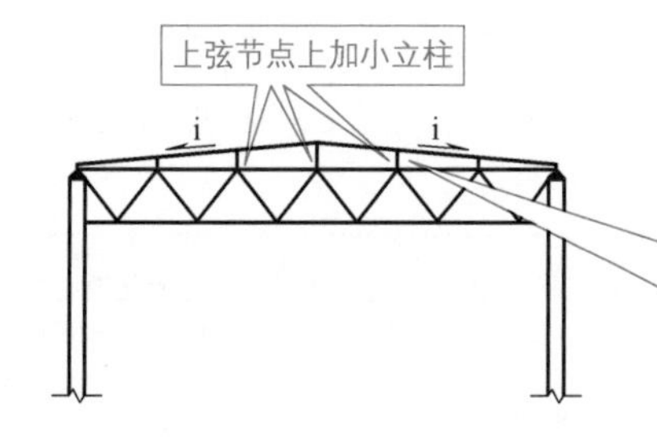

上弦节点上加小立柱——就是在上弦节点上加小立柱形成排水坡的方法。只要改变小立柱的高度即可形成双坡、四坡、其他复杂的多坡排水系统。随网架跨度增大，小立柱高度也增大，将屋面荷载集中在小立柱顶端。对有抗震要求的地区，应对小立柱进行抗震与稳定的验算

图7-19 网架屋面排水坡的形成

技能贴士

网架容许挠度与起拱度要求如下。

① 网架结构作屋盖时，$f \leqslant L/250$，L 为短向跨度。

② 网架结构作楼盖时，$f \leqslant L/300$，L 为短向跨度。

③ 网架起拱会造成网架制作复杂，一般网架可不起拱，要求起拱时，$f' \leqslant L/300$，L 为短向跨度。

7.1.11 网架的构造与几何不变性

网架结构的杆件截面根据强度、稳定性计算来确定。为了减小压杆的计算长度，增加其稳定性，可以采用增设再分杆、支撑杆等措施来实现。单层壳型网架的节点，需要能够承受弯曲内力。网架结构是空间铰接杆系结构，任意外力作用下不允许发生几何可变。因此，需要进行结构几何不变性分析。分析网架结构的几何不变性必须满足的条件，如图 7-20 所示。

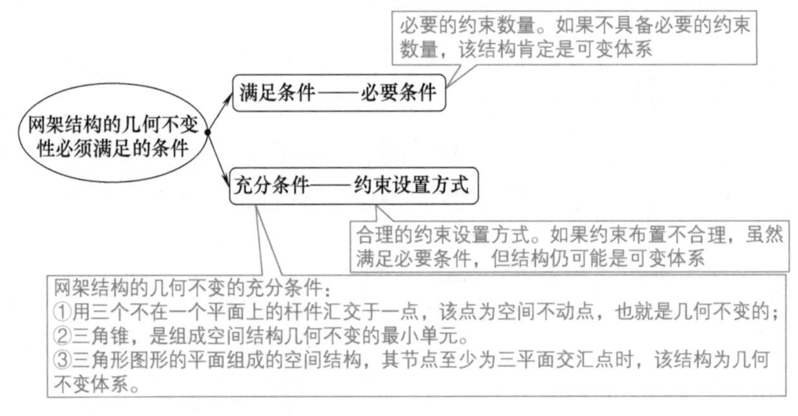

图 7-20 分析网架结构的几何不变性必须满足的条件

技能贴士

钢材制作的板型网架、双层壳型网架的节点，主要有十字板节点、焊接空心球节点、螺栓球节点等形式。其中，十字板节点适用于型钢杆件的网架结构，杆件与节点板的连接，可以采用焊接或高强螺栓连接。空心球节点、螺栓球节点适用于钢管杆件的网架结构。

7.1.12 网架的安装方法

网架结构的施工安装分为地面拼装的整体顶升法、整体提升法、整体吊装法、分条分块就位组装、高空就位的散装、高空滑移就位组装等方法。网架安装方法的特点见表 7-3。

表 7-3 网架安装方法的特点

名称	解释
分块安装法	（1）分块安装法是指网架分成条状或块状单元，分别由起重机吊装到高空设计要求位置就位，然后再拼装成整体的安装方法 （2）块状是指网架沿纵、横方向分割后的单元形状为矩形或正方形 （3）条状是指网架沿长跨方向分割为若干区段，每个区段的宽度可以是一个网格到三个网格，其长度则为短跨的跨度

续表

名称	解释
高空滑移法	（1）高空滑移法是指分条的网架单元在事先设置的滑轨上单条滑移到设计位置，并且拼接成整体的一种安装方法 （2）高空滑移法的条状单元，可以在地面拼成后用起重机吊到支架上，在设备能力不足或其他因素存在时，也可以用小拼单元，甚至采用散件在高空拼装平台上拼成条状单元 （3）高空支架一般设在建筑物一端。滑移时网架的条状单元由一端滑向另一端
高空散装法	（1）高空散装法是指小拼单元或散件直接在设计位置进行总拼的方法 （2）高空散装法可以分为全支架法、悬挑法等。其中，全支架法多用于散件拼装；悬挑法多用于小拼单元在高空总拼情况或者球面网壳、三角形网格的拼装 （3）悬挑法拼装时，需要预先制作好小拼单元，然后用起重机将小拼单元吊到设计标高就位拼装
整体吊装法	（1）网架地面总拼时，可以采用就地与柱错位的方式，或者在场外进行。如果采用就地与柱错位总拼，网架起升后在高空中需要移位或转动 1 ～ 2m，再下降就位 （2）由于柱是贯穿在网架的网格中的，因此凡与柱相连的梁都要断开，也就是在网架吊装完成后再施工框架梁 （3）建筑物在地面以上的结构，必须等网架制作安装完成后才能够进行，不能平行施工。因此，在场地许可时，可在现场作为工作面总拼网架，再用起重机负重行走较大距离进行网架安装
整体顶升法	（1）顶升法适用于点支承网架 （2）顶升法的千斤顶，可以安置在网架的下面。顶升过程中，需要采取导向措施，以免发生网架偏移转 （3）网架整体顶升法是利用原有结构柱作为顶升支架，也可另外设专门的支架、枕木垛垫高
整体提升法	（1）单提网架法是指网架在设计位置总拼后，再利用安装在柱子上的小型设备将其整体提升到设计标高上，然后进行下降、就位、固定 （2）升梁抬网法是指网架在设计位置就地总拼，同时安装如支承网架装配圈梁，并且把网架支座搁置在该圈梁中部，在每个柱顶上安装提升设备等，然后利用这些提升设备在升梁的同时，抬着网架升到设计标高 （3）升网滑模法是指网架在设计位置就地总拼，柱子可以采用滑模施工，网架的提升可以用安装在柱内钢筋上的滑模用千斤顶或劲性配筋上的升板机，一边提升网架，一边滑升模板浇筑柱 （4）整体提升法是指在结构柱上安装提升设备提升网架，或者在提升网架的同时进行柱子滑模的施工方法 （5）整体提升法可以分为单提网架法、升梁抬网法、升网滑模法等

网架安装方法的适用范围如下。

① 分条或分块安装法——适用于分割后刚度、受力状况改变较小的网架。分条或分块的大小，需要根据起重能力而定。

② 高空滑移法——适用于正放四角锥、正放抽空四角锥、两向正交正放四角锥等网架。滑移时滑移单元应保证成为几何不变体系。

③ 高空散装法——适用于螺栓连接节点的各种类型网架，并且宜采用少支架的悬挑的施工方法。

④ 整体吊装法——适用于各种类型的网架，吊装时可在高空平移或旋转就位。

⑤ 整体顶升法——适用于支点较少的多点支承网架。

⑥ 整体提升法——适用于周边支承及多点支承网架，可用升板机、液压千斤顶等小型机具进行施工。

技能贴士

采用顶升法时，在顶升过程中只能垂直地上升，不能或不允许平移、转动。全支架拼装网架时，支架顶部常用木板或竹脚手板满铺作为平台。整体提升法使用的提升设备一般较小，其适合于场地狭窄时施工。

7.2 具体网架

7.2.1 两向正交正放网架

两向正交正放网架，就是由两组平面（两个方向）桁架系垂直交叉组成的网架，即桁架系在平面上的投影轴线互成 90° 交角，所形成的网格可以是矩形的、正方形的等，如图 7-21 所示。

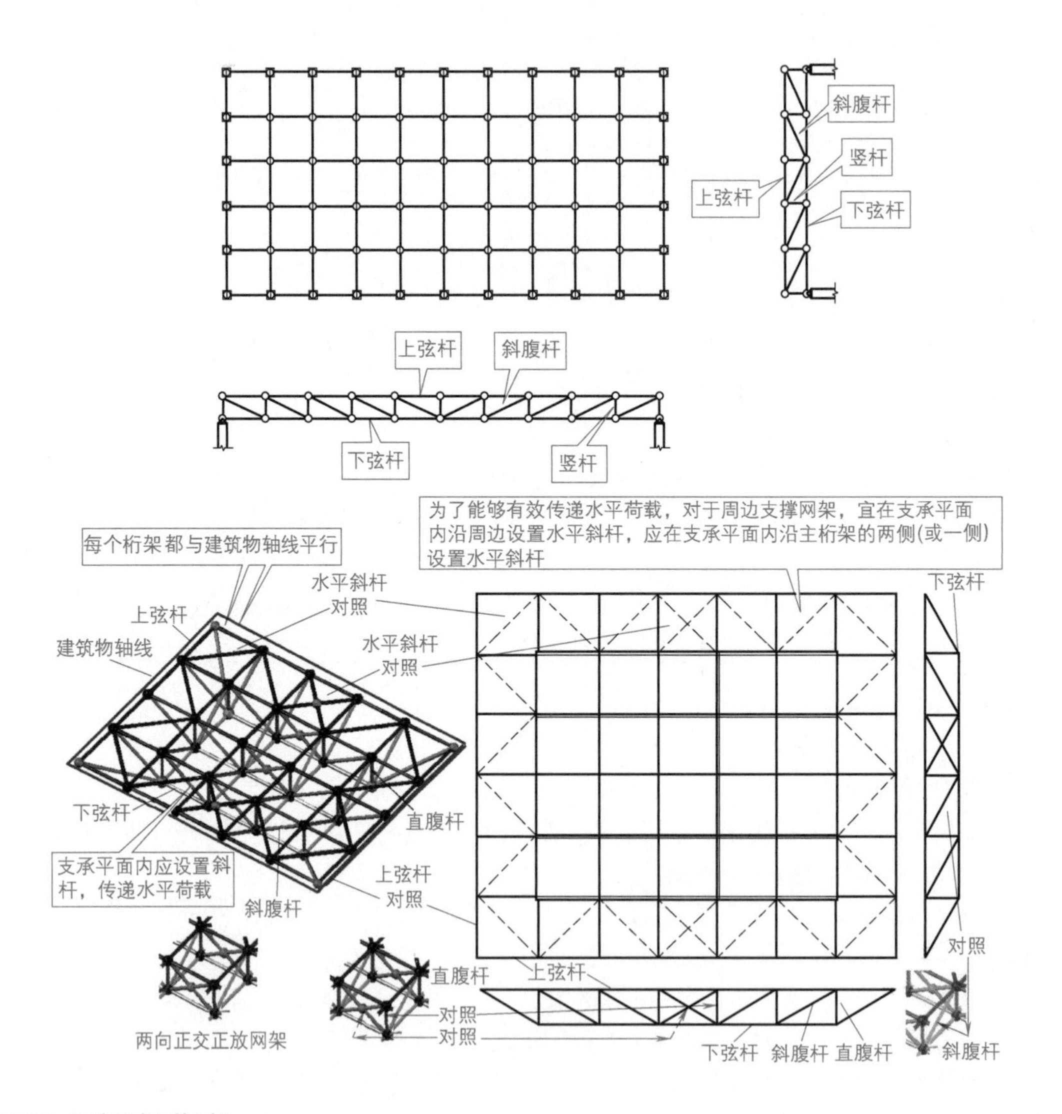

图 7-21 两向正交正放网架

两向正交正放网架，平面内为几何可变。矩形建筑平面中应用两向正交正放网架时，桁架分别与边界垂直或平行。两个方向网格数宜布置成偶数（即两向节间应布置成偶数）。如果为奇数，则在桁架中部节间宜做成交叉腹杆。两向正交正放网架周边支承接近正方形平面，受力均匀，杆件内力差别不大。但是，随着边长比加大，则单向受力特征会明显。两向正交正放网架的应用：矩形平面，周边支承，边长比小于 1.5 的情况。

技能贴士

两向正交正放网架，上弦、下弦组成的网格为矩形，弦层内无有效支承。为了增加其空间刚度、能够有效传递水平荷载，对于周边支撑网架，宜在上（下）弦支承平面内沿周边设置斜杆，应在支承平面内沿主桁架的两侧(或一侧)设置水平斜杆。点支承网架支承附近的杆件、主桁架跨中弦杆内力大，其他部位内力则小。

7.2.2 两向正交斜放网架

两向正交斜放网架是由两个方向的平面桁架交叉组成的，但是其角度并不正交，而是形成菱形网格，如图 7-22 所示。两向正交斜放网架杆件间的角度不规则，具有节点构造复杂、空间受力性能欠佳等特点。为此，建筑上有特殊要求时才考虑使用两向正交斜放网架。两向正交斜放网架的应用：矩形平面，周边支承，边长比小于 1.5 的情况。

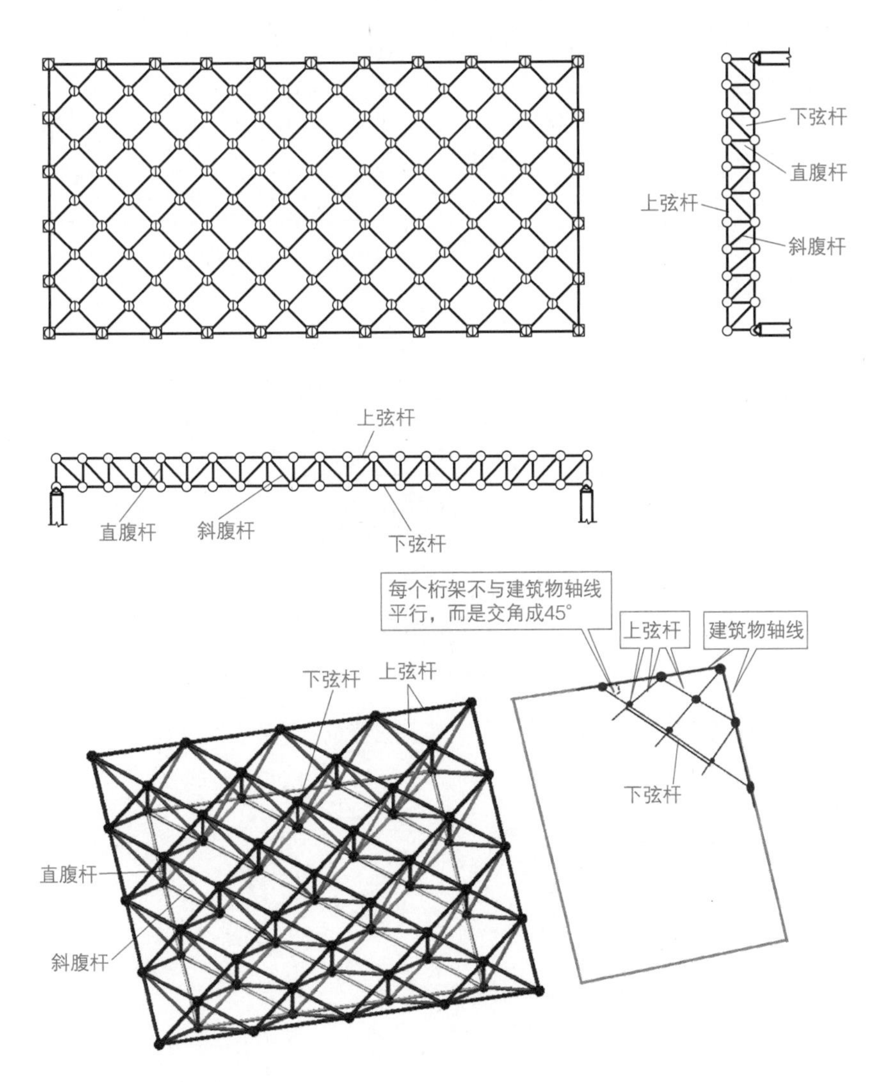

图 7-22 两向正交斜放网架

技能贴士

两向正交斜放网架可由梁向正交正放网架在水平面上旋转45°而得，其交角即为90° 。但是，每个桁架都不与建筑物轴线平行，而是交角成45°。两向正交斜放网架角部短桁架刚度较大。网架四角支座位置有向上的拉力。

7.2.3 两向斜交斜放网架

两向斜交斜放网架如图7-23所示。两向斜交斜放网架适用于矩形平面，但是其构造复杂，受力欠佳，有特殊建筑要求时才采用两向斜交斜放网架。

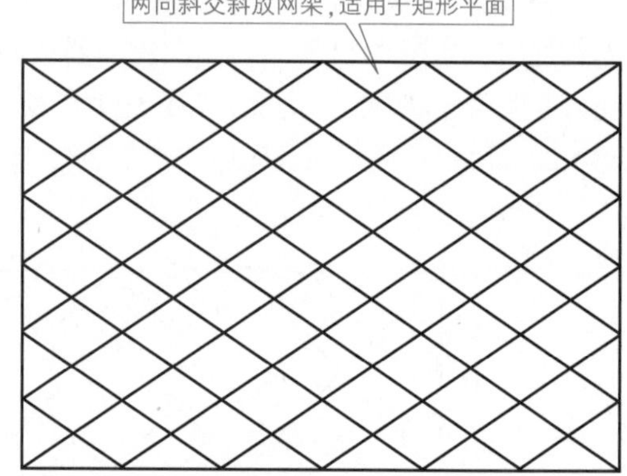

图7-23 两向斜交斜放网架

7.2.4 三向网架

三向网架由三个方向桁架根据60°角相互交叉组成，如图7-24所示。

三向网架的上弦、下弦平面的网格一般呈正三角形。三向网架为几何不变体，空间刚度大，受力性能好，支座受力较均匀。但是，汇交于一个节点的杆件最多可达13根，节点构造比较复杂，宜采用焊接空心球节点。

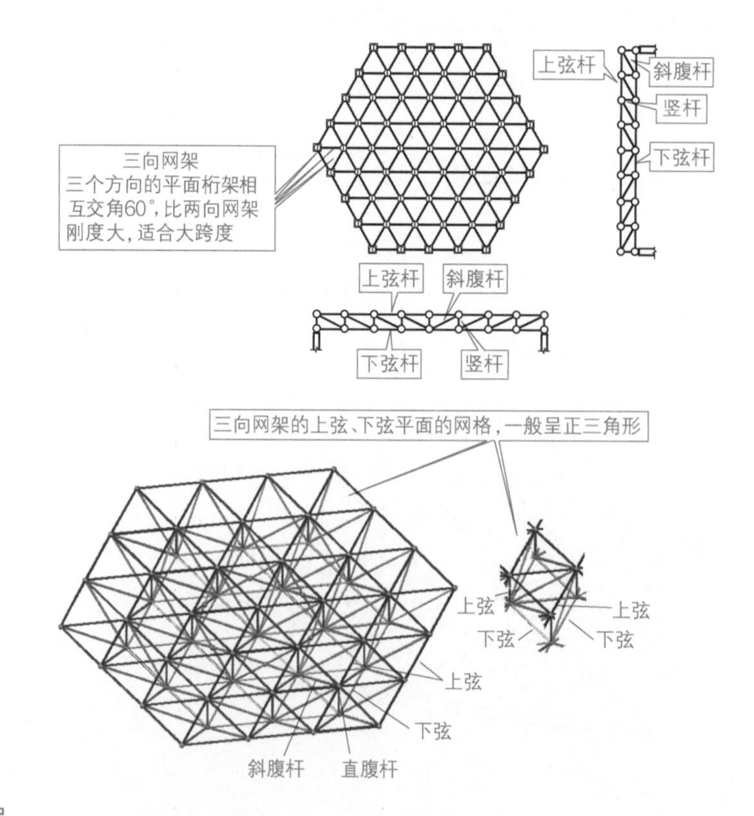

图7-24 三向网架

技能贴士

三向网架适合于较大跨度 ($l>60$m)，并且建筑平面为三角形、六边形、多边形、圆形。如果三向网架用于非六边形平面，则周边会出现非正三角形网格的情况。

7.2.5 正放四角锥网架

正放四角锥网架的四角锥底边分别与建筑物的轴线相平行，各个四角锥的底边相互连接形成网架的上弦杆，连接各个四角锥体的锥顶形成下弦杆并与建筑物的轴线平行。正放四角锥网架具有受力均匀，空间刚度比其他四角锥网架、两向网架大，应用最广等特点，如图 7-25 所示。

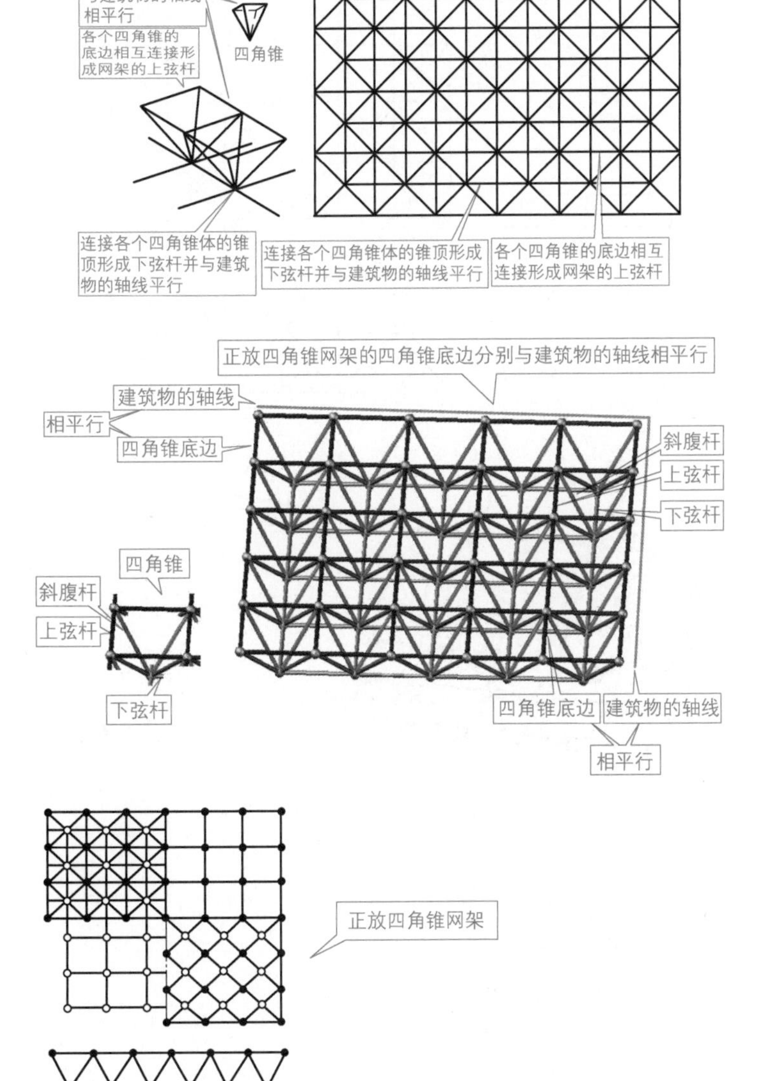

图 7-25　正放四角锥网架

技能贴士

正放四角锥网架的上下弦杆长度相等，并且相互错开半个节间。正放四角锥网架适用于平面形状为矩形的周边支承网架，以及边长比小于 1.5、大跨度等工程。

7.2.6 棋盘形四角锥网架

棋盘形四角锥网架是指将整个斜放四角锥网架水平转动 45° 角，使得网架上弦与建筑物轴线平行，下弦与建筑物轴线成 45° 交角，如图 7-26 所示。棋盘形四角锥网架克服了斜放四角锥网架屋面板种类多、屋面排水坡形成困难的缺点，适用于平面形状为矩形的周边支承网架，以及边长比大于 1.5、中小跨度等工程。

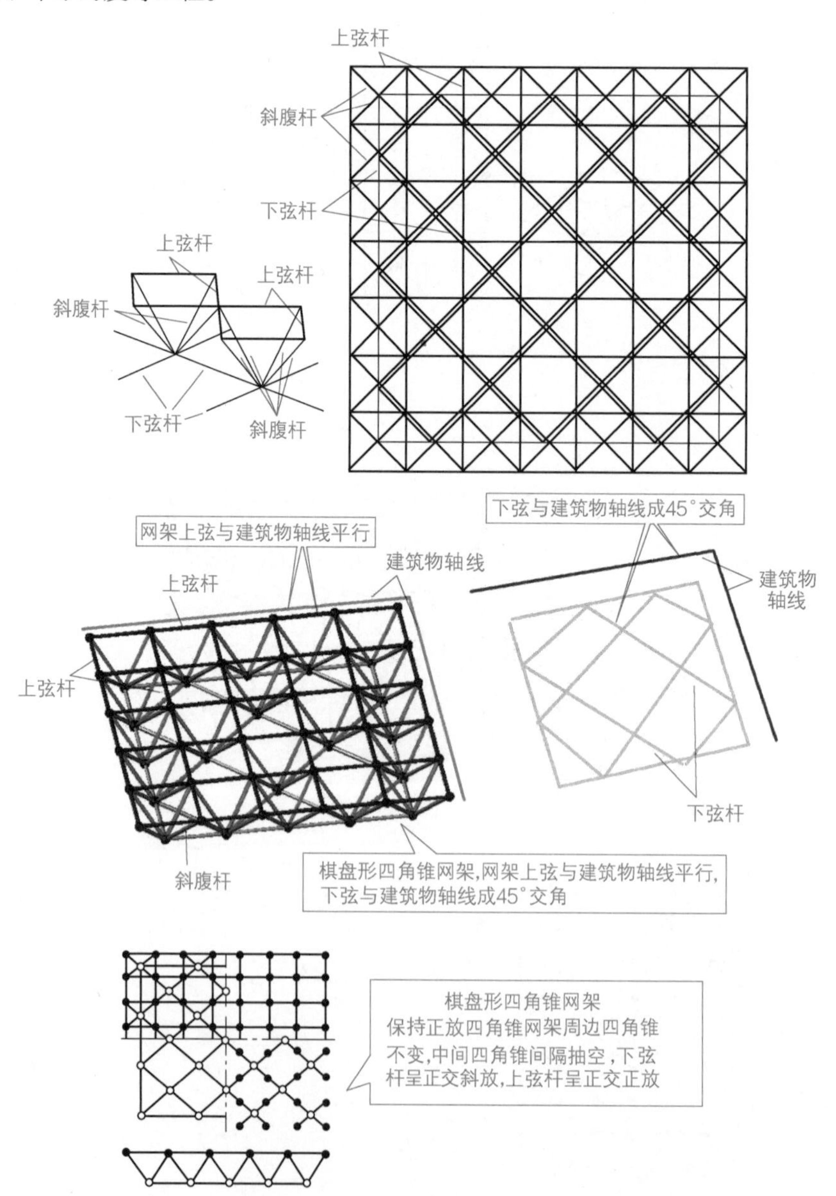

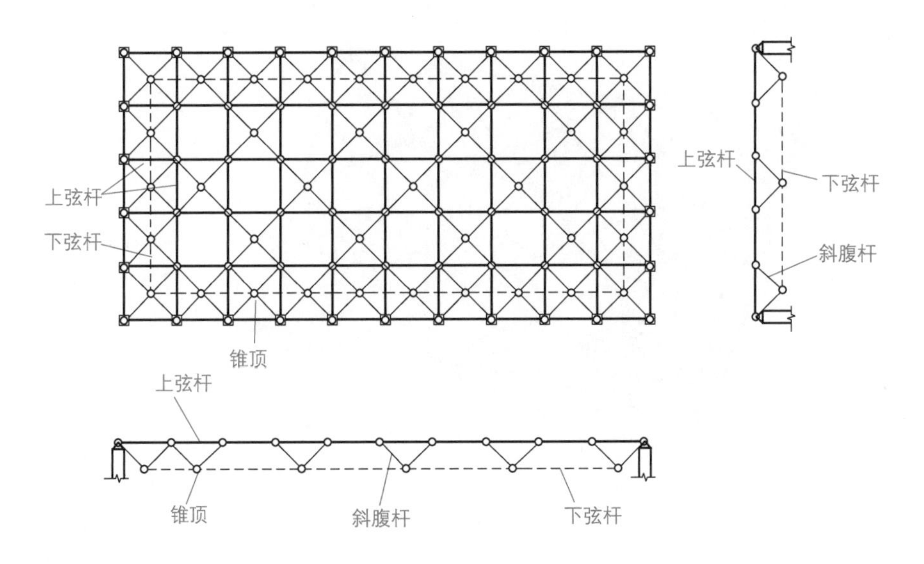

图 7-26 棋盘形四角锥网架

技能贴士

棋盘形四角锥网架，受压上弦杆短，受拉下弦杆长，能够充分发挥杆件截面的作用，受力合理；周边布置成满锥时，刚度较好。棋盘形四角锥网架比正放四角锥网架小，下弦杆内力增大。

7.2.7 星形四角锥网架

星形四角锥网架的网架单元为星形四角锥，具体是十字交叉的四根上弦为锥体的底边，由十字交叉点连接一根竖杆，再由交叉的四根上弦杆的另一端向竖杆下端连接，形成四根腹杆，从而构成星形四角锥网架单元，然后将各单元的锥顶相连成为下弦杆，如图 7-27 所示。星形四角锥网架适用于平面形状为矩形的周边支承网架，以及边长比小于等于 1.5、中小跨度的周边支承。

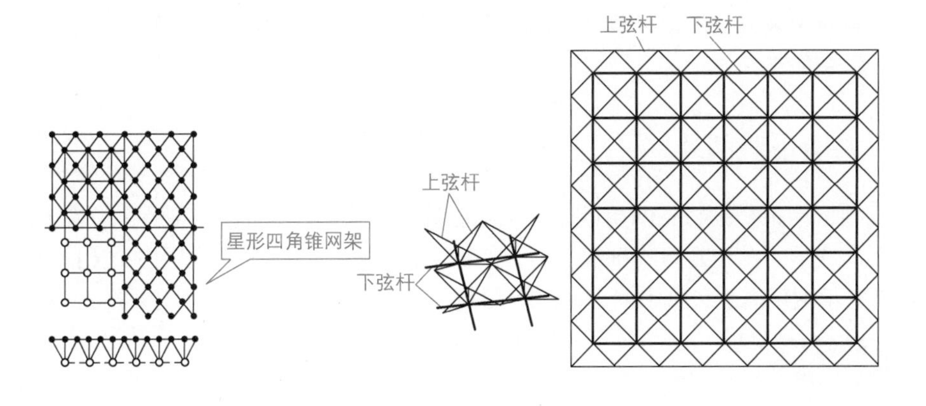

图 7-27

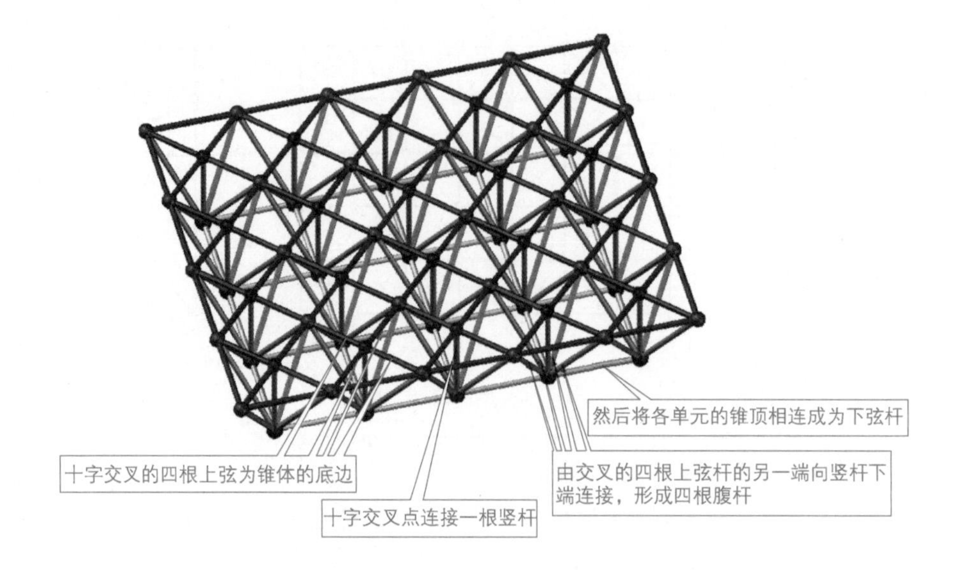

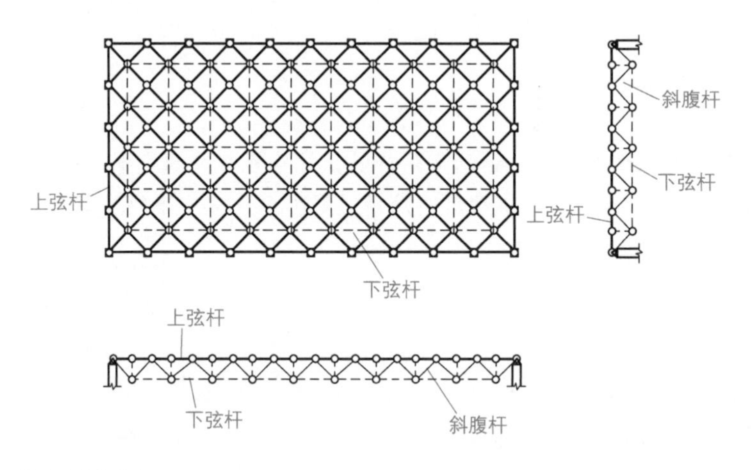

图 7-27 星形四角锥网架

技能贴士

星形四角锥网架具有上弦杆短、下弦杆长、竖杆受压、内力等于上弦节点荷载、刚度不如正放四角锥网架等特点。

7.2.8 斜放四角锥网架

斜放四角锥网架是指将各四角锥体的锥底边的角与角相连，上弦与建筑物轴线成 45° 交角，连接锥顶而形成的下弦与建筑物轴线平行，如图 7-28 所示。斜放四角锥网架适用于平面形状为矩形的周边支承网架以及边长比大于 1.5 的项目。

技能贴士

斜放四角锥网架具有受压的上弦杆短、受拉的下弦杆长、节点构造简单、每个节点交汇的杆件数量少等特点，应用较广泛。

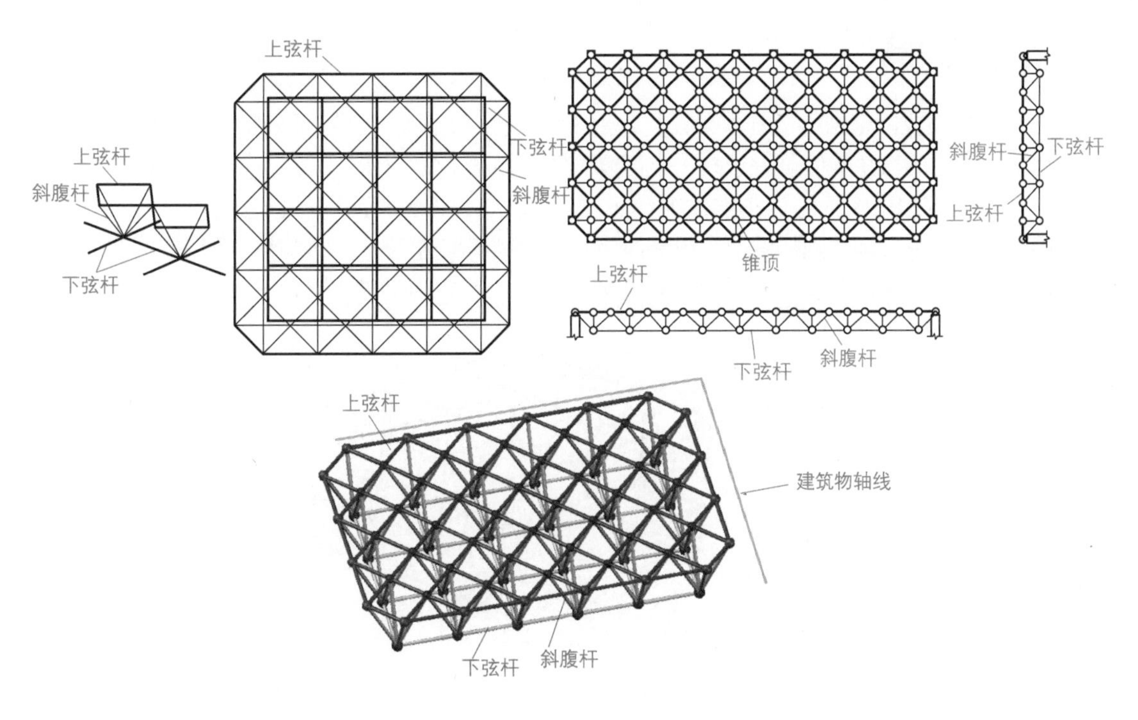

图 7-28 斜放四角锥网架

7.2.9 正放抽空四角锥网架

正放抽空四角锥网架的空间刚度比正放四角锥网架小，下弦杆内力增大，具有杆件数目少、构造简单、下弦杆件受力不均匀、刚度较小等特点，如图 7-29 所示。

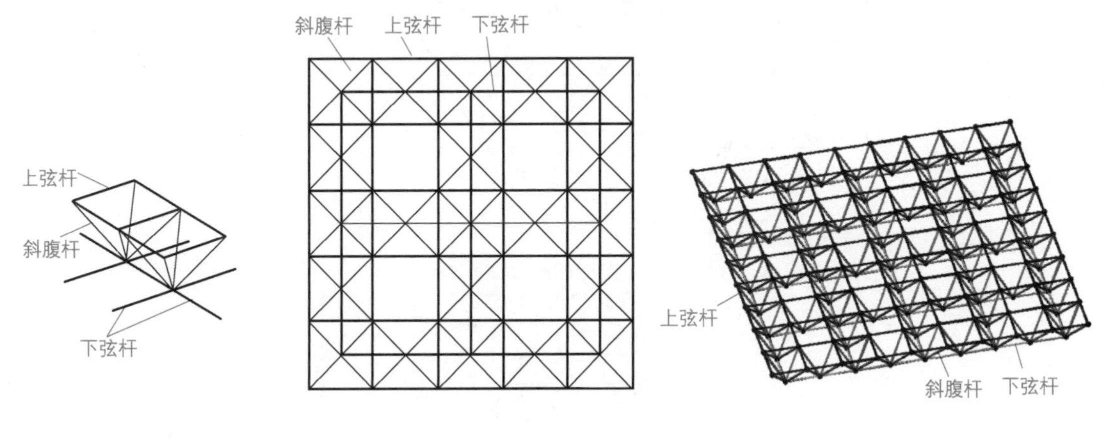

图 7-29 正放抽空四角锥网架

技能贴士

正放抽空四角锥网架主要用于平面形状为矩形的周边支承网架，以及边长比大于 1.5 的较小跨度、轻屋面、无吊顶的项目。

7.2.10 三角锥网架

三角锥体组成网架结构的基本单元，是由 3 根弦杆、3 根斜杆所构成的正三角锥体，也就是四面体。网架中的三角锥体可以顺置，也可以倒置，如图 7-30 所示。

三角锥网架是由倒置的三角锥体组合而成，其上弦、下弦平面均是正三角形网格。下弦三角形的顶点在上弦三角形网格的形心投影线上。三角锥网架适用于大中跨度、重屋盖的建筑。建筑平面为三角形、六边形、圆形的周边支承网架情况，则更为适宜。

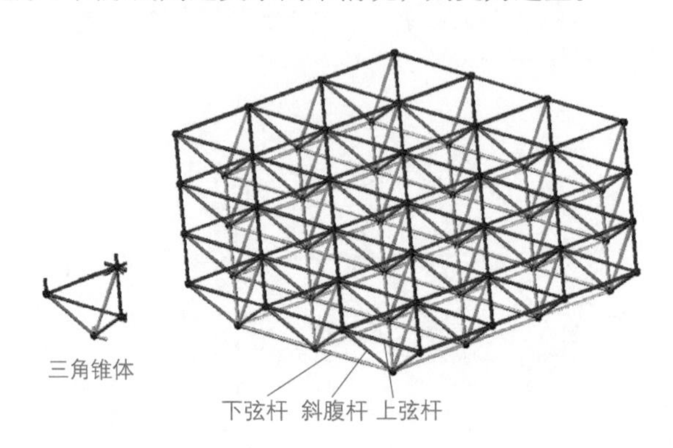

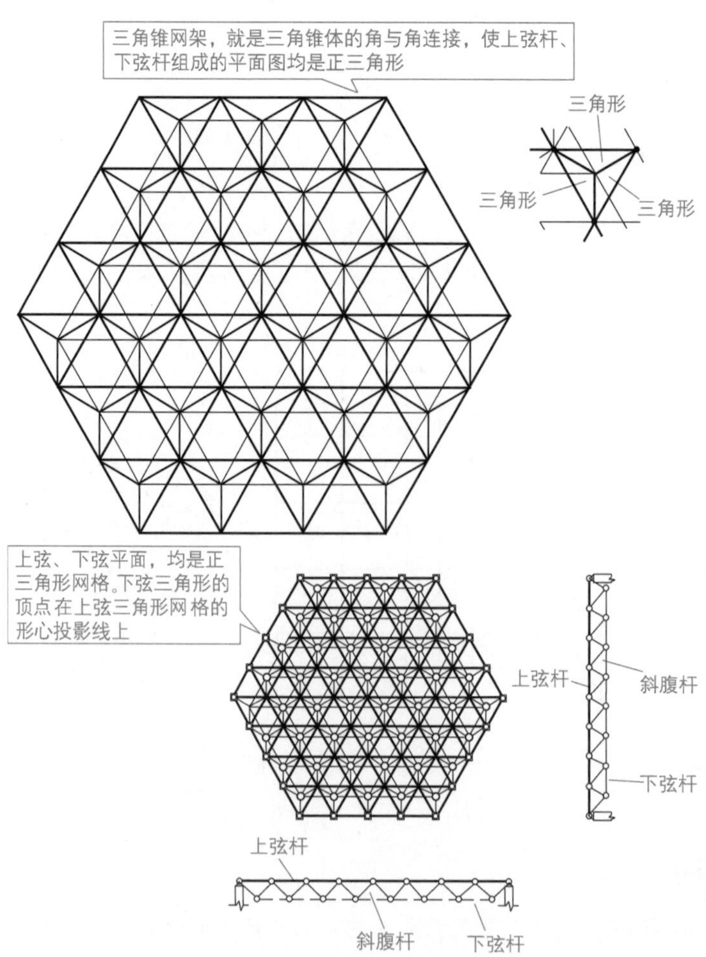

图 7-30 三角锥网架

技能贴士

三角锥网架的基本单元为几何不变体系。三角锥网架具有受力比较均匀，整体抗扭、抗弯刚度好等特点。

7.2.11 蜂窝型三角锥网架

蜂窝型三角锥网架由三角锥体单元组成，其连接方式为上弦杆与腹杆位于同一垂直平面内，上弦和下弦节点均汇集六根杆件，如图 7-31 所示。

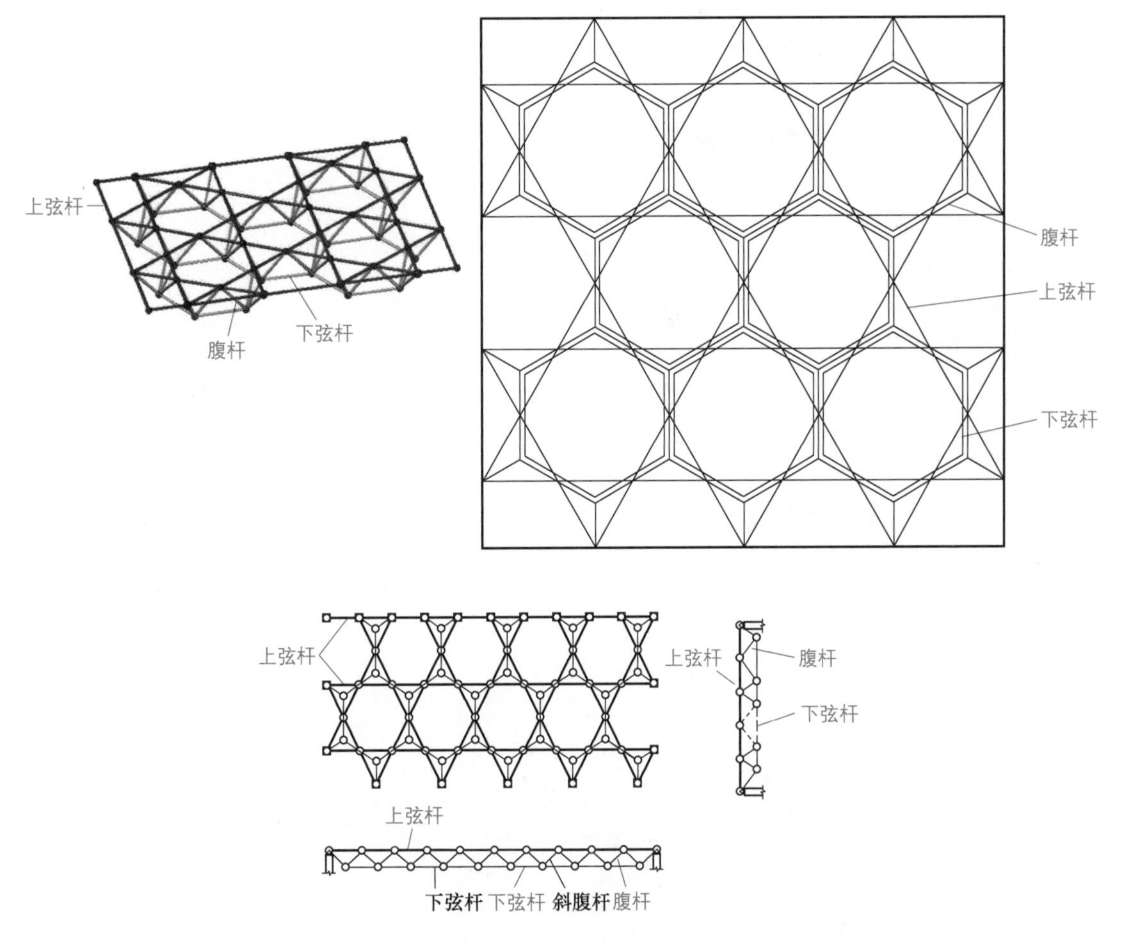

图 7-31 蜂窝型三角锥网架

蜂窝型三角锥网架为常见网架中节点汇集杆件最少的一种网架。蜂窝型三角锥网架的刚度比三角锥网架差。蜂窝型三角锥网架适用于中小跨度的周边支承网架，以及六边形、圆形、矩形平面。

技能贴士

蜂窝型三角锥网架，受压上弦杆的长度比受压下弦杆的长度短，受拉下弦杆长，能够充分发挥杆件截面的作用，受力比较合理，用钢量较少。其弦组成的图形为六边形，给屋面板设计与找坡带来了一些的困难。节点汇交 6 根，简化了节点构造。

7.2.12 抽空三角锥网架

抽空三角锥网架，就是在三角锥网架基础上，适当抽去一些三角锥中的腹杆、下弦杆，使上弦网格仍是三角形。抽锥规律不同形成的下弦网格的形状也不同，如图 7-32 所示。

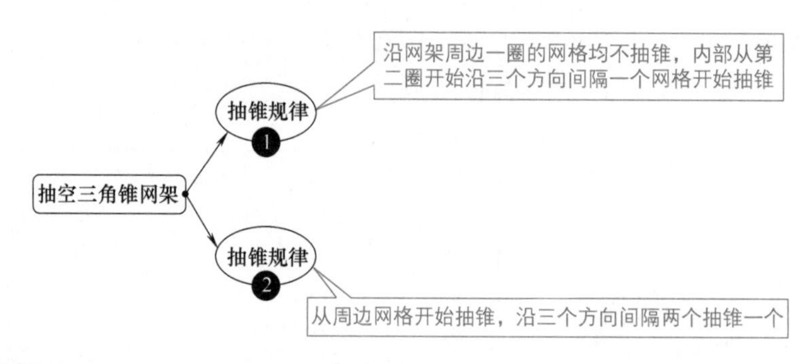

图 7-32 抽空三角锥网架

技能贴士

抽空三角锥网架抽掉杆件较多，整体刚度比三角锥网架差。抽空三角锥网架适用于中小跨度的六边形、三角形、圆形的建筑平面。

7.2.13 单向折线形网架

单向折线形网架是由一系列平面桁架斜交成 V 形，也可以看作由正放四角锥网架取消了纵向上下弦杆而成，如图 7-33 所示。

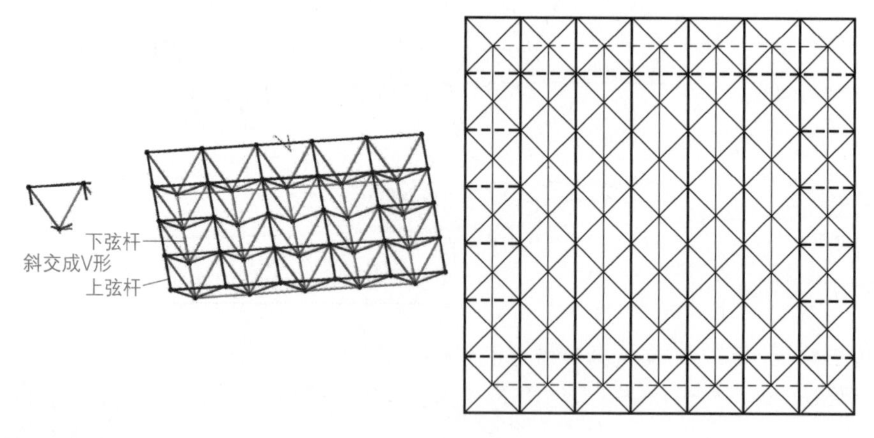

图 7-33 单向折线形网架

单向折线形网架具有类似于立体的桁架，不需要支撑。单向折线形网架只有沿跨度方向的上弦杆和下弦杆，呈单向受力状态。为了加强其空间刚度，应在其周边增设部分上弦杆件。单向折线形网架适用于矩形平面，以及周边支承、边长比大于 2 的工程。

7.2.14 网架种类的选择与应用

选择网架的种类时，应根据平面形状、支承特点、荷载大小、跨度大小、屋面材料、边长比、屋面构造、制作方法、具体情况等综合考虑，如图 7-34 所示。其中，正放四角锥网架耗钢量较其他网架高，但是杆件标准化程度比其他网架好，目前采用较多。对于中小跨度，也可以选用星形四角锥网架、蜂窝形三角锥网架。组合网架宜选用正放四角锥形式、两向正交正放形式、正放抽空四角锥形式、斜放四角锥形式、蜂窝形三角锥形式。对跨度不大于 40m 的多层建筑的楼盖、跨度不大于 60m 的屋盖，则可以采用以钢筋混凝土板代替上弦的组合网架结构。对于大跨度建筑，实际工程的经验证明，三角锥网架和三向网架的耗钢量反而比其他网架省。

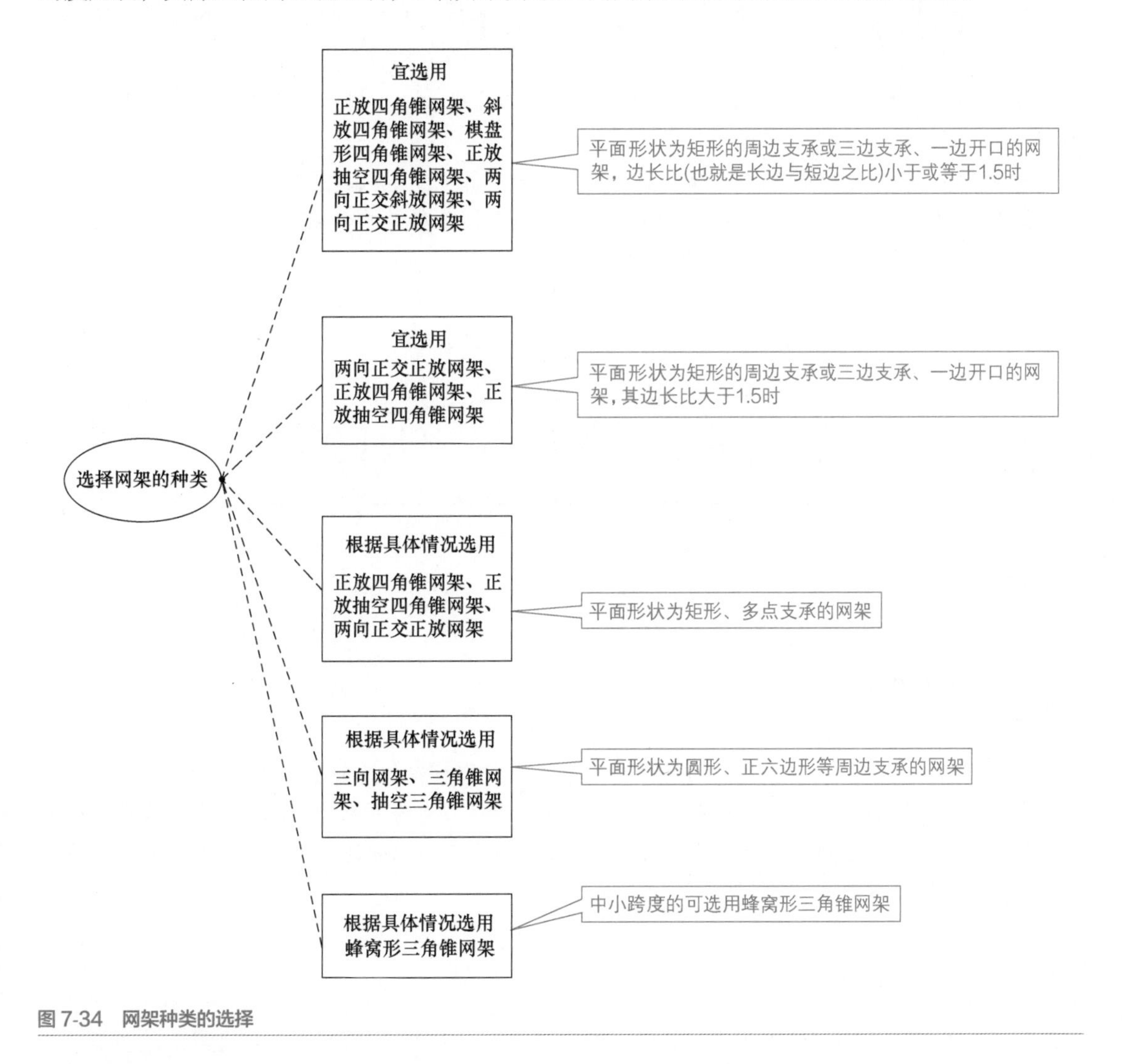

图 7-34 网架种类的选择

技能贴士

网架的网格高度和网格尺寸，需要根据跨度大小、荷载条件、网格形式、构造要求、柱网尺寸、支承情况、建筑功能等因素确定，网架的高跨比可取 1/18 ～ 1/10。确定网格尺寸时，宜使相邻杆件的夹角小于 45°，并且不宜小于 30°。网架的短向跨度的网格数，不宜小于 5。

7.3 网架的节点

7.3.1 网架节点的基础知识

钢结构的节点可以分成支座节点、杆件平面节点、钢管相贯焊接节点、吊车梁节点、网架球节点、铸钢节点、拉索节点等类型。

网架的节点具体类型如下。

① 焊接空心球节点——由两个热冲压钢半球加肋或不加肋焊接成空心球的连接节点。

② 螺栓球节点——由螺栓球、套筒、锥头、高强螺栓、销子（或螺钉）、封板等零部件组成的机械装配式节点。

③ 嵌入式毂节点——由柱状毂体、上下盖板、中心螺栓、平垫圈、杆端嵌入件、弹簧垫圈等零部件组成的机械装配式节点。

④ 销轴节点——由销轴、销板构成，具有单向转动能力的机械装配式节点。

⑤ 铸钢节点——以铸造工艺制造的用于复杂形状或受力条件的空间节点。

钢屋架组成节点，如图 7-35 所示。

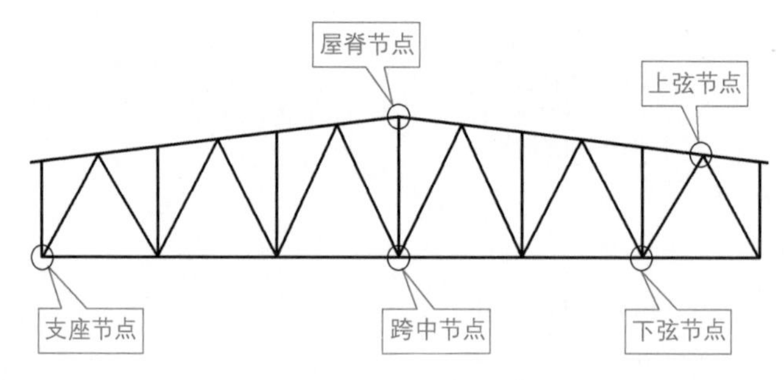

图 7-35　钢屋架组成节点

技能贴士

根据传递的支承反力的情况，网架支座节点可以分为拉力支座节点、压力支座节点等类型。压力支座节点又可以分为球铰压力支座节点、单面弧形压力支座节点、平板压力支座节点、双面弧形压力支座节点、橡胶支座节点等类型。拉力支座节点又可以分为平板拉力支座节点、单面弧形拉力支座节点等类型。

7.3.2 焊接空心球节点

焊接空心球宜采用钢板热压成半圆球，加热温度宜为 1000 ～ 1100℃，并且经机械加工坡口后焊成圆球。焊接后的成品球表面应要光滑平整，不应有局部凸起或褶皱。焊接空心球节点如图 7-36 所示。

根据受力大小，焊接空心球可以分为采用不加肋空心球、加肋空心球等类型，如图 7-37 所示。空心球的钢材宜采用现行国家标准《碳素结构钢》（GB/T 700）规定的 Q235B 钢或《低合金高强度结构钢》（GB/T 1591）规定的 Q345B、Q345C 钢。

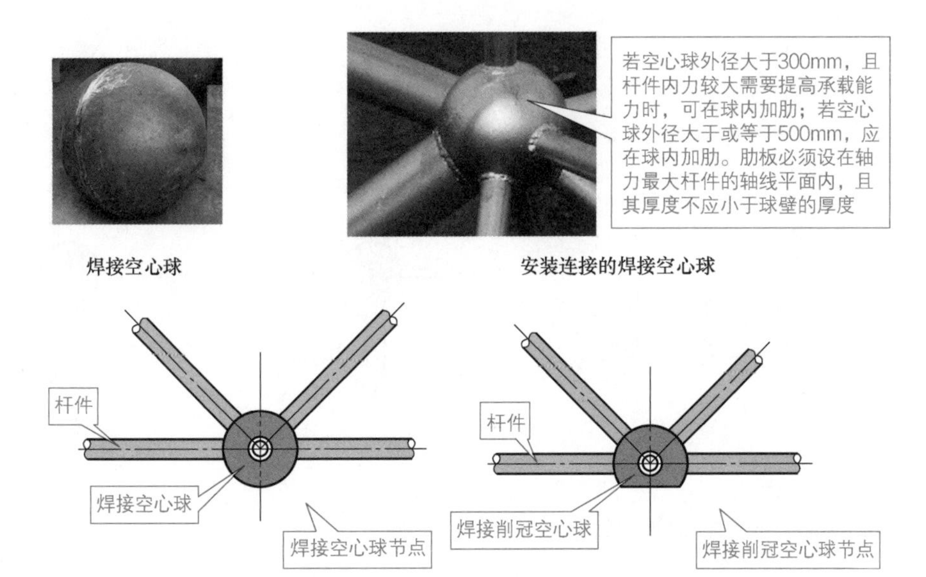

图 7-36 焊接空心球节点

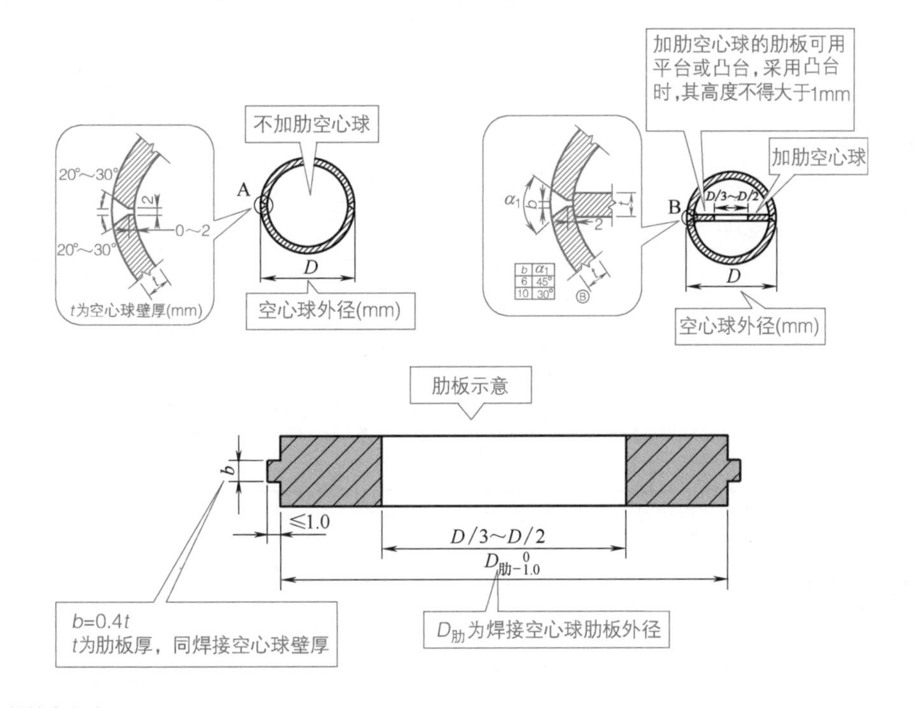

图 7-37 焊接空心球

钢管杆件与空心球连接，钢管需要开坡口，在钢管与空心球间应留有一定缝隙并予以焊透，以实现焊缝与钢管等强，否则应根据角焊缝计算。钢管端头可加套管与空心球焊接。套管壁厚不应小于 3mm，长度可为 30 ～ 50mm。钢管杆件与空心球连接如图 7-38 所示。

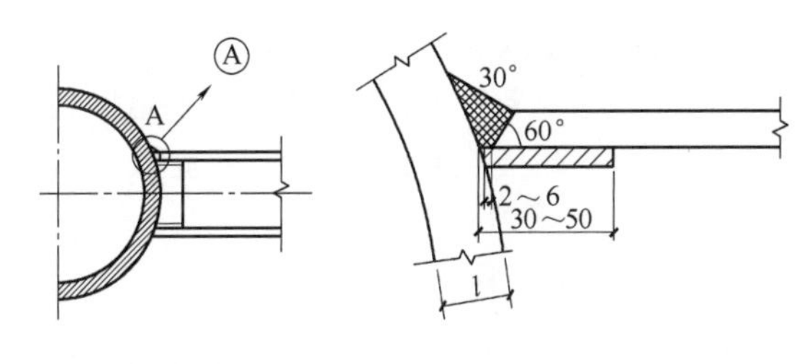

图 7-38 钢管杆件与空心球连接

焊接空心球的汇交杆如图 7-39 所示。

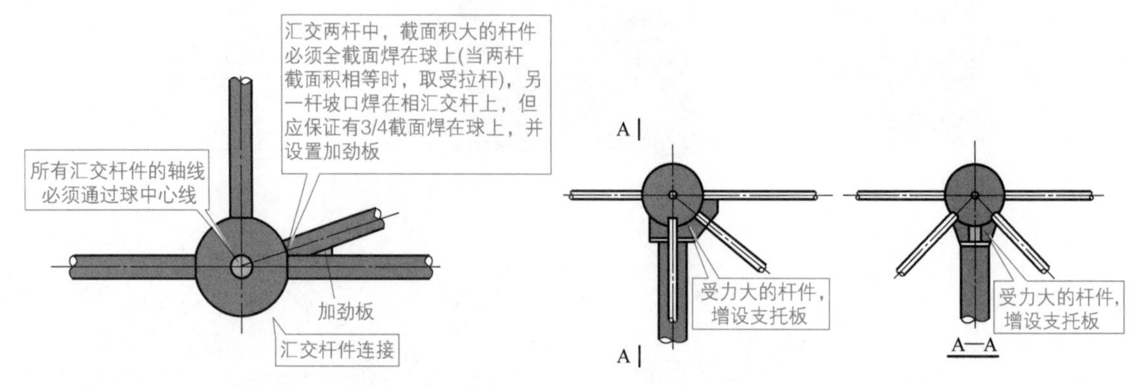

图 7-39 焊接空心球的汇交杆

焊接空心球加工的允许偏差，需要符合表 7-4 的规定。

表 7-4 焊接空心球加工的允许偏差

项目		允许偏差 /mm
直径	$d \leqslant 300$	±1.5
	$300 < d \leqslant 500$	±2.5
	$500 < d \leqslant 800$	±3.5
	$d > 800$	±4
圆度	$d \leqslant 300$	±1.5
	$300 < d \leqslant 500$	±2.5
	$500 < d \leqslant 800$	±3.5
	$d > 800$	±4
壁厚减薄量	$t \leqslant 10$	≤ 0.18t 且不大于 1.5
	$10 < t \leqslant 16$	≤ 0.15t 且不大于 2.0
	$16 < t \leqslant 22$	≤ 0.12t 且不大于 2.5
	$22 < t \leqslant 45$	≤ 0.11t 且不大于 3.5
	$t > 45$	≤ 0.08t 且不大于 4.0
对口错边量	$t \leqslant 20$	≤ 0.10t 且不大于 1.0
	$20 < t \leqslant 40$	2.0
	$t > 40$	3.0
焊缝余高		0 ～ 1.5

注：t 表示焊接空心球的壁厚；d 表示焊接空心球的外径。

技能贴士

焊接空心球的设计及钢管杆件与空心球的连接的要求如下。

① 网架、双层网壳空心球的外径与壁厚之比宜取 25 ～ 45。

② 单层网壳空心球的外径与壁厚之比宜取 20 ～ 35。

③ 空心球壁厚不宜小于 4mm。

④ 空心球壁厚与主钢管的壁厚之比宜取 1.5 ～ 2。

⑤ 空心球外径与主钢管外径之比宜取 2.4 ～ 3。

7.3.3 螺栓球节点

网架结构为多次超静定空间结构体系，其改变了一般平面结构体系的受力状态，能够承受来自各方面的荷载。网架结构多用于体育馆、展览厅、餐厅、候车室、仓库、单层多跨工业厂房等屋盖承重结构。

螺栓球节点是杆件与球通过高强螺栓连接来实现的，对于杆件端头等强连接封板（钢管直径小于 75.5mm 采用）或锥头（钢管直径小于等于 75.5mm 采用），采用螺栓球做劈面，劈面与封板或锥头间是六角套筒，套筒上开小孔，放入紧固销钉，销钉嵌入套筒内部的高强螺栓凹槽内，高强螺栓帽卡在封板或锥头内，另一端通过销钉传力拧入螺栓球内。螺栓球宜热锻成形，加热温度宜为 1150 ～ 1250℃，终锻温度不得低于 800℃，成形后螺栓球不得有过烧、褶皱、裂纹。螺栓球加工的允许偏差，见表 7-5。

表 7-5　螺栓球加工的允许偏差

项目		允许偏差 /mm
球直径	$d \leqslant 120$	+2.0 −1.0
	$d > 120$	+3.0 −1.5
球圆度	$d \leqslant 120$	1.5
	$120 < d \leqslant 250$	2.5
	$d > 250$	3.0
同一轴线上两铣平面平行度	$d \leqslant 120$	0.2
	$d > 120$	0.3
两铣平面与螺栓孔轴线垂直度		$0.005r$
铣平面距球中心距离		±0.2
相邻两螺栓孔中心线夹角		±30′

注：d 表示螺栓球直径；r 表示螺栓球半径。

螺栓球节点可以由钢球、高强度螺栓、套筒、紧固螺钉、锥头或封板等组成，可用于连接网架、双层网壳等空间网格结构的圆钢管杆件，如图 7-40 所示。

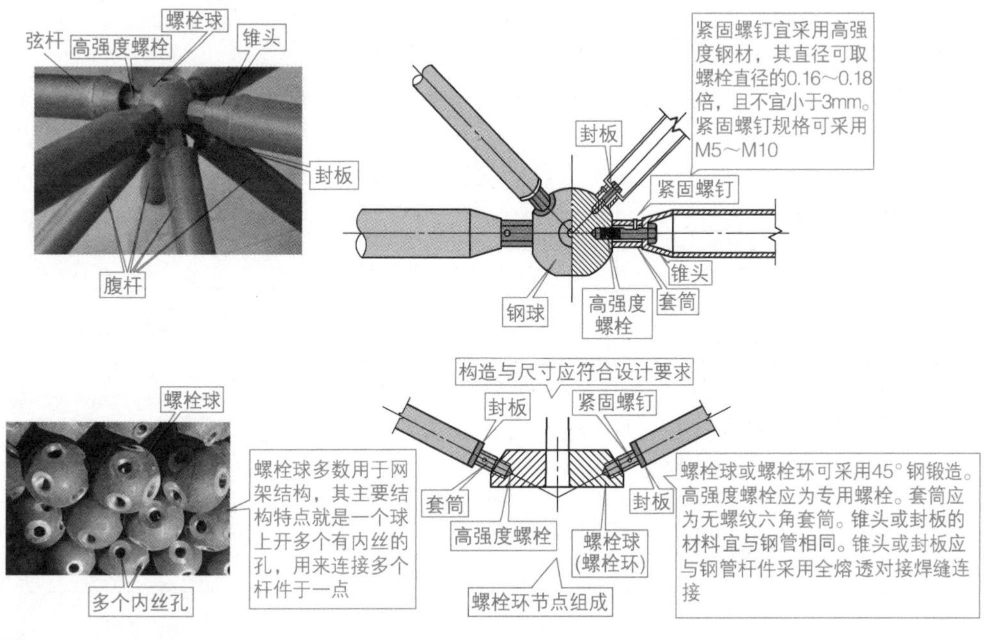

图 7-40

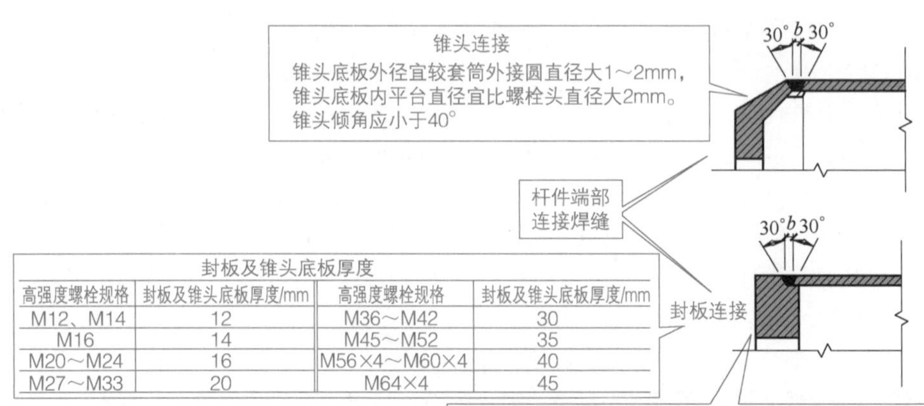

封板及锥头底板厚度

高强度螺栓规格	封板及锥头底板厚度/mm	高强度螺栓规格	封板及锥头底板厚度/mm
M12、M14	12	M36～M42	30
M16	14	M45～M52	35
M20～M24	16	M56×4～M60×4	40
M27～M33	20	M64×4	45

图 7-40　螺栓球节点

网架杆件封板如图 7-41 所示。网架封板和锥头主要起连接钢管与螺栓的作用，承受杆件传来的拉力与压力。当杆件管径大于或等于 76mm 时，宜采用锥头连接；当杆件管径小于 76mm 时，可采用封板连接。

图 7-41　网架杆件封板

用于制造螺栓球节点的钢球、高强度螺栓、套筒、紧固螺钉、封板、锥头的材料，可以根据表 7-6 的规定来选用，并且需要符合相应标准技术条件的要求。

螺栓球节点现场施工快捷，虽然制作费用比空心球节点高，但是拼装成本低。另外，螺栓球节点具有螺栓开槽对受力不利、安装时是否拧紧不易检查、防腐不易处理等特点。网架顶丝、销钉、螺钉、网架螺母如图 7-42 所示。

表 7-6　螺栓球节点材料要求

零件	推荐材料	材料标准编号	备注
钢球	45 号钢	《优质碳素结构钢》(GB/T 699)	毛坯钢球锻造成形
紧固螺钉	20MnTiB	《合金结构钢》(GB/T 3077)	螺钉直径宜尽量小
	40Cr		
锥头或封板	Q235B	《碳素结构钢》(GB/T 700)	钢号宜与杆件一致
	Q345	《低合金高强度结构钢》(GB/T 1591)	
高强度螺栓	20MnTiB，40Cr，35CrMo	《合金结构钢》(GB/T 3077)	规格 M12 ～ M24
	35VB，40Cr，35CrMo		规格 M27 ～ M36
	35CrMo，40Cr		规格 M39 ～ M64×4
套筒	Q235B	《碳素结构钢》(GB/T 700)	套筒内孔径为 13 ～ 34mm
	Q345	《低合金高强度结构钢》(GB/T 1591)	套筒内孔径为 37 ～ 65mm
	45 号钢	《优质碳素结构钢》(GB/T 699)	

图 7-42 网架顶丝、销钉、螺钉、网架螺母

技能贴士

螺栓球规格系列的代号表示为 BS100。其中，BS 表示螺栓球，100 表示螺栓球的直径为 100mm。常用的螺栓球规格系列为 BS100、BS120、BS140、BS150、BS160、BS180、BS200、BS220、BS260、BS280、BS300、BS350。其中，BS280、BS300、BS350 属于大直径的螺栓球。

7.3.4 嵌入式毂节点

嵌入式毂节点可用于跨度不大于 60m 的单层球面网壳及跨度不大于 30m 的单层圆柱面网壳，如图 7-43 所示。

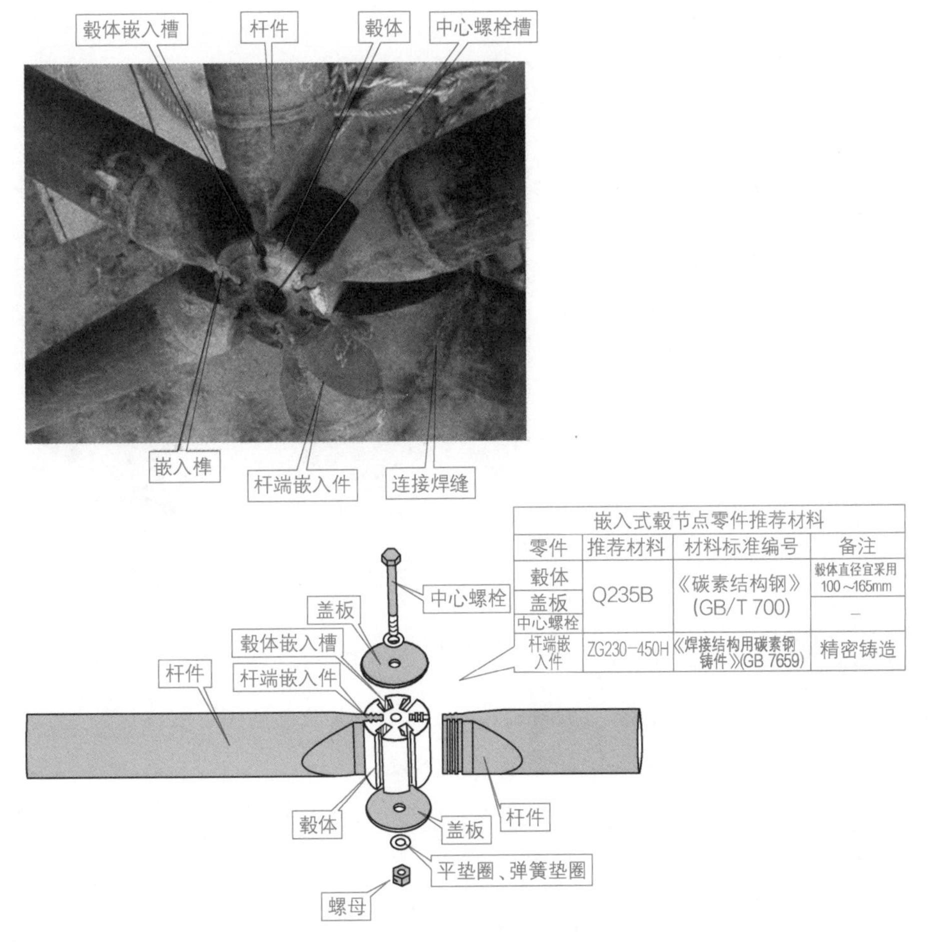

嵌入式毂节点零件推荐材料			
零件	推荐材料	材料标准编号	备注
毂体	Q235B	《碳素结构钢》(GB/T 700)	毂体直径宜采用100～165mm
盖板			—
中心螺栓			
杆端嵌入件	ZG230–450H	《焊接结构用碳素钢铸件》(GB 7659)	精密铸造

图 7-43 嵌入式毂节点

技能贴士

嵌入式毂节点，中心螺栓直径宜采用 16 ～ 20mm，盖板厚度不宜小于 4mm。

7.3.5 销轴节点

销轴节点的特点如图 7-44 所示。

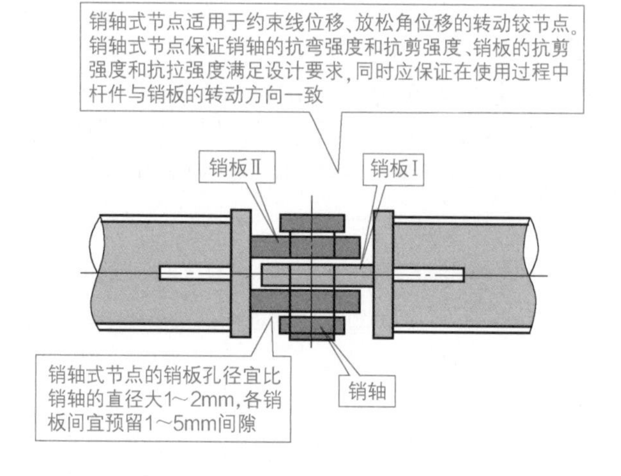

图 7-44 销轴节点的特点

7.3.6 铸钢节点

空间网格结构中杆件汇交密集、受力复杂且可靠性要求高的关键部位节点，可以采用铸钢节点。设计铸钢节点时，需要根据铸钢件的轮廓尺寸选择合理的壁厚。铸件壁间需要设计铸造圆角。设计铸钢节点时，需要采用有限元法进行实际荷载工况下的计算分析，其极限承载力可根据弹塑性有限元分析确定。铸钢节点承受多种荷载工况且不能明显判断其控制工况时，需要分别进行计算以确定其最小极限承载力。极限承载力数值不宜小于最大内力设计值的 3 倍。铸钢节点的试验如图 7-45 所示。

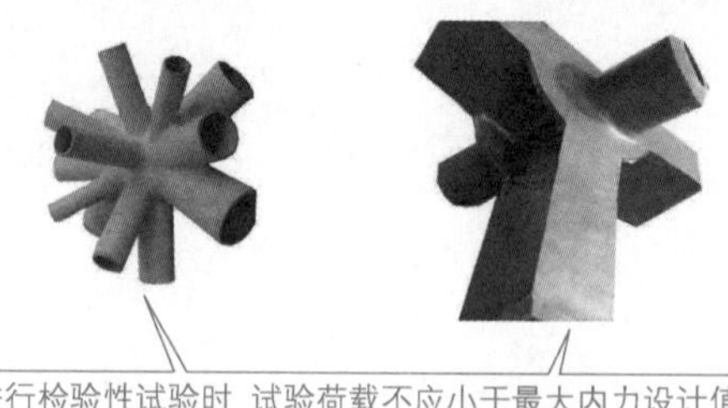

图 7-45 铸钢节点的试验

技能贴士

铸钢节点加工宜包括工艺设计、模型制作、浇铸、清理、热处理、打磨（修补）、机械加工和成品检验等工序。复杂的铸钢节点接头宜设置过渡段。

7.3.7 组合结构的节点

组合网架与组合网壳结构的上弦节点构造需要符合的规定如下。

① 保证钢筋混凝土带肋平板与组合网架、组合网壳的腹杆、下弦杆能共同工作。

② 腹杆的轴线与作为上弦的带肋板有效截面的中轴线，需要在节点处交于一点。

③ 支承钢筋混凝土带肋板的节点板，需要能够有效地传递水平剪力。

钢筋混凝土带肋板与腹杆连接的节点构造可以采用下列三种形式。

① 焊接十字板节点可用于杆件为角钢的组合网架与组合网壳。

② 焊接球节点可用于杆件为圆钢管、节点为焊接空心球的组合网架与组合网壳。焊接球实物如图 7-46 所示。

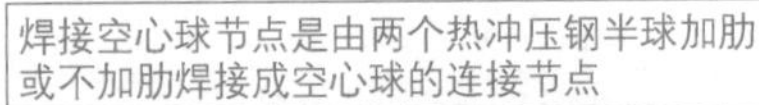

图 7-46 焊接球实物

③ 螺栓环节点可以用于杆件为圆钢管、节点为螺栓球的组合网架与组合网壳。

组合网架与组合网壳结构节点的构造，需要符合的规定如下。

① 钢筋混凝土带肋板的板肋底部预埋钢板应与十字节点板的盖板焊接，必要时可在盖板上焊接 U 形短钢筋，并且在板缝中浇灌细石混凝土，构成水平盖板的抗剪键。

② 后浇板缝中宜配置通长钢筋。

③ 节点承受负弯矩时，需要设置上盖板，并且将其与板肋顶部预埋钢板焊接。

④ 组合网架用于楼层时，板面宜采用配筋后浇的细石混凝土面层。

技能贴士

组合网架、组合网壳未形成整体时，不得在钢筋混凝土上弦板上施加不均匀集中荷载。

7.3.8 预应力索节点

预应力索可以采用钢绞线拉索、扭绞型平行钢丝拉索或钢拉杆。预应力索节点，如图 7-47 所示。

预应力体外索在索的转折位置需要设置鞍形垫板，以保证索的平滑转折，如图 7-48 所示。

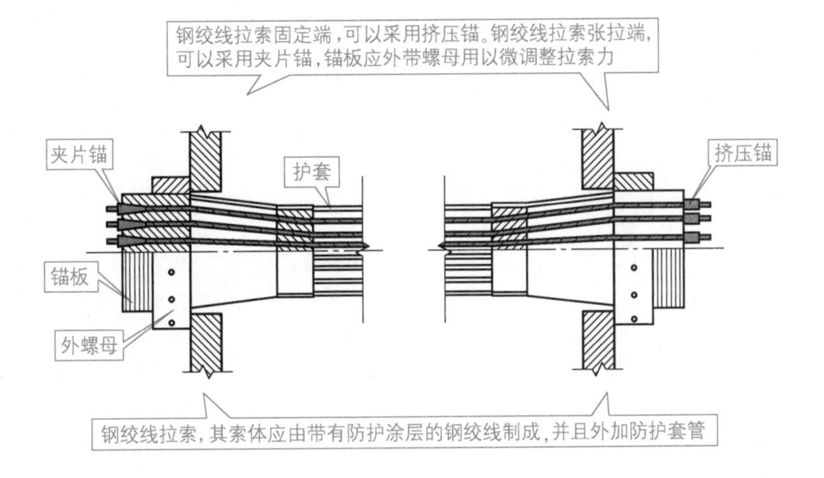

图 7-47

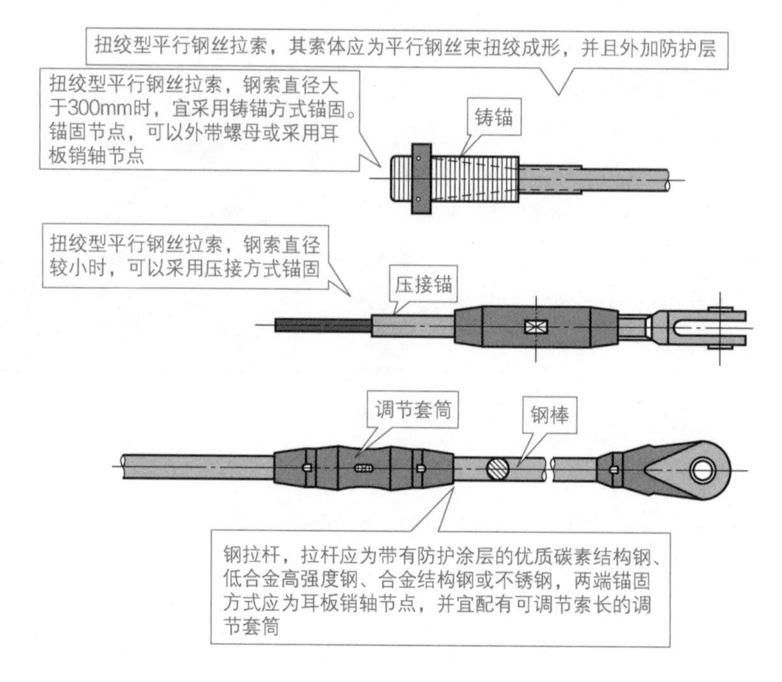

图 7-47 预应力索节点

张弦立体拱架的拉索宜采用两端带有铸锚的扭绞型平行钢丝索，并且拱架端部宜采用铸钢件作为索的锚固节点，如图 7-49 所示。

技能贴士

张弦立体拱架撑杆下端与索相连的节点，宜采用两半球铸钢索夹形式，索夹的连接螺栓要受力可靠，便于在拉索预应力各阶段拧紧索夹。

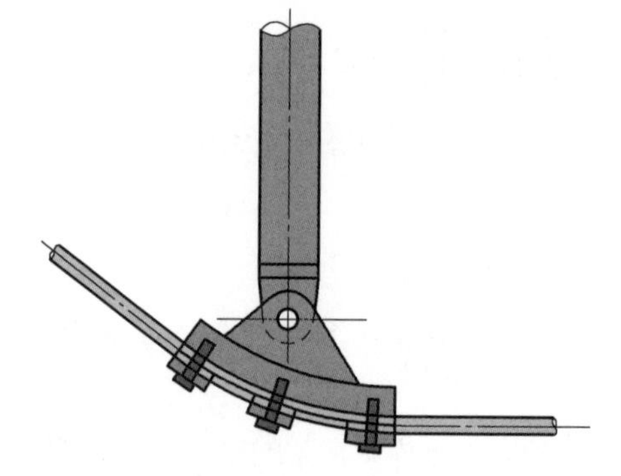

图 7-48 预应力体外索在索的转折位置设置鞍形垫板

7.3.9 支座节点的基础

空间网格结构的支座节点需要具有足够的强度和刚度。荷载作用下不应先于杆件和其他节点而破坏，也不得产生不可忽略的变形。支座节点构造形式，需要传力可靠、连接简单、符合计算假定。支座实物如图 7-50 所示。

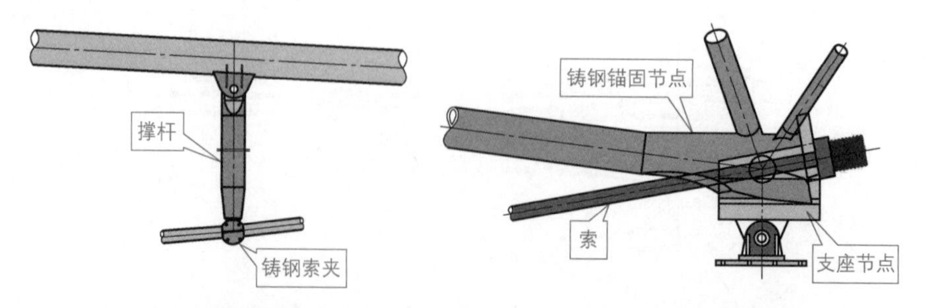

(a) 张弦立体拱架撑杆节点

(b) 张弦立体拱架支座索锚固节点

图 7-49 张弦立体拱架的拉索

图 7-50　支座实物

根据其主要受力特点，空间网格结构的支座节点可分为压力支座节点、拉力支座节点、可滑移与转动的弹性支座节点、兼受轴力 / 弯矩 / 剪力的刚性支座节点等，如图 7-51 所示。

技能贴士

空间网格结构支座节点底板的净面积，需要满足支承结构材料的局部受压要求，其厚度也需要满足底板在支座竖向反力作用下的抗弯要求，并且不宜小于 12mm。支座节点底板的锚孔孔径需要比锚栓直径大 10mm 以上，并且还需要考虑适应支座节点水平位移的要求。

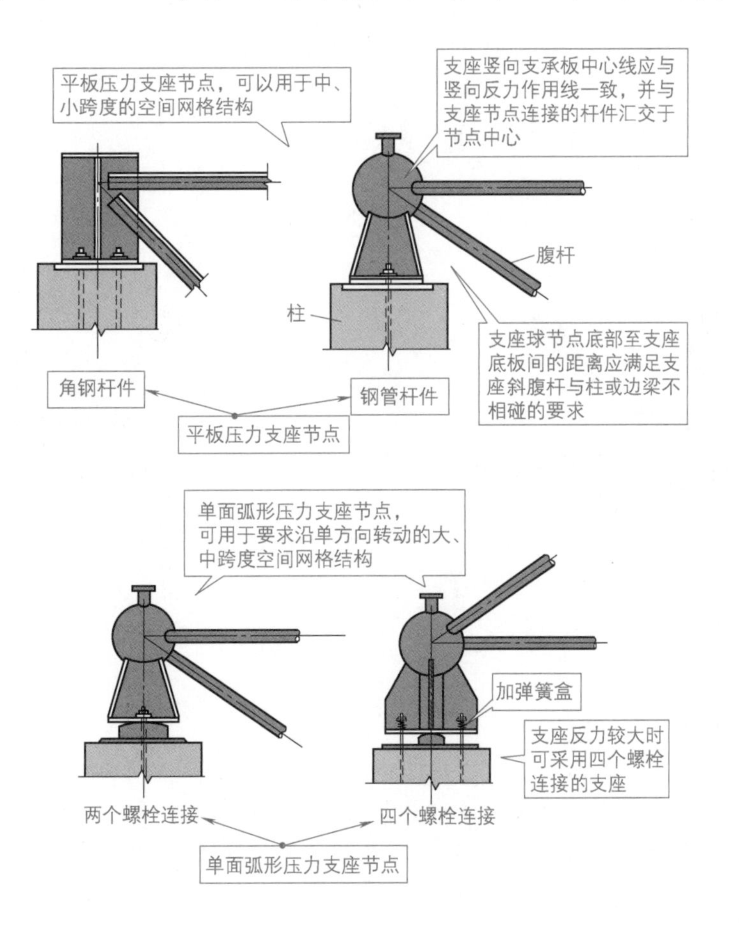

图 7-51

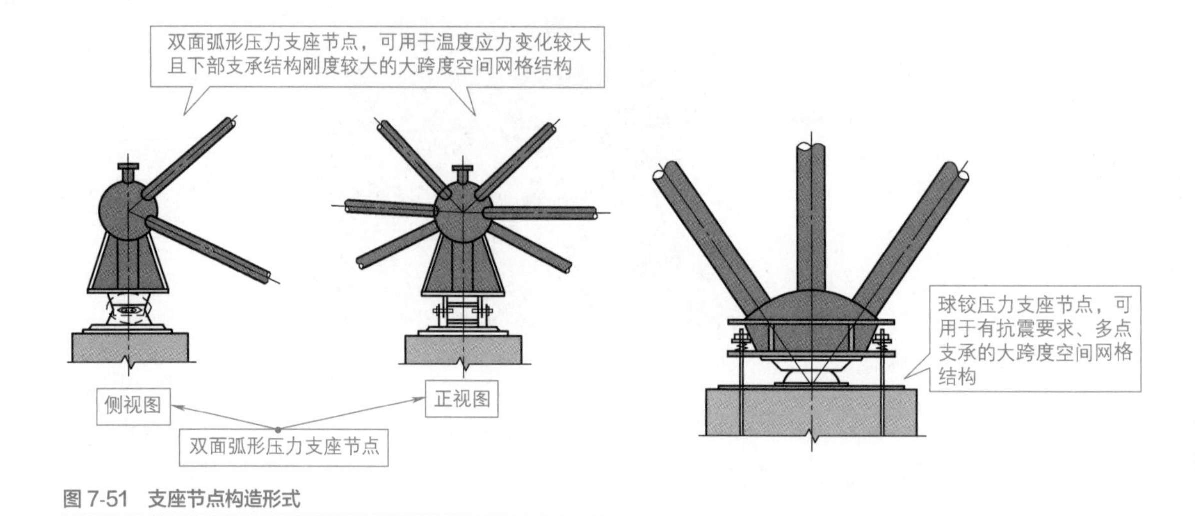

图 7-51 支座节点构造形式

7.3.10 常用拉力支座节点

常用拉力支座节点可以选用的构造形式如下。

① 平板拉力支座节点，可以用于较小跨度的空间网格结构。

② 单面弧形拉力支座节点，可以用于要求沿单方向转动的中、小跨度空间网格结构，如图 7-52 所示。

③ 球绞拉力支座节点可以用于多点支承大跨度空间网格结构，如图 7-53 所示。

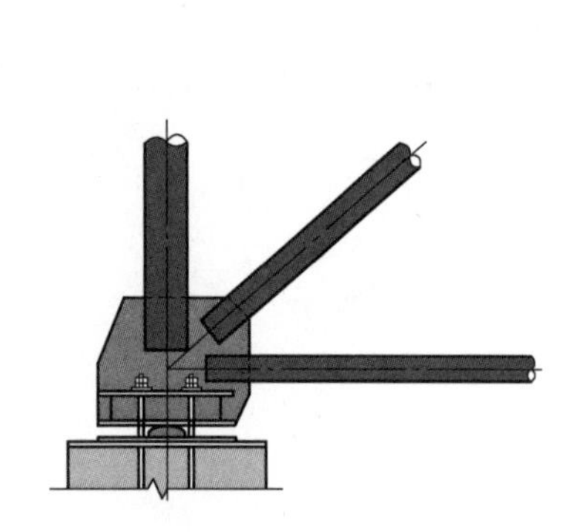

图 7-52 单面弧形拉力支座节点

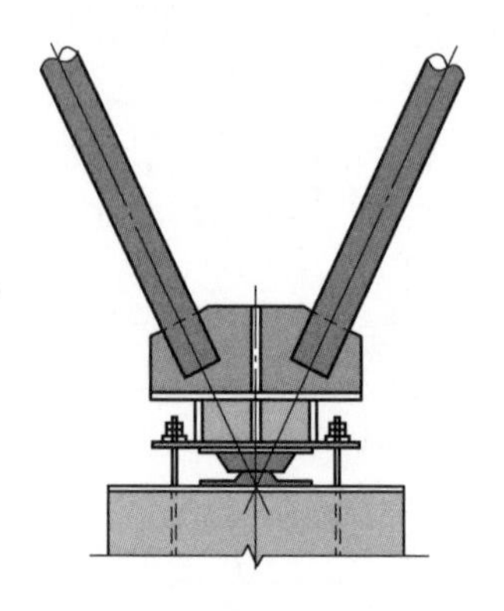

图 7-53 球绞拉力支座节点

技能贴士

空间网格结构支座竖向支承板，需要保证其自由边不发生侧向屈曲，其厚度不宜小于 10mm。拉力支座节点支座竖向支承板的最小截面面积与连接焊缝，均需要满足强度要求。空间网格结构支座节点锚栓根据构造要求设置时，其直径可取 20 ～ 25mm，数量可取 2 ～ 4 个。受拉支座的锚栓需要经计算来确定，锚周长度不应小于 25 倍锚栓直径，并且需要设置双螺母。

7.3.11 可滑动铰支座节点

可滑动铰支座节点可以用于中、小跨度空间网格结构，如图 7-54 所示。

空间网格结构支座底板与基础面摩擦力小于支座底部的水平反力时，应设置抗剪键，不得利用锚栓传递剪力。为使顶压力均匀，支座底板不宜太薄，其厚度一般不小于 16~20mm。底板宽度不宜小于 200mm，底板长度可与宽度相同或稍长。

7.3.12 橡胶板式支座节点

橡胶板式支座节点，如图 7-55 所示。

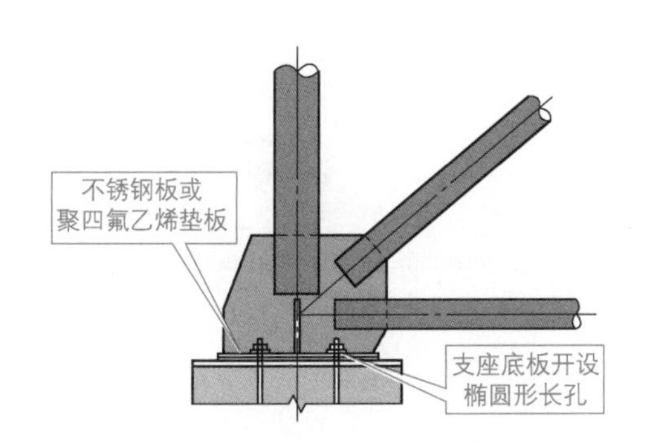

图 7-54　可滑动铰支座节点

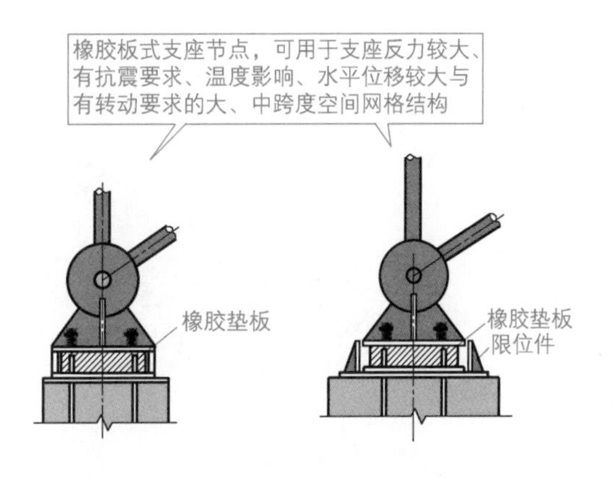

图 7-55　橡胶板式支座节点

技能贴士

空间网格结构弧形支座板的材料宜用铸钢，单面弧形支座板也可用厚钢板加工而成。板式橡胶支座，应采用由多层橡胶片与薄钢板相间黏合而成的橡胶垫板。压力支座节点中，可以增设与埋头螺栓相连的过渡钢板，以及与支座预埋钢板焊接。

7.3.13 刚接支座节点

刚接支座节点如图 7-56 所示。

技能贴士

空间网格结构支座节点竖向支承板与螺栓球节点焊接时，需要将螺栓球球体预热至 150 ～ 200℃，以小直径焊条分层、对称施焊，并且需要保温缓慢冷却。

7.3.14 立体管桁管架支座节点

立体管桁管架支座节点，如图 7-57 所示。

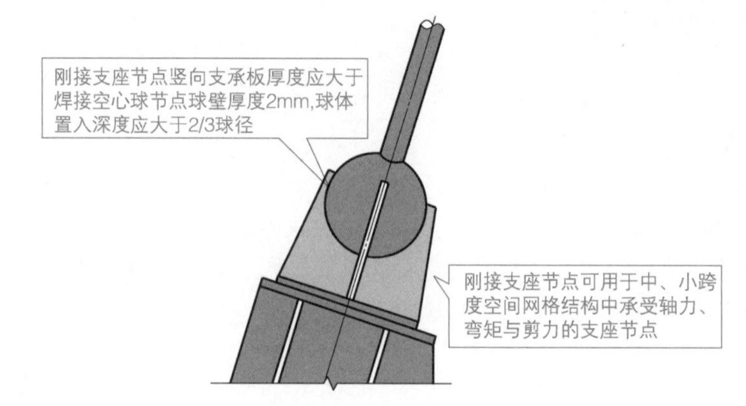

图 7-56 刚接支座节点

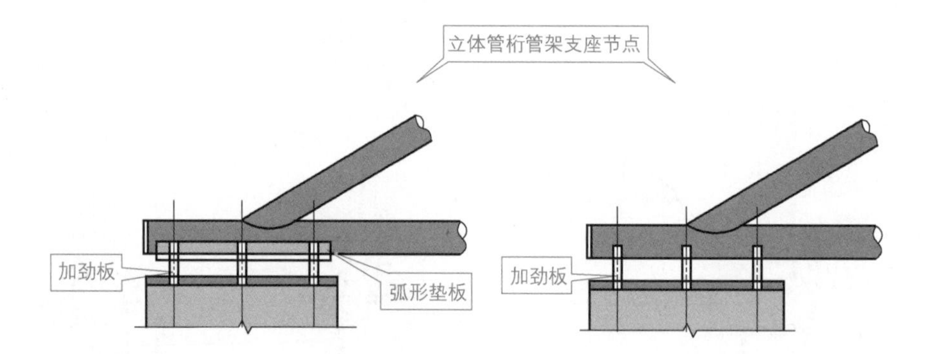

图 7-57 立体管桁管架支座节点

第8章

网壳结构

8.1 网壳基础知识

8.1.1 网壳特点与类型

网壳是根据一定规律布置的杆件通过节点连接而形成的一种曲面状空间杆系或梁系结构。网壳主要承受整体薄膜内力，如图 8-1 所示。

图 8-1　网壳

网壳组成件主要包括上弦杆、下弦杆、腹杆或梁等。网壳的类型与特点，如图 8-2 所示。

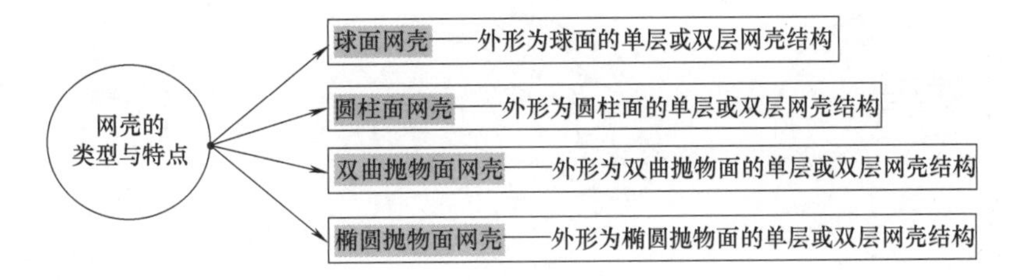

图 8-2　网壳的类型与特点

网壳结构可以采用单层或双层形式，也可以采用局部双层形式；可以采用球面、圆柱面、双曲抛物面、椭圆抛物面等曲面形式，也可以采用各种组合曲面形式。网壳结构根据层数划分，可分为单层网壳、双层网壳、三层网壳；根据高斯曲率划分，可分为零高斯曲率的网壳、正高斯曲率的网壳、负高斯曲率的网壳等；根据曲面外形划分，可分为柱面网壳、球面网壳、双面抛物面网壳、复杂曲面网壳等。网壳实物如图 8-3 所示。

图 8-3 网壳实物

技能贴士

薄壳是由曲面形薄板与边缘构件组成的大跨空间构件或部件。根据中面形状，薄壳分为球壳、圆柱壳、双曲面壳、圆锥壳、扁壳、旋转壳等。

8.1.2 单层圆柱面网壳网格的形式

单层圆柱面网壳网格的形式如图 8-4 所示。

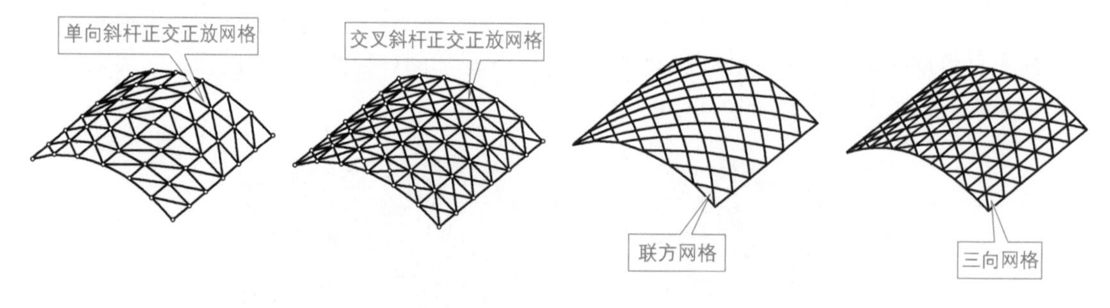

图 8-4 单层圆柱面网壳网格的形式

8.1.3 单层球面网壳网格的形式

单层球面网壳网格的形式如图 8-5 所示。

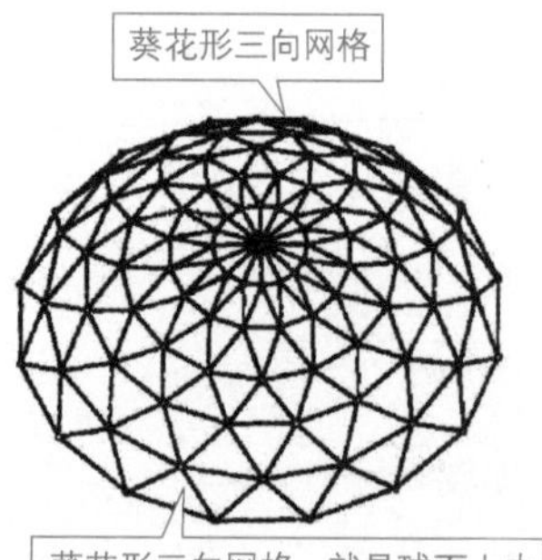

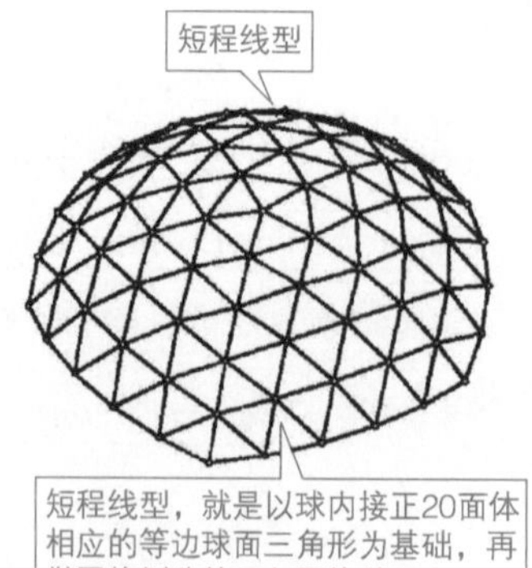

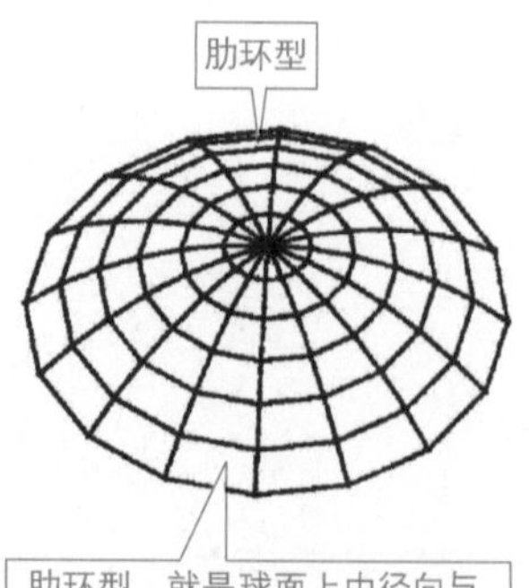

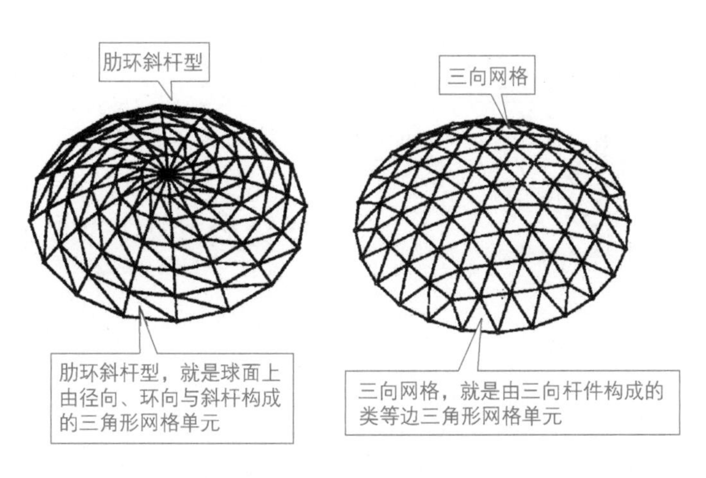

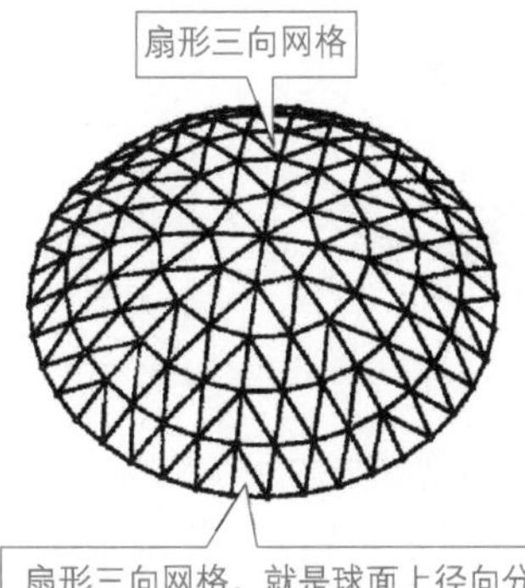

图 8-5　单层球面网壳网格的形式

8.1.4　单层双曲抛物面网壳网格的形式

单层双曲抛物面网壳网格的形式如图 8-6 所示。

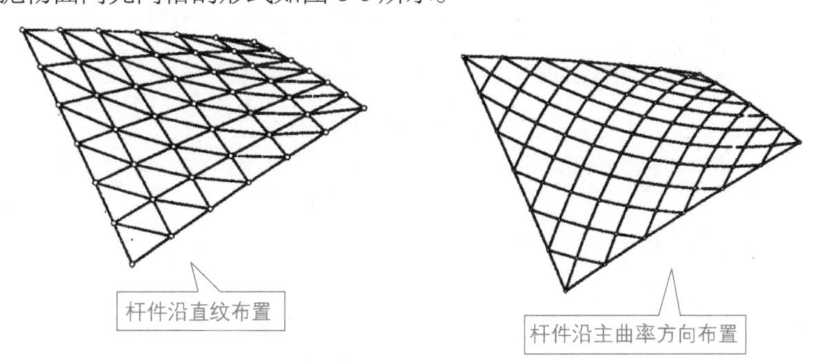

图 8-6　单层双曲抛物面网壳网格的形式

8.1.5　单层椭圆抛物面网壳网格的形式

单层椭圆抛物面网壳网格的形式如图 8-7 所示。

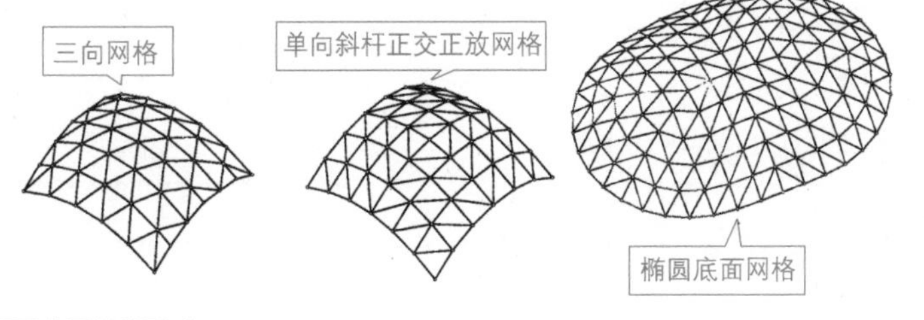

图 8-7　单层椭圆抛物面网壳网格的形式

8.1.6　双曲面网壳网格的形式

双曲面网壳网格的形式如图 8-8 所示。

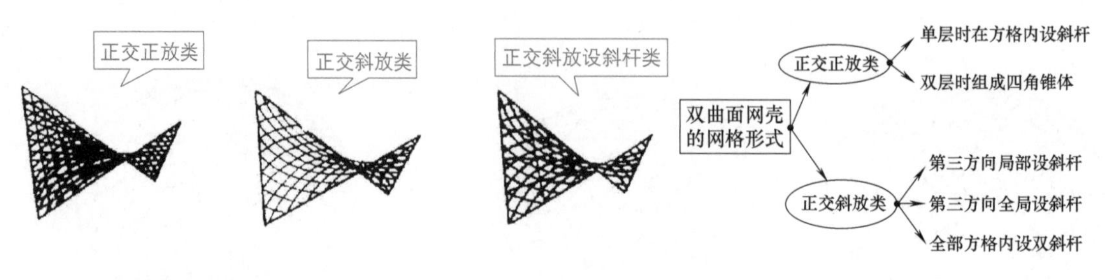

图 8-8 双曲面网壳网格的形式

8.1.7 网壳选型的应用

单层网壳可以选择的网格形式，如图 8-9 所示。双层网壳可以由两向、三向交叉的桁架体系或由四角锥体系、三角锥体系等组成。

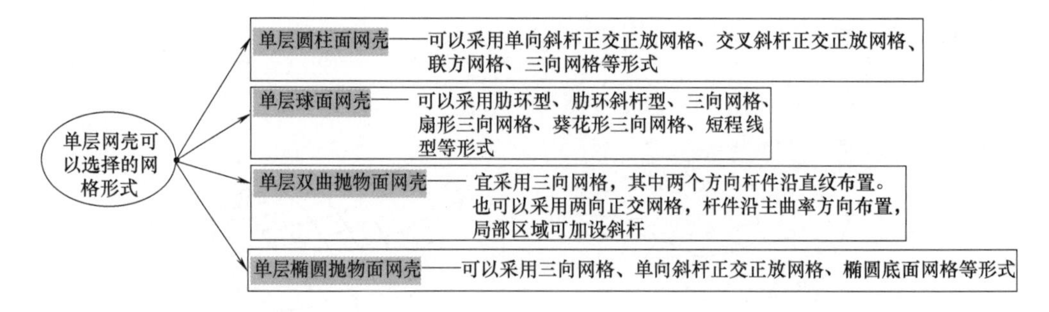

图 8-9 单层网壳可以选择的网格形式

技能贴士

对于网壳的厚度，双层柱面网壳的厚度可取跨度的 1/50~1/20；双层球面网壳的厚度一般可取跨度的 1/60~1/30。网壳结构的大挠度值不应超过短向跨度的 1/400。另外，单层网壳应采用刚接节点。

8.2 网壳结构有关要求

8.2.1 球面网壳结构的要求与规定

球面网壳结构的一些要求与规定如图 8-10 所示。

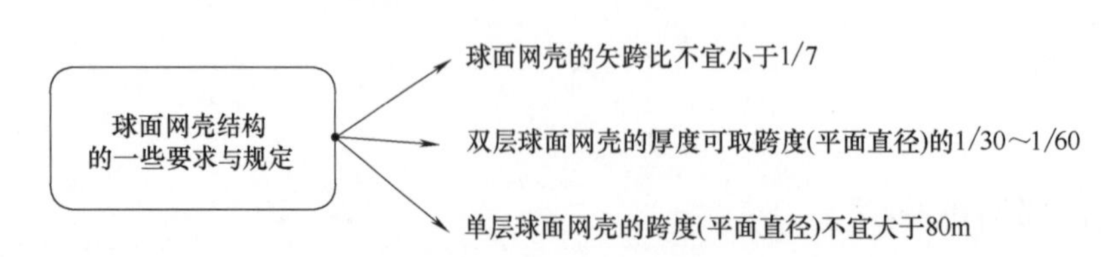

图 8-10 球面网壳结构的一些要求与规定

8.2.2 圆柱面网壳结构的要求与规定

圆柱面网壳两端边支承的圆柱面网壳，其宽度 B 与跨度 L 之比宜小于 1，壳体的矢高可取宽度 B 的（1/6）～（1/3），如图 8-11 所示。

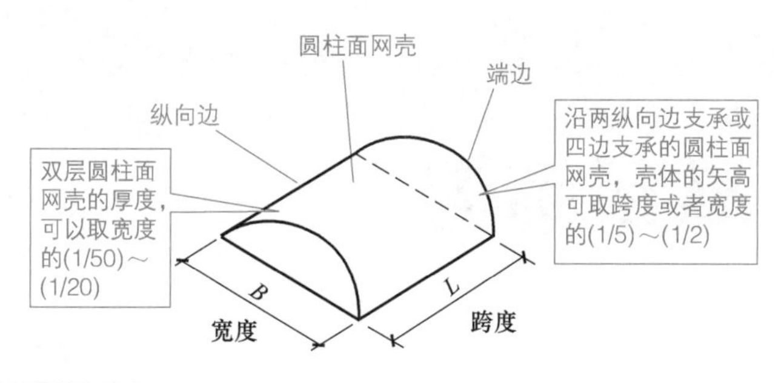

图 8-11 圆柱面网壳结构的要求与规定

两端边支承的单层圆柱面网壳，其跨度不宜大于 35m。沿两纵向边支承的单层圆柱面网壳，其跨度 (此时为宽度) 不宜大于 30m。

8.2.3 双曲抛物面网壳与椭圆抛物面网壳结构要求

双曲抛物面网壳与椭圆抛物面网壳结构要求见表 8-1。

表 8-1 双曲抛物面网壳与椭圆抛物面网壳结构要求

名称	要求
双曲抛物面网壳结构	（1）单层双曲抛物面网壳的跨度，不宜大于 60m （2）单块双曲抛物面壳体的矢高，可以取跨度的（1/4）～（1/2）(跨度为两个对角支承点间的距离) （3）双层双曲抛物面网壳的厚度，可以取短向跨度的（1/50）～（1/20） （4）双曲抛物面网壳底面的两对角线长度之比不宜大于 2 （5）四块组合双曲抛物面壳体每个方向的矢高，可以取相应跨度的（1/8）～（1/4）
椭圆抛物面网壳结构	（1）单层椭圆抛物面网壳的跨度，不宜大于 50m （2）壳体每个方向的矢高，可以取短向跨度的（1/9）～（1/6） （3）双层椭圆抛物面网壳的厚度，可以取短向跨度的（1/50）～（1/20） （4）椭圆抛物面网壳的底边两跨度之比，不宜大于 1.5

第 9 章

悬索结构

9.1 悬索结构基础知识

9.1.1 悬索结构的特点

悬索结构由受拉索、边缘构件、下部支承构件等组成。悬索结构的受拉索，是根据一定规律组成各种不同形式的体系，并且悬挂在承重支承构件上，边缘构件、下部支承构件的布置需要与拉索的形式相协调，有效地承受、传递拉索拉力。悬索结构的基本特点，如图 9-1 所示。

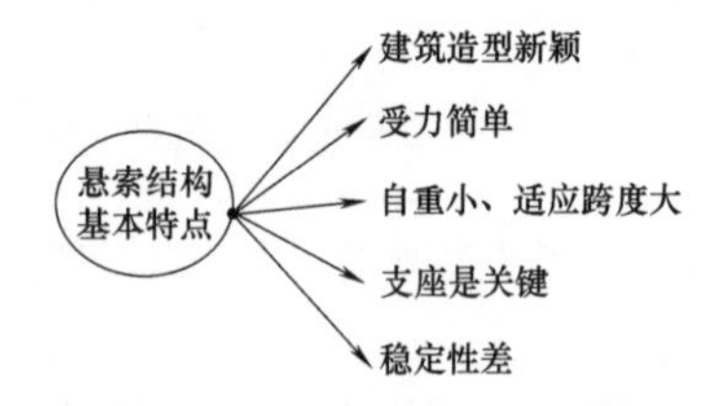

图 9-1 悬索结构基本特点

技能贴士

悬索是由柔性拉索与边缘构件组成的大跨空间构件或部件。悬索结构中的“索”，轴向受拉，既无弯矩也无压力。

9.1.2 悬索结构的组成

悬索结构包括索网、边缘构件、支承结构等，如图 9-2 所示。悬索结构受力特点主要包括索的拉力、支座竖向力、支座水平拉力等。

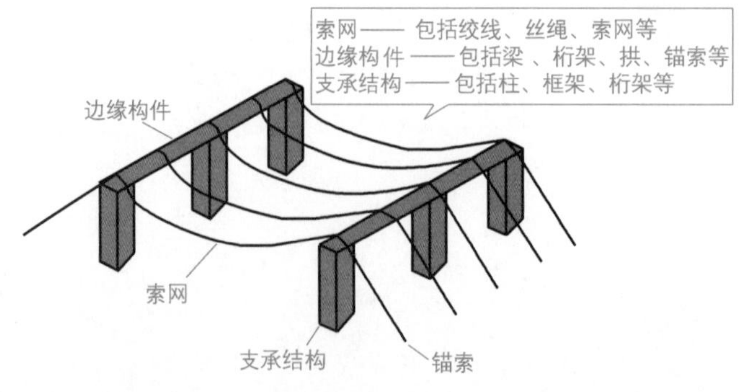

图 9-2 悬索结构的组成

9.1.3 悬索结构的基本形式

悬索结构的基本形式包括单层悬索、双层悬索。其中，单层悬索包括单曲面单层、双曲面单层；双层悬索包括交叉悬索（鞍形索网）、双曲面双层、单曲面双层。悬索结构的基本形式如图 9-3 所示。

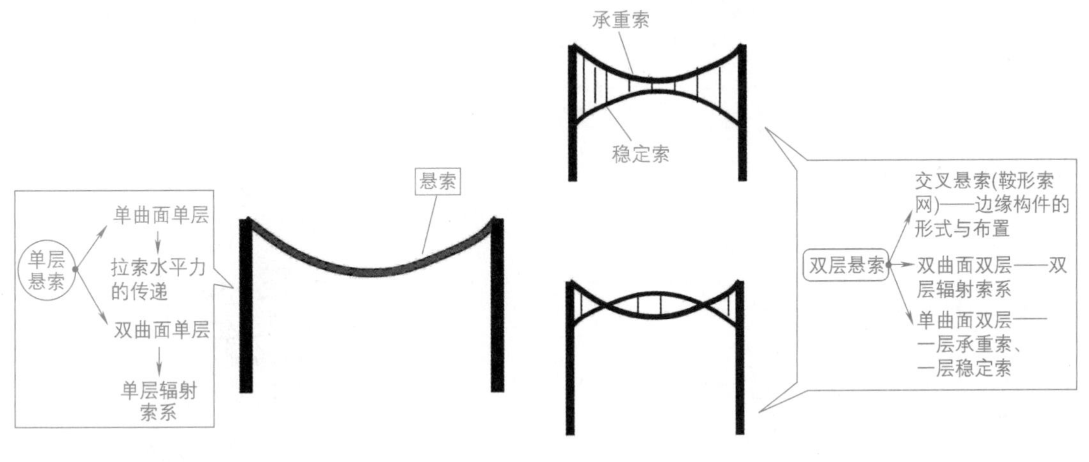

图 9-3 悬索结构的基本形式

技能贴士

悬索的不稳定因素包括不对称或局部荷载、风荷载等。解决悬索的不稳定措施包括增加悬索结构屋面刚度、增加悬索结构稳定索刚度、增加悬索结构荷载等。

9.1.4 单层悬索的结构

单层悬索的结构分为平行布置形式、辐射式布置形式、网状布置形式等。单层悬索平行布置形式结构如图 9-4 所示。

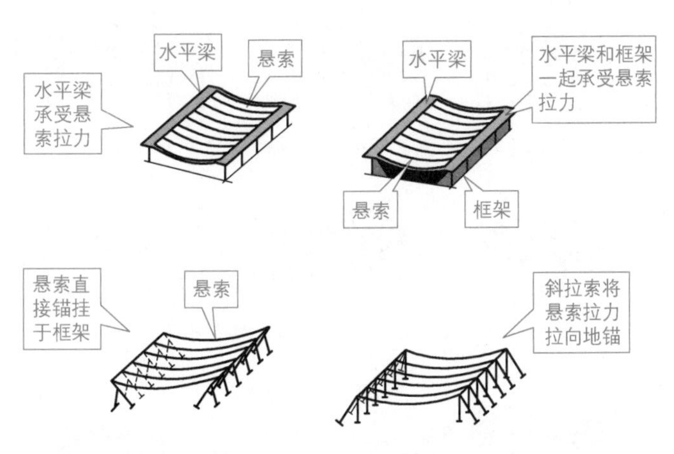

图 9-4 单层悬索平行布置形式结构

单层悬索辐射式布置形式结构如图 9-5 所示。有的单层悬索辐射式布置形式结构中还有中柱。

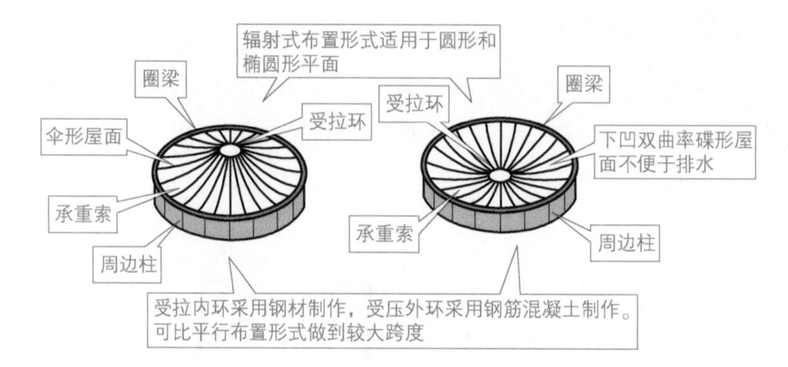

图 9-5 单层悬索辐射式布置形式结构

单层悬索网状布置形式结构如图 9-6 所示。

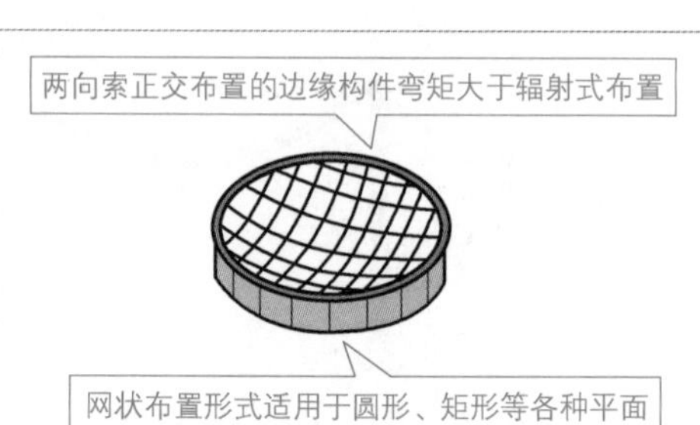

图 9-6 单层悬索网状布置形式结构

9.1.5 双层悬索的结构

双层悬索的结构包括一般形式、平行布置形式等。双层悬索的结构如图 9-7 所示。

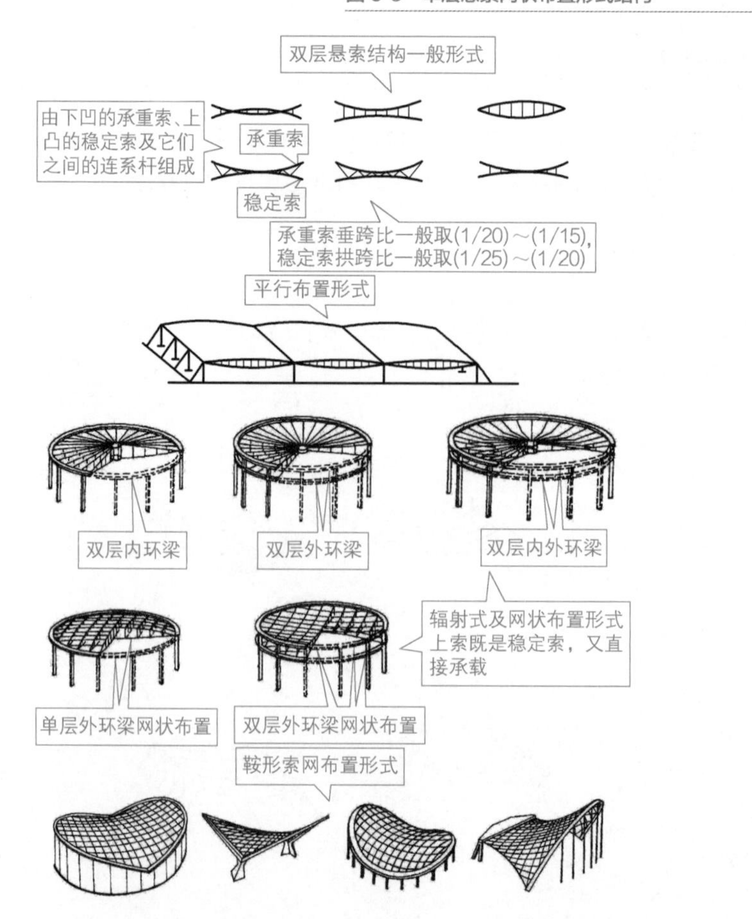

图 9-7 双层悬索的结构

9.1.6 预应力横向加劲索系

预应力横向加劲索系如图 9-8 所示。

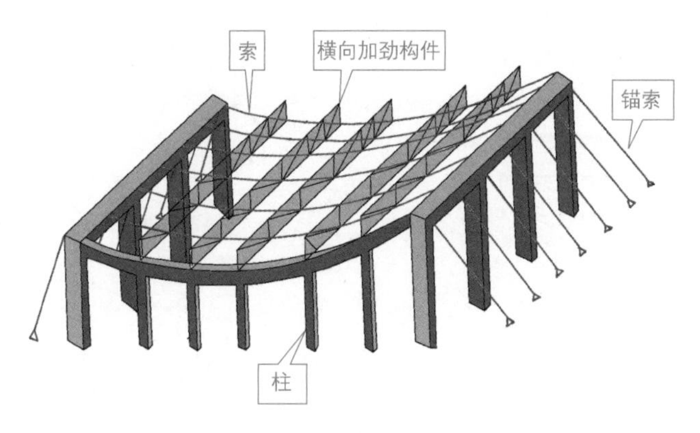

图 9-8 预应力横向加劲索系

9.1.7 索支承玻璃结构

索支承玻璃结构如图 9-9 所示。

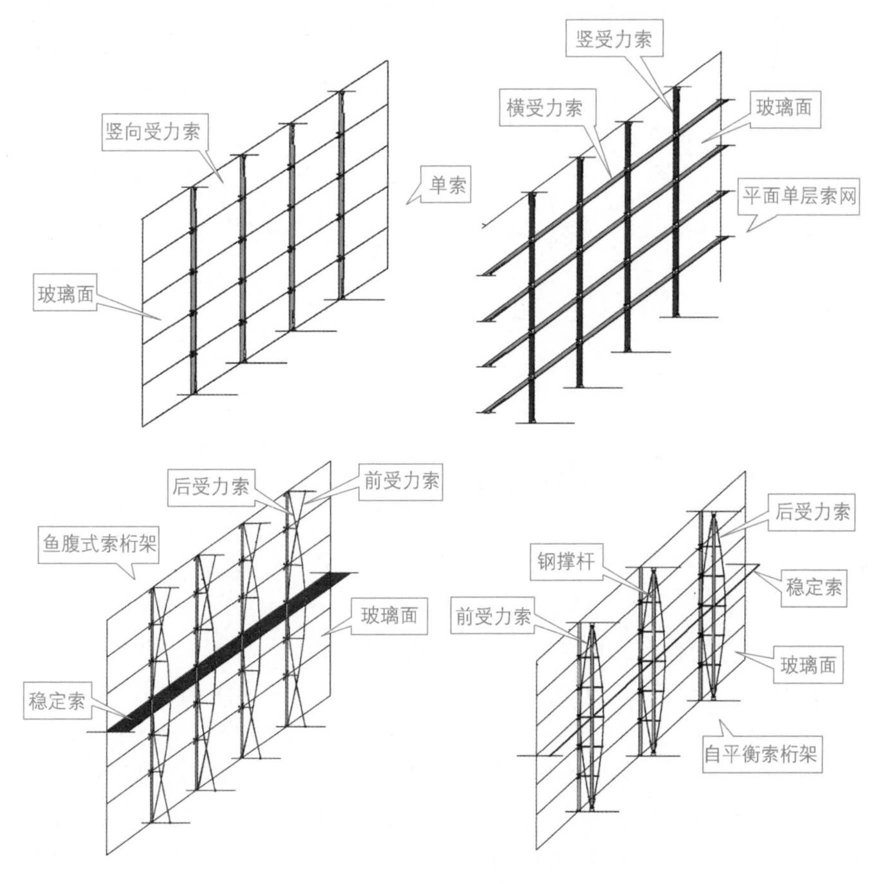

图 9-9 索支承玻璃结构

9.1.8 索系支承玻璃采光顶体系

索系支承玻璃采光顶体系如图 9-10 所示。

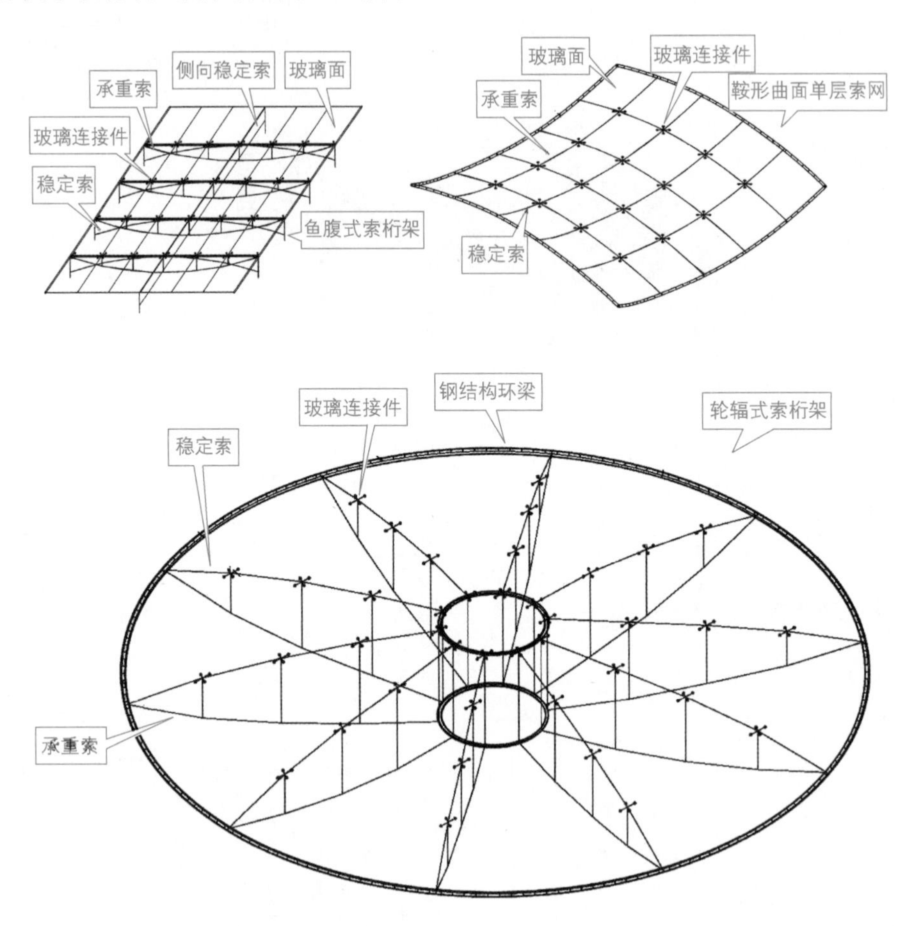

图 9-10 索系支承玻璃采光顶体系

9.2 悬索材料与锚具

9.2.1 索材料

索，就是截面尺寸远小于其长度的、具有一定预张力的受拉构件。空间结构领域的索可以采用钢拉杆、钢绞线、钢丝束、钢丝绳等。钢丝束索体截面形式如图 9-11 所示。

钢拉杆的钢材材质有合金钢、不锈钢等类型，屈服强度有 235 ～ 1080MPa 等级别。

钢绞线可以分为镀锌钢绞线、铝包钢绞线、不锈钢钢绞线、高钒镀层钢绞线、高强度低松弛预应力钢绞线、密封钢绞线等。钢绞线的捻距一般小于直径的 14 倍，钢丝的极限抗拉强度宜选择 1670MPa、1770MPa、1860MPa 等级别。

钢丝束的捻距一般大于直径的 15 倍。钢丝的直径一般为 5mm 和 7mm，极限抗拉强度宜选择1670MPa、1770MPa等级别。

钢丝绳可以分为纤维芯钢丝绳、钢丝芯钢丝绳。空间结构中，应选用无油镀锌钢芯钢丝绳。钢丝绳的捻距一般是直径的5~8倍，钢丝极限抗拉强度可以选择1570MPa、1670MPa、1770MPa、1870MPa、1960MPa等级别。

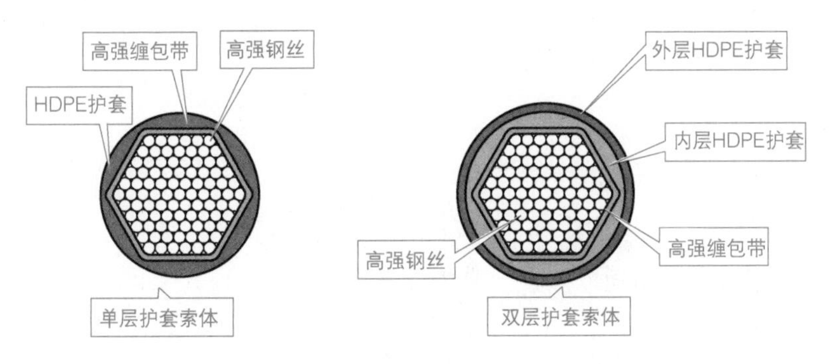

图9-11 钢丝束索体截面形式

钢丝绳的类型如图9-12所示。

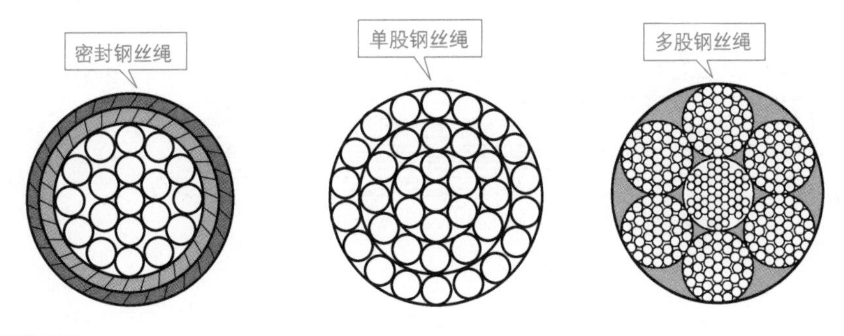

图9-12 钢丝绳的类型

技能贴士

钢丝绳的质量判断方法如下。

① 密度——若钢丝绳直径是一样的，则密度越大的，钢丝绳质量越好。

② 材料——材料就是钢号、强度。钢号越高，强度越高的钢丝绳质量越好。

③ 钢丝绳绳芯——钢丝绳绳芯越结实，密度越大，对钢丝绳外层股支撑力越好，则钢丝绳质量越好。

④ 捻距——捻距相对长的钢丝绳质量比短捻距的钢丝绳质量好。

⑤ 松散——绳子剪开后微松散的钢丝绳质量好。

9.2.2 锚具的特点与分类

锚具包括单叉耳连接热铸锚具、双叉耳连接热铸锚具、双螺杆连接热铸锚具、螺纹螺母连接冷铸锚具、夹片锚具、挤压锚具、压接锚具等，如图9-13所示。

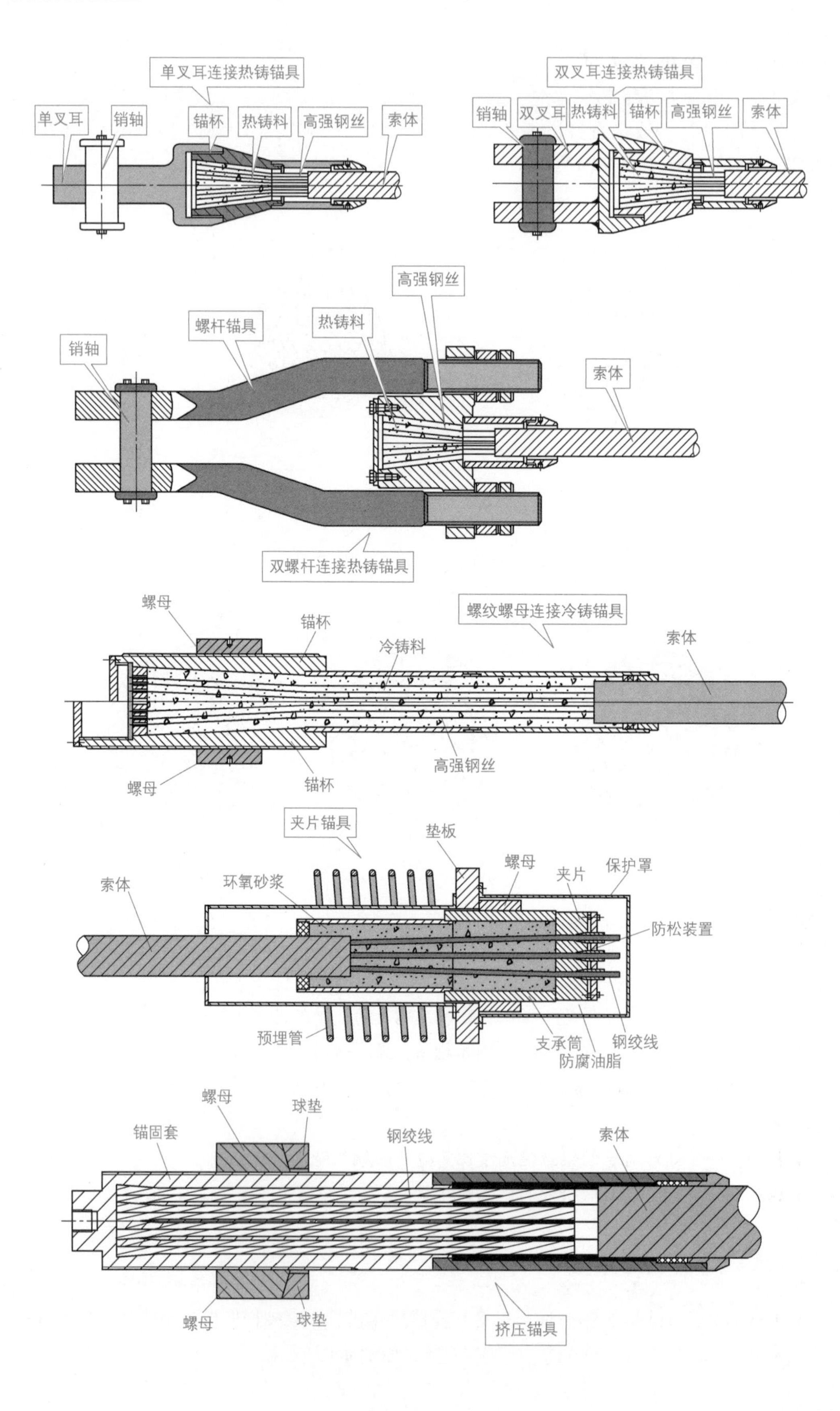

单叉耳连接热铸锚具
单叉耳
销轴
锚杯
热铸料
高强钢丝
索体
双叉耳连接热铸锚具
销轴
双叉耳
热铸料
锚杯
高强钢丝
索体
高强钢丝
螺杆锚具
热铸料
销轴
索体
双螺杆连接热铸锚具
螺母
锚杯
螺纹螺母连接冷铸锚具
冷铸料
索体
高强钢丝
螺母
锚杯
夹片锚具
垫板
索体
环氧砂浆
螺母
夹片
保护罩
防松装置
预埋管
支承筒
钢绞线
防腐油脂
螺母
球垫
锚固套
钢绞线
索体
螺母
球垫
挤压锚具

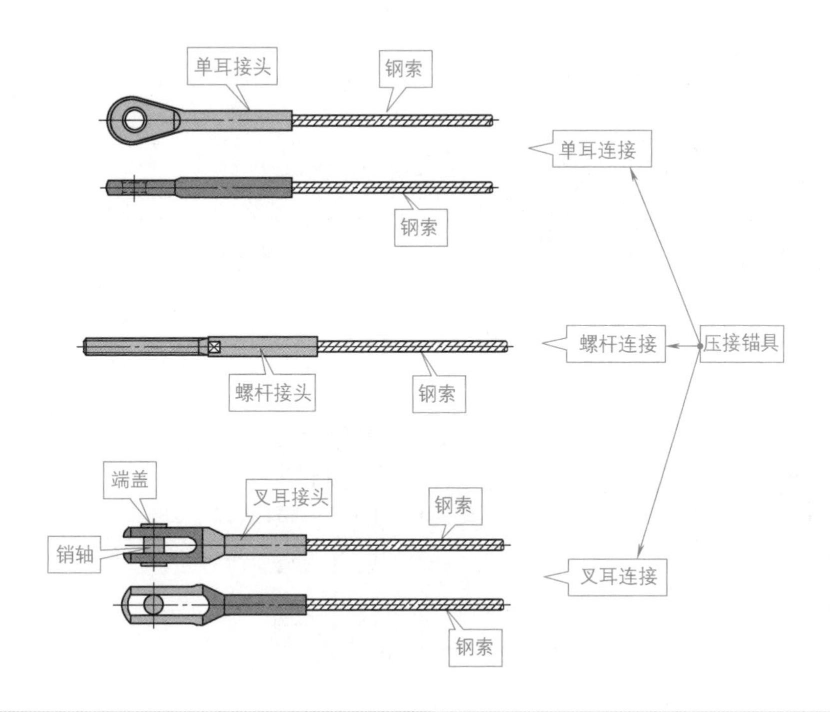

图 9-13 锚具

9.2.3 锚具调节方式

锚具调节方式如图 9-14 所示。

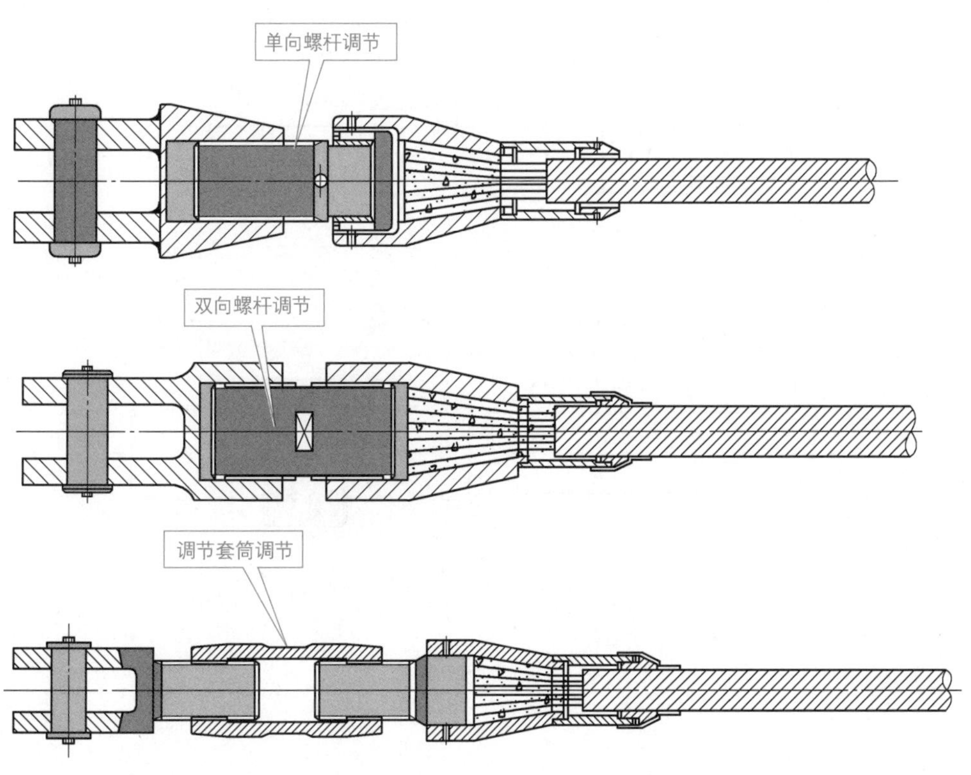

图 9-14

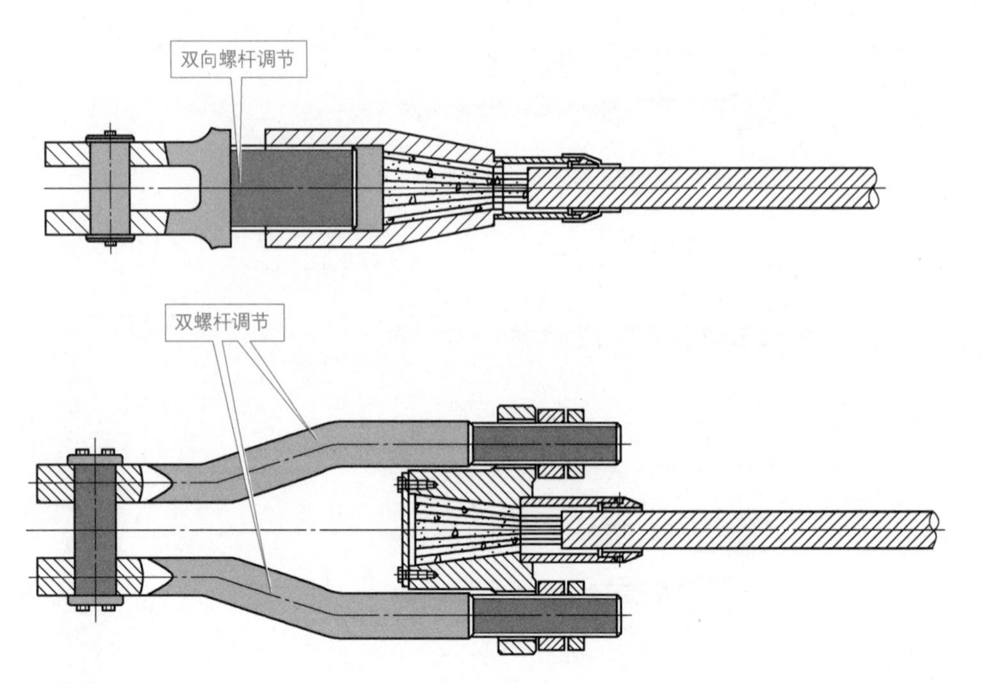

图 9-14 锚具调节方式

9.2.4 钢拉杆的连接

钢拉杆的连接如图 9-15 所示。

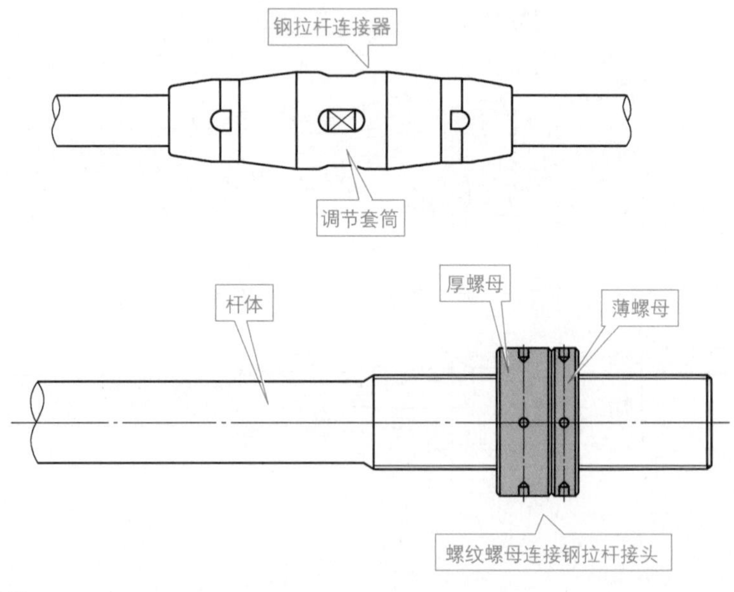

图 9-15 钢拉杆的连接

第10章

钢结构常用数据

10.1 钢结构基础数据与尺寸

10.1.1 C型钢理论质量

C型钢理论质量见表10-1。

表10-1 C型钢理论质量

C型钢型号	理论质量/（m/kg）	C型钢型号	理论质量/（m/kg）
C60×30×10×2.0	1.955	C140×50×20×3.0	6.04
C60×30×10×2.5	2.365	C140×60×20×2.5	5.505
C70×40×15×2.0	2.583	C140×60×20×2.75	6.012
C70×40×15×2.5	3.15	C140×60×20×3.0	6.511
C70×40×15×2.75	3.422	C160×50×20×2.5	5.505
C80×40×20×2.0	2.896	C160×50×20×2.75	6.012
C80×40×20×2.5	3.542	C160×50×20×3.0	6.511
C80×40×20×2.75	3.853	C160×60×20×2.5	5.897
C80×40×20×3.0	4.156	C160×60×20×2.75	6.444
C80×50×20×2.5	3.935	C160×60×20×3.0	6.982
C80×50×20×2.75	4.285	C160×70×20×2.5	6.29
C80×50×20×3.0	4.627	C160×70×20×2.75	6.875
C100×50×20×2.5	4.327	C160×70×20×3.0	7.453
C100×50×20×2.75	4.72	C180×60×20×2.5	6.29
C100×50×20×3.0	5.098	C180×60×20×2.75	6.876
C120×50×20×2.5	4.72	C180×60×20×3.0	7.453
C120×50×20×2.75	5.148	C180×70×20×2.5	6.682
C120×50×20×3.0	5.569	C180×70×20×2.75	7.307
C120×50×20×2.5	5.112	C180×70×20×3.0	7.924
C120×50×20×2.75	5.58	C200×60×20×2.5	6.682
C120×50×20×3.0	6.04	C200×60×20×2.75	7.307
C140×50×20×2.5	5.112	C200×60×20×3.0	7.924
C140×50×20×2.75	5.58	C200×70×20×2.5	7.075

续表

C 型钢型号	理论质量 /（m/kg）	C 型钢型号	理论质量 /（m/kg）
C200×70×20×2.75	7.739	C240×80×20×2.5	8.252
C200×70×20×3.0	8.395	C240×80×20×2.75	9.034
C200×80×20×2.5	7.467	C240×80×20×3.0	9.808
C200×80×20×2.75	8.171	C250×70×20×2.75	8.818
C200×80×20×3.0	8.866	C250×70×20×3.0	9.573
C220×70×20×2.5	7.467	C250×80×20×2.75	9.25
C220×70×20×2.75	8.171	C250×80×20×3.0	10.044
C220×70×20×3.0	8.866	C280×80×20×2.75	9.898
C220×80×20×2.5	7.86	C280×80×20×3.0	10.75
C220×80×20×2.75	8.603	C280×100×20×2.75	10.761
C220×80×20×3.0	9.337	C280×100×20×3.0	11.692
C240×70×20×2.5	7.86	C300×80×20×3.0	11.221
C240×70×20×2.75	8.603	C300×100×25×3.0	12.399
C240×70×20×3.0	9.337	C300×100×30×3.0	12.634

注：本表规格不全，可以根据工程要求加工定做。

10.1.2 轴心受力构件节点或拼接处危险截面有效截面系数

轴心受力构件节点或拼接处危险截面有效截面系数见表 10-2。

表 10-2 轴心受力构件节点或拼接处危险截面有效截面系数

构件截面形式	连接形式	η	图例
工字形、H 形	翼缘连接	0.90	
	腹板连接	0.70	
角钢	单边连接	0.85	

10.1.3 桁架弦杆和单系腹杆的计算长度

桁架弦杆和单系腹杆的计算长度见表 10-3。

表 10-3 桁架弦杆和单系腹杆的计算长度

弯曲方向	弦杆	腹杆	
		支座斜杆和支座竖杆	其他腹杆
桁架平面内	l	l	$0.8l$
桁架平面外	l_1	l	l
斜平面	—	l	$0.9l$

注：1. l 为构件的几何长度（节点中心间距离）；l_1 为桁架弦杆侧向支承点之间的距离。

2. 斜平面是指与桁架平面斜交的平面，适用于构件截面两主轴均不在桁架平面内的单角钢腹杆和双角钢十字形截面腹杆。

3. 确定桁架弦杆和单系腹杆的长细比时，其计算长度。

10.1.4 钢管桁架构件计算长度

钢管桁架构件计算长度见表 10-4。

表 10-4 钢管桁架构件计算长度

桁架类别	弯曲方向	弦杆	腹杆	
			支座斜杆和支座竖杆	其他腹杆
平面桁架	平面内	$0.9l$	l	$0.8l$
	平面外	l_1	l	l
立体桁架		$0.9l$	l	$0.8l$

注：1. l_1 为平面外无支撑长度；l 为杆件的节间长度。

2. 对端部缩头或压扁的圆管腹杆，其计算长度取 l。

3. 对于立体桁架，弦杆平面外的计算长度取 $0.9l$，同时尚应以 $0.9l$ 按格构式压杆验算其稳定性。

4. 采用相贯焊接连接的钢管桁架，其构件的计算长度。

10.1.5 钢结构截面塑性发展系数

钢结构截面塑性发展系数见表 10-5。

表 10-5 钢结构截面塑性发展系数

截面形式	发展系数 γ_x	发展系数 γ_y
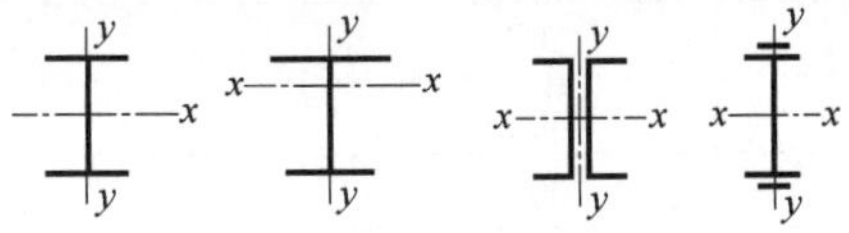	1.05	1.2
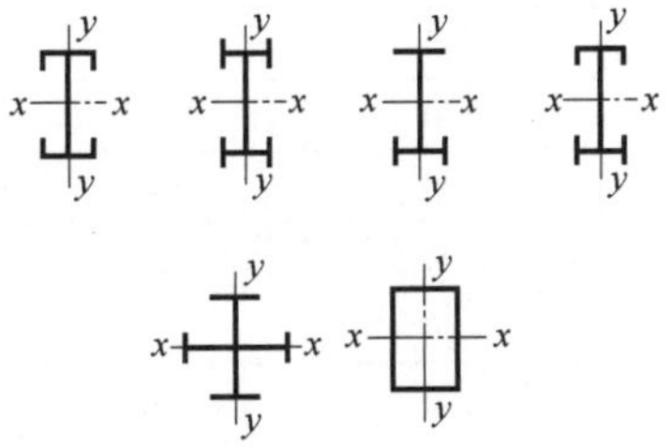	1.05	1.05
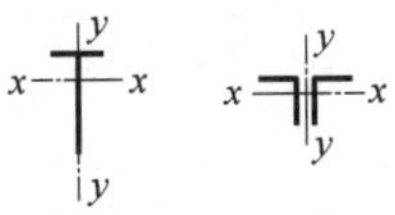	γ_{x1}=1.05 γ_{x2}=1.2	1.2
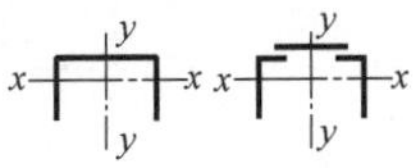		1.05
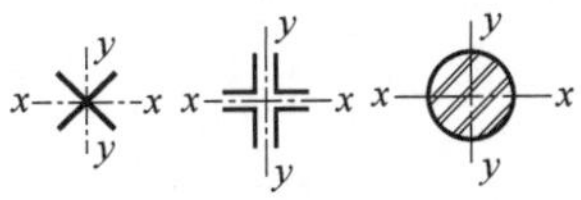	1.2	1.2
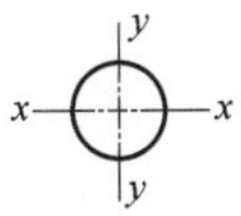	1.15	1.15

续表

截面形式	发展系数 γ_x	发展系数 γ_y
	1.0	1.05
	1.0	1.0

10.1.6 钢结构住宅热轧 H 型钢框架梁常用截面尺寸

钢结构住宅热轧 H 型钢框架梁常用截面尺寸见表 10-6。

表 10-6 钢结构住宅热轧 H 型钢框架梁常用截面尺寸 单位：mm

框架梁截面 $H\times B\times t_w\times t_f$	H	B	t_w	t_f
H300×150×6×9	300	150	6	9
H300×150×8×15	300	150	8	15
H300×200×6×9	300	200	6	9
H300×200×8×15	300	200	8	15
H350×150×6×11	350	150	6	11
H350×150×6×19	350	150	6	19
H350×150×10×19	350	150	10	19
H350×200×6×11	350	200	6	11
H350×200×10×19	350	200	10	19
H400×150×8×13	400	150	8	13
H400×150×10×21	400	150	10	21
H400×200×8×13	400	200	8	13
H400×200×10×21	400	200	10	21
H450×200×9×14	450	200	9	14
H450×200×10×23	450	200	10	23
H500×200×10×16	500	200	10	16
H500×200×12×24	500	200	12	24
H500×300×12×24	500	300	12	24
H600×200×12×26	600	200	12	26
H600×300×12×26	600	300	12	26

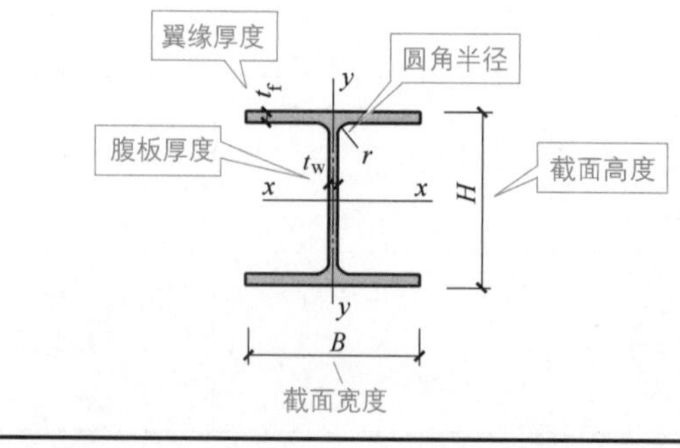

10.1.7 钢结构住宅热轧 H 型钢非框架梁常用截面尺寸

钢结构住宅热轧 H 型钢非框架梁常用截面尺寸见表 10-7。

表 10-7 钢结构住宅热轧 H 型钢非框架梁常用截面尺寸 单位：mm

非框架梁截面 $H \times B \times t_w \times t_f$	H	B	t_w	t_f
H150 × 100 × 5 × 7	150	100	5	7
H250 × 125 × 6 × 9	250	125	6	9
H250 × 150 × 6 × 9	250	150	6	9
H300 × 150 × 6 × 9	300	150	6	9
H350 × 125 × 6 × 11	350	125	6	11
H350 × 125 × 6 × 19	350	125	6	19
H350 × 150 × 6 × 11	350	150	6	11
H350 × 150 × 6 × 19	350	150	6	19
H350 × 175 × 7 × 19	350	175	7	19
H400 × 200 × 8 × 13	400	200	8	13
H400 × 200 × 8 × 21	400	200	8	21
H500 × 200 × 8 × 16	500	200	8	16
H500 × 200 × 8 × 24	500	200	8	24

10.1.8 钢结构住宅柱常用热轧 H 型钢常用截面尺寸

钢结构住宅柱常用热轧 H 型钢常用截面尺寸见表 10-8。

表 10-8 钢结构住宅柱常用热轧 H 型钢常用截面尺寸 单位：mm

钢柱截面 $H \times B \times t_w \times t_f$	H	B	t_w	t_f	r_1
H150 × 150 × 7 × 10	150	150	7	10	8
H175 × 175 × 7.5 × 11	175	175	7.5	11	13
H200 × 150 × 8 × 12	200	150	8	12	13
H200 × 200 × 8 × 12	200	200	8	12	13
H250 × 250 × 9 × 14	250	250	9	14	13
H300 × 200 × 8 × 15	300	200	8	15	13
H300 × 300 × 10 × 15	300	300	10	15	13
H350 × 250 × 9 × 19	350	250	9	19	13
H350 × 350 × 12 × 19	350	350	12	19	13
H400 × 400 × 13 × 21	400	400	13	21	22
H450 × 450 × 13 × 23	450	450	13	23	22
H500 × 300 × 13 × 24	500	300	13	24	22
H500 × 500 × 15 × 24	500	500	15	24	22

10.1.9 钢结构住宅方（矩）形钢管柱截面尺寸与应用

钢结构住宅方（矩）形钢管柱截面尺寸与应用见表 10-9。

表 10-9 钢结构住宅方（矩）形钢管柱截面尺寸与应用 单位：mm

<table>
<tr><th>方（矩）形钢管截面
$H \times B \times t$</th><th>H</th><th>B</th><th>t</th><th colspan="3">适用范围</th></tr>
<tr><td>□150×150×6</td><td>150</td><td>150</td><td>6</td><td rowspan="14">低层住宅及组合柱</td><td>—</td><td>—</td></tr>
<tr><td>□150×150×8</td><td>150</td><td>150</td><td>8</td><td>—</td><td>—</td></tr>
<tr><td>□200×200×6</td><td>200</td><td>200</td><td>6</td><td>—</td><td>—</td></tr>
<tr><td>□200×200×8</td><td>200</td><td>200</td><td>8</td><td>—</td><td>—</td></tr>
<tr><td>□200×200×10</td><td>200</td><td>200</td><td>10</td><td>—</td><td>—</td></tr>
<tr><td>□250×250×10</td><td>250</td><td>250</td><td>10</td><td>—</td><td>—</td></tr>
<tr><td>□300×150×8</td><td>300</td><td>150</td><td>8</td><td rowspan="8">多层住宅</td><td>—</td></tr>
<tr><td>□300×150×10</td><td>300</td><td>150</td><td>10</td><td>—</td></tr>
<tr><td>□300×150×12</td><td>300</td><td>150</td><td>12</td><td>—</td></tr>
<tr><td>□300×200×8</td><td>300</td><td>200</td><td>8</td><td rowspan="5">高层住宅</td></tr>
<tr><td>□300×200×10</td><td>300</td><td>200</td><td>10</td></tr>
<tr><td>□300×200×12</td><td>300</td><td>200</td><td>12</td></tr>
<tr><td>□300×300×10</td><td>300</td><td>300</td><td>10</td></tr>
<tr><td>□300×300×12</td><td>300</td><td>300</td><td>12</td></tr>
<tr><td>□350×350×10</td><td>350</td><td>350</td><td>10</td><td>—</td><td rowspan="13">多层住宅</td><td rowspan="23">高层住宅</td></tr>
<tr><td>□350×350×12</td><td>350</td><td>350</td><td>12</td><td>—</td></tr>
<tr><td>□400×150×10</td><td>400</td><td>150</td><td>10</td><td>—</td></tr>
<tr><td>□400×150×12</td><td>400</td><td>150</td><td>12</td><td>—</td></tr>
<tr><td>□400×150×14</td><td>400</td><td>150</td><td>14</td><td>—</td></tr>
<tr><td>□400×200×10</td><td>400</td><td>200</td><td>10</td><td>—</td></tr>
<tr><td>□400×200×12</td><td>400</td><td>200</td><td>12</td><td>—</td></tr>
<tr><td>□400×200×14</td><td>400</td><td>200</td><td>14</td><td>—</td></tr>
<tr><td>□400×250×12</td><td>400</td><td>250</td><td>12</td><td>—</td></tr>
<tr><td>□400×300×12</td><td>400</td><td>300</td><td>12</td><td>—</td></tr>
<tr><td>□400×300×14</td><td>400</td><td>300</td><td>14</td><td>—</td></tr>
<tr><td>□400×400×12</td><td>400</td><td>400</td><td>12</td><td>—</td></tr>
<tr><td>□400×400×14</td><td>400</td><td>400</td><td>14</td><td>—</td></tr>
<tr><td>□450×450×14</td><td>450</td><td>450</td><td>14</td><td>—</td><td>—</td></tr>
<tr><td>□500×200×12</td><td>500</td><td>200</td><td>12</td><td>—</td><td>—</td></tr>
<tr><td>□500×200×14</td><td>500</td><td>200</td><td>14</td><td>—</td><td>—</td></tr>
<tr><td>□500×200×16</td><td>500</td><td>200</td><td>16</td><td>—</td><td>—</td></tr>
<tr><td>□500×300×12</td><td>500</td><td>300</td><td>12</td><td>—</td><td>—</td></tr>
<tr><td>□500×400×14</td><td>500</td><td>400</td><td>14</td><td>—</td><td>—</td></tr>
<tr><td>□500×500×14</td><td>500</td><td>500</td><td>14</td><td></td><td></td></tr>
<tr><td>□500×500×16</td><td>500</td><td>500</td><td>16</td><td>—</td><td>—</td></tr>
<tr><td>□500×500×20</td><td>500</td><td>500</td><td>20</td><td>—</td><td>—</td></tr>
<tr><td>□500×500×22</td><td>500</td><td>500</td><td>22</td><td>—</td><td>—</td></tr>
</table>

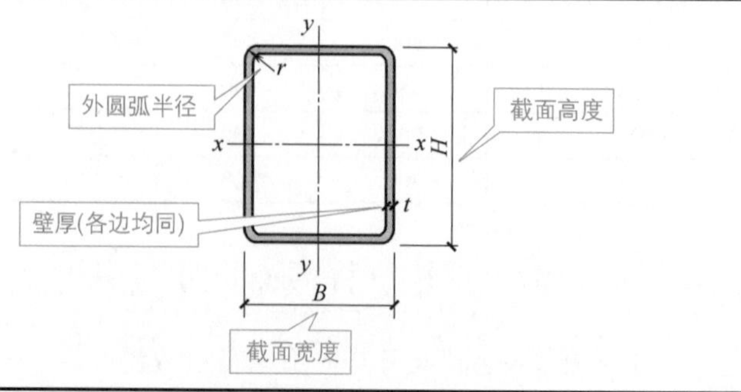

10.1.10 钢结构住宅组合异形柱常用热轧 T 型钢常用截面尺寸

钢结构住宅组合异形柱常用热轧 T 型钢常用截面尺寸见表 10-10。

表 10-10 钢结构住宅组合异形柱常用热轧 T 型钢常用截面尺寸　　单位：mm

热轧 T 型钢组件 $H\times B\times t_1\times t_2$	H	B	t_1	t_2
T150×150×6.5×9	150	150	6.5	9
T175×175×7×11	175	175	7	11
T200×200×8×13	200	200	8	13
T225×200×9×14	225	200	9	14
T250×200×10×16	250	200	10	16

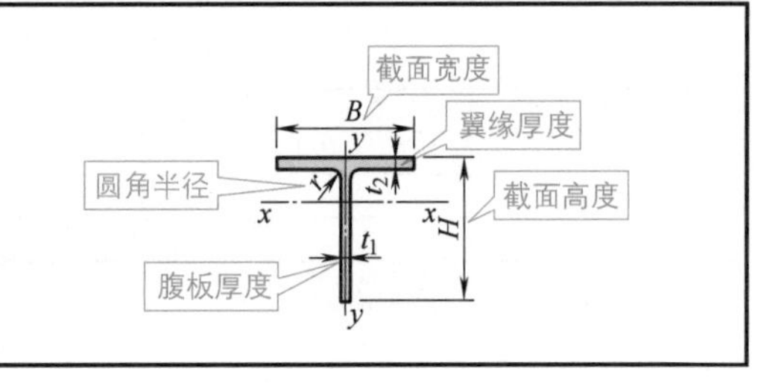

10.1.11 钢结构住宅组合异形柱冷弯 C 型钢常用截面尺寸

钢结构住宅组合异形柱冷弯 C 型钢常用截面尺寸见表 10-11。

表 10-11 钢结构住宅组合异形柱冷弯 C 型钢常用截面尺寸　　单位：mm

冷弯 C 型钢组件 $H\times B\times t$	H	B	t
C150×150×4	150	150	4
C150×200×5	150	200	5
C150×250×6	150	250	6
C150×300×6	150	300	6
C200×200×5	200	200	5
C200×250×6	200	250	6
C200×300×6	200	300	6

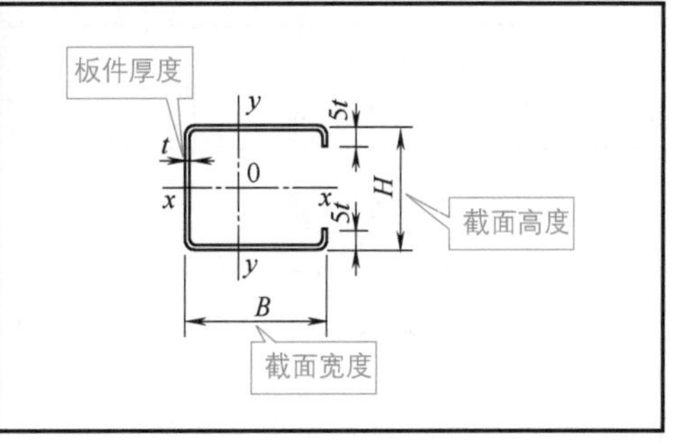

10.2 钢结构允许偏差

10.2.1 钢结构住宅实体预拼装的允许偏差

钢结构住宅实体预拼装的允许偏差见表 10-12。

表 10-12 钢结构住宅实体预拼装的允许偏差

类型	项目		允许偏差 /mm	检查法
多节柱	预拼装单元总长		±5.0	用钢尺检查
	预拼装单元弯曲矢高		l/1500，且不大于 10.0	用拉线和钢尺检查
	接口错边		2.0	用焊缝量规检查
	预拼装单元柱身扭曲		h/200，且不大于 5.0	用拉线、吊线和钢尺检查
	顶紧面至任一牛腿距离		±2.0	用钢尺检查
梁、桁架	跨度最外两端安装孔或两端支承面最外侧距离		+5.0 −10.0	
	接口截面错位		2.0	用焊缝量规检查
	拱度	设计要求起拱	±l/5000	用拉线和钢尺检查
		设计未要求起拱	l/2000 0	
	节点处杆件轴线错位		4.0	画线后用钢尺检查

续表

类型	项目	允许偏差/mm	检查法
管构件	预拼装单元总长	±5.0	用钢尺检查
	预拼装单元弯曲矢高	l/1500，且不大于10.0	用拉线和钢尺检查
	对口错边	t/10，且不大于3.0	用焊缝量规检查
	坡口间隙	+2.0 −1.0	
构件平面总体预拼装	各楼层柱距	±4.0	用钢尺检查
	相邻楼层梁与梁之间距离	±3.0	
	各层间框架两对角线之差	H_i/2000，且不大于5.0	
	任意两对角线之差	$\sum H_i$/2000，且不大于8.0	

注：H_i 为各结构楼层高度。

10.2.2 钢结构住宅压型铝合金板制作的允许偏差

钢结构住宅压型铝合金板制作的允许偏差见表10-13。

表10-13 钢结构住宅压型铝合金板制作的允许偏差

项目		允许偏差/mm	
压型铝合金板边缘波浪高度	每米长度内	≤5.0	
压型铝合金板纵向弯曲	每米长度内（距端部250mm内除外）	≤5.0	
压型铝合金板侧向弯曲	每米长度内	≤4.0	
	任意10m长度内	≤20	
波高		±3.0	
覆盖宽度		搭接型	扣合型、咬合型
		+10.0 −2.0	+3.0 −2.0
板长		+25.0 0	
波距		±3.0	

注：波高、波距偏差为3～5个波的平均尺寸与其公称尺寸的差。

10.2.3 拉索尺寸允许偏差

拉索尺寸允许偏差见表10-14。

表10-14 拉索尺寸允许偏差

项目		允许偏差/mm
索杆长度 l	l≤50m	±15
	50m＜l＜100m	±20
	l≥100m	±0.0002l
拉索、拉杆直径 d		+0.015d −0.010d
带外包层索体直径		+2 −1

10.2.4 热合成型后的膜单元外形尺寸的允许偏差

热合成型后的膜单元外形尺寸的允许偏差见表 10-15。

表 10-15 热合成型后的膜单元外形尺寸的允许偏差

膜材	允许偏差 /mm
ETFE 膜材	±5
PTFE 膜材	±10
PVC 膜材	±15

10.2.5 钢网架、网壳结构安装完成后的允许偏差

钢网架、网壳结构安装完成后的允许偏差见表 10-16。

表 10-16 钢网架、网壳结构安装完成后的允许偏差

项目	允许偏差 /mm
周边支承网架、网壳相邻支座高差	l_1/400，且不大于 15.0
多点支承网架、网壳相邻支座高差	l_1/800，且不大于 30.0
支座最大高差	30.0
纵向、横向长度	±l/2000，且不超过 ±40.0
支座中心偏移	l_1/3000，且不大于 30.0

注：l_1 为相邻支座距离；l 为纵向或横向长度。

附录　随书附赠视频汇总

书中相关视频汇总

工程结构	钢 - 混凝土组合结构	型钢混凝土结构	柱脚节点
钢管连接节点	钢与混凝土组合板	钢结构工程材料	钢结构工程材料的焊接制作
H 型钢	金属板	3 个和 3 个以上的焊件的标注	钢结构的连接
钢结构螺栓连接	钢结构的防护基础知识	网架的特点	网壳

参考文献

[1] GB 50205—2020. 钢结构工程施工质量验收标准.

[2] JGJ/T 483—2020. 高强钢结构设计标准.

[3] GB/T 50344—2019. 建筑结构检测技术标准.

[4] GB/T 16939—2016. 钢网架螺栓球节点用高强度螺栓.

[5] GB/T 32076.8—2017. 钢结构用扭剪型高强度螺栓连接副.

[6] JGJ 7—2010. 空间网格结构技术规程.

[7] GB/T 50083—2014. 工程结构设计基本术语标准.

[8] GB/T 50105—2010. 建筑结构制图标准.

[9] 03G102. 钢结构设计制图深度和表示方法.

[10] GB 50661—2011. 钢结构焊接规范.

[11] JGJ 82—2011. 钢结构高强度螺栓连接技术规程.

[12] GB 50017—2017. 钢结构设计标准.

[13] DB 13(J)/T 275—2018. 钢结构住宅技术规程.